全国高等职业教育应用型人才培养规划教材

传感器与自动检测

（第3版）

常慧玲　主　编

牟爱霞　副主编
薛凯娟

赵金平　主　审

U0360880

电子工业出版社

Publishing House of Electronics Industry

北京·BEIJING

内 容 简 介

本书主要介绍了工业、科研、生活等领域常用传感器的工作原理、基本结构、选型、安装使用、综合应用等方面的知识，对测量技术的基础知识、检测系统的信号处理和抗干扰技术等也做了介绍，同时增加了微型传感器、智能传感器和物联网等新知识。

本书以实用性、操作性、创新性为特色，以项目为载体，采用"任务驱动"的教学方式，突出了各种常用传感器的单项和综合应用；同时设置了传感器综合实训和自动检测系统设计项目，以加强对传感器实际应用能力的培养和提高。

本书可作为高职高专院校、成人学校及本科院校开办的二级职业技术学院电气自动化、仪器仪表、应用电子技术、机电一体化、数控技术和计算机控制技术等相关专业的教材，也可供在企业生产一线从事技术、管理、运行等工作的相关技术人员参考使用。

图书在版编目（CIP）数据

传感器与自动检测/常慧玲主编. —3 版.—北京：电子工业出版社，2017.1

ISBN 978-7-121-30169-8

Ⅰ. ①传… Ⅱ. ①常… Ⅲ. ①传感器－自动检测－高等学校－教材 Ⅳ. ①TP212

中国版本图书馆 CIP 数据核字（2016）第 252898 号

策划编辑：王昭松

责任编辑：王昭松

印　　刷：涿州市京南印刷厂

装　　订：涿州市京南印刷厂

出版发行：电子工业出版社

　　　　　北京市海淀区万寿路 173 信箱　邮编　100036

开　　本：787×1 092　1/16　印张：16.75　字数：428.8 千字

版　　次：2009 年 4 月第 1 版

　　　　　2017 年 1 月第 3 版

印　　次：2017 年 5 月第 2 次印刷

印　　数：3 000 册　　定价：39.00 元

凡所购买电子工业出版社图书有缺损问题，请向购买书店调换。若书店售缺，请与本社发行部联系，联系及邮购电话：（010）88254888，88258888。

质量投诉请发邮件至 zlts@phei.com.cn，盗版侵权举报请发邮件至 dbqq@phei.com.cn。

本书咨询联系方式：（010）88254015；wangzs@phei.com.cn；QQ：83169290。

前　　言

《传感器与自动检测》教材第 1 版于 2009 年 4 月出版，2011 年获中国电子教育学会全国电子信息类优秀教材评选三等奖，而后于 2012 年 7 月进行了再版修订。多年来，广大读者对本书给予了充分的肯定，也提出了许多宝贵意见。

随着我国高等职业教育的快速发展，以校企合作、工学结合为主导的教学改革不断引向深入，对传感器技术的教学也提出了新的要求。本次教材修订的原则，一方面是保持本书原有的"以项目为载体、任务驱动教学"的特色和体系，另一方面是更多地贴近工程实际，增大教材信息量。另外，注重传感器的综合应用、综合实训和综合系统设计仍是本书的一大特色，突出了高职高专教材的实用性和可操作性。本次修订主要对部分项目的内容进行了调整，例如原来的项目 10 传感器综合设计部分不够系统，调整后的内容较详细地介绍了自动检测系统的构成、功能、设计原则和设计举例；增加了课外作业参考答案，以方便学生课后学习；同时对教材进行了全面认真的校对，力求打造一流的精品教材。

本书主要作为高职高专院校电气自动化技术、机电一体化技术、工业生产自动化技术、机械制造与自动化、电厂热工自动化技术、工业自动化仪表、数控技术等相关专业的教学用书，各专业教学可根据专业特点选择不同的项目，建议总学时为 60～80 学时；也可供生产一线的技术、管理、运行等相关技术人员参考使用。

本书项目 1、项目 2、项目 3、项目 4、项目 8 和项目 10 由山西工程职业技术学院常慧玲编写，项目 6 由山西工程职业技术学院薛凯娟编写，项目 9 由山西工程职业技术学院赵江稳编写，项目 5 和项目 7 由山东工业职业技术学院牟爱霞编写，常慧玲教授起草了修订框架并对本次修订的全部内容进行了统稿、修改和定稿。中国航空工业集团公司研究员级高级工程师赵金平对本书进行了认真审阅。

本书配有 PPT 课件供读者使用，可通过华信教育资源网（www.hxedu.com.cn）免费下载或与编者联系（邮箱为 changhl.horse@126.com）。

本书参考应用了许多专家和学者的著作、部分仪器仪表厂商的传感器技术资料和图片，在此致以衷心感谢。另外，对于书中存在的不妥之处，恳请兄弟院校同行和广大读者提出批评和修改意见，编者将再次表示感谢。

编　者
2016 年 8 月

目　　录

传感器误差与特性分析

知识目标

掌握测量误差的分类及一般计算方法
掌握传感器的定义及组成
理解传感器的基本特性及相应指标
了解传感器技术的发展趋势

技能目标

能对测量数据进行分析整理
能根据实际使用条件选择适用的传感器

任务 1　检测结果的数据整理

知识链接
ZHI SHI LIAN JIE

在信息社会的一切活动领域中，检测是科学地认识各种现象的基础性方法和手段。现代化的检测手段在很大程度上决定了生产、科学技术的发展水平，而科学技术的发展又为检测技术提供了新的理论基础和制造工艺，同时对检测技术也提出了更高的要求。检测技术是所有科学技术的基础，是自动化技术的支柱之一。

1.1.1　测量与测量方法

测量（Measurement）是人们借助专门的技术和设备，通过实验的方法，把被测量与作为单位的标准量进行比较，以确定被测量是标准量的多少倍数的过程。所得的倍数就是测量值，其大小可以用数字、曲线或图形表示，测量结果包括数值大小和测量单位两部分。

检测（Detection）是意义更为广泛的测量。测量、测试和检测具有相近的含义，在不强调它们之间细微差别的一般工程技术应用领域中，它们可以相互替代。随着自动化、现代化的发展，工业生产对检测技术提出了越来越多的新要求。例如在自动化领域中，检测的任务不仅是对成品或半成品的检验和测量，而且为了检查、监督和控制某个生产过程或运动对象并使之处于给定的最佳状态，需要随时检查和测量各种参量的大小和变化等情况。在图 1.1 所示的电炉控制系统中，为了使电炉内的温度按照预先设定的规律变化，计算机通过电炉内的温度传感器采集信息，根据设定的温度时间曲线变化要求进行运算，运算结果送给加热器控制装置，以控制电加热器产生最佳热量，实现预定的控制策略。同时，计算机可对电炉内的温度进行实时显示和绘图等。

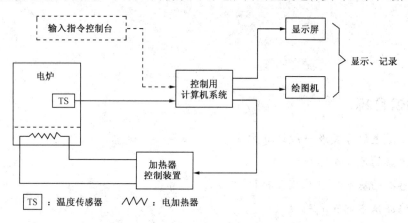

图 1.1 电炉控制系统

为了获得精确可靠的数据，选择合理的测量方法非常重要。测量方法多种多样，从不同的角度有不同的分类方法。

1. 电测法和非电测法

电测法在现代测量中被广泛采用。电测法是指在检测回路中含有测量信息的电信号转换环节，可以将被测的非电量转换为电信号输出。电测法可以获得很高的灵敏度和精确度，输出信号可实现远距离传输，便于实现测量过程的自动化、数字化和智能化。例如，电容式传感器中的交流电桥，可将被测参数所引起的电容变化量转换为电压信号输出。除电测法以外的测量方法都属于非电测法，如丈量土地、体温计测体温、弹簧管压力表测压力等。

2. 直接测量和间接测量

直接测量是用预先标定好的测量仪表直接读取被测量的测量结果，如万用表测量电压、电流、电阻等，简单且快速。间接测量则需要先测出中间量，利用被测量与中间量的函数关系再计算出被测量的数值，过程较为复杂。导线电阻率的测量就属于间接测量，事先需要测量导线的电阻、直径和长度，然后计算出导线电阻率。

3. 静态测量和动态测量

根据被测量是否随时间变化，将测量方法分为静态测量和动态测量。静态测量是测量不随时间变化或变化很缓慢的物理量；动态测量则是测量随时间变化的物理量。例如，用光导纤维陀螺仪测量火箭的飞行速度和方向就属于动态测量，而超市中物品的称重则属于静态测量。应注意的是，静态与动态是相对的，可以把静态测量看成动态测量的一种特殊形式。

4. 接触式测量和非接触式测量

根据测量时测量仪器是否与被测对象相互接触而划分为接触式测量和非接触式测量。例如，用热电偶测量温度属于接触式测量，测量时不会破坏被测对象的温度场，测量精确度高；利用辐射式温度传感器测量则属于非接触式测量，这种方法不会影响被测对象的运行工况，检测速度快。

5. 模拟式测量和数字式测量

根据测量结果的显示方式不同，测量方法可分为模拟式测量和数字式测量。模拟式测量是指测量结果可根据仪表指针在标尺上的定位进行连续读取的方法；数字式测量是指测量结果以数字的形式直接给出的方法。精密测量时多采用数字式测量。

此外，测量结果还可以用计算机屏幕画面的方式显示。例如，连续变化的曲线、数据表格、工艺流程图及各种动态数据等，可通过屏幕画面提供的信息，实现对整个生产过程的监视与控制。

1.1.2　测量误差及其表示方法

在一定条件下，被测物理量客观存在的实际值称为真值（True value），它是一个理想的概念。

在实际测量时，由于实验方法和实验设备的不完善、周围环境的影响及人们辨识能力所限等因素，使测量值与其真值之间不可避免地存在差异。测量值与真值之间的差值称为测量误差（Measurement error）。测量误差可用绝对误差、相对误差和引用误差表示。

1. 绝对误差

绝对误差（Absolute error）Δx 是指测量值 x 与真值 L_0 之间的差值，即

$$\Delta x = x - L_0 \tag{1.1}$$

由于真值 L_0 的不可知性，在实际应用时，常用实际真值 L 代替，即用被测量多次测量的平均值或上一级标准仪器的测量值作为实际真值 L，即

$$\Delta x = x - L \tag{1.2}$$

绝对误差是一个有符号、大小、量纲的物理量，它只表示测量值与真值之间的偏离程度和方向，而不能说明测量质量的好坏。

在实际测量中经常用到修正值。修正值 c 是指与绝对误差数值相等但符号相反的数值，即 $c = -\Delta x = L - x$。修正值给出的方式可以是具体数值、一条曲线、公式或数表。显然，将测量值与修正值相加就可以得到实际真值。

2. 相对误差

相对误差（Relative error）常用百分比来表示，一般多取正值。相对误差可分为实际相

对误差、示值（标称）相对误差和最大引用（相对）误差等。

（1）实际相对误差γ

实际相对误差是用测量值的绝对误差Δx与其实际真值L的百分比来表示的相对误差，即

$$\gamma = \frac{\Delta x}{L} \times 100\% \tag{1.3}$$

（2）示值（标称）相对误差γ_x

示值（标称）相对误差是用测量值的绝对误差Δx与测量值x的百分比来表示的相对误差，即

$$\gamma_x = \frac{\Delta x}{x} \times 100\% \tag{1.4}$$

在检测技术中，由于相对误差能够反映测量技术水平的高低，因此更具有实用性。例如，测量两地距离为1 000 km的路程时，若测量结果为1 001 km，则测量结果的绝对误差是1 km，示值相对误差约为1‰；如果把100 m长的一匹布量成101 m，尽管绝对误差只有1 m，与前者1 km相比较小很多，但1%的示值相对误差却比前者1‰大10倍，充分说明后者的测量水平较低。

（3）引用（相对）误差

引用（相对）误差（Fiducial error）是指测量值的绝对误差Δx与仪器量程A_m的百分比。引用误差的最大值叫作最大引用（相对）误差γ_m，即

$$\gamma_m = \frac{|\Delta x|_m}{A_m} \times 100\% \tag{1.5}$$

式中，A_m是指测量仪表的最大值与最小值之间的差值。

由于式（1.5）中的分子、分母都由仪表本身所决定，所以人们经常使用最大引用误差评价仪表的性能。最大引用误差又称满度（引用）相对误差或仪表的基本误差（Intrinsic error），是仪表的主要质量指标。一般将基本误差去掉百分号（%）后的数值定义为仪表的精度等级（Accuracy class）。精度规定取一系列标准值，通常用阿拉伯数字标在仪表的刻度盘上，等级数字外有一圆圈。我国目前规定的精度等级有0.005、0.01、0.02、0.04、0.05、0.1、0.2、0.5、1.0、1.5、2.5、4.0、5.0等级别。精度等级数值越小，测量精确度越高，仪表价格越贵。

由于仪表都有一定的精度等级，因此，其刻度盘的分格值不应小于仪表的允许误差（绝对误差）值，小于允许误差的分度是没有意义的。

在正常工作条件下使用时，工业上常用的各精度等级仪表的基本误差不超过表1.1所规定的值。

表1.1 仪表的精度等级和基本误差

精 度 等 级	0.1	0.2	0.5	1.0	1.5	2.5	4.0	5.0
基 本 误 差	±0.1%	±0.2%	±0.5%	±1.0%	±1.5%	±2.5%	±4.0%	±5.0%

【例1】 某温度计的量程范围为0～500℃，校验时该表的最大绝对误差为6℃，试确定其精度等级。

解：根据题意知$|\Delta x|_m=6℃$，$A_m=500℃$，代入式（1.5）中

$$\gamma_m = \frac{|\Delta x|_m}{A_m} \times 100\% = \frac{6}{500} \times 100\% = 1.2\%$$

由于1.2%介于1.0%～1.5%，根据表1.1可知，该温度计的精度等级应定为1.5级。

【例2】 工艺要求检测温度指标（300±6）℃，现拟用一台0～500℃温度表测量，试选择该表的精度等级。

解：根据式（1.5）得

$$\gamma_m = \frac{|\Delta x|_m}{A_m} \times 100\% = \frac{6}{500} \times 100\% = 1.2\%$$

若选择1.5级的温度表，对应的$|\Delta x|_m=7.5℃$，显然不能满足工艺要求，因此这里选择1.0级的温度表。

通过上述两例可以看出，校验仪表时确定精度等级与根据工艺要求选择仪表精度等级是有区别的，在实际中应注意。

1.1.3 测量误差的分类及来源

在测量过程中，由于被测量千差万别，影响测量工作的因素非常多，使得测量误差的表现形式也多种多样，因此测量误差有不同的分类方法。按误差表现的规律划分为系统误差、随机误差、粗大误差和缓变误差。

1. 系统误差

对同一被测量进行多次重复测量时，若误差固定不变或者按照一定规律变化，这种误差称为系统误差（Systematic error）。系统误差主要是由于所使用仪器仪表存在误差、测量方法不完善、各种环境因素波动以及测量者个体差异等原因造成的。

（1）系统误差的分类

按照系统误差所表现出来的规律，通常将其划分为四类。

① 固定不变的系统误差。固定不变的系统误差是指在重复测量中，数值大小和符号均不变的系统误差。这种误差多数是由于测量设备的缺陷或者采用了不适当的测量方法造成的。例如，天平砝码的质量误差、观测者习惯性的错误观测角度等。固定不变的系统误差又叫恒值系统误差。

② 线性变化的系统误差。线性变化的系统误差是指随着测量次数或时间的增加，数值按照一定比例而不断增加（或减小）的系统误差。例如，用齿轮流量计测量含有微小固体颗粒的液体时，由于磨损会使泄漏量越来越大，这样就产生了线性变化的系统误差。

③ 周期性变化的系统误差。周期性变化的系统误差是指数值和符号循环交替、重复变化的系统误差。例如，用热电偶在露天环境下测温时，其冷端温度随着昼夜温度的变化做周期性变化。若不进行冷端温度补偿，测量结果必然包含周期性变化的系统误差。

④ 复杂规律变化的系统误差。复杂规律变化的系统误差是指既不随时间做线性变化，也不做周期性变化，而是按照复杂规律变化的系统误差。

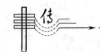

线性、周期性或复杂规律变化的系统误差统称为变值系统误差。

系统误差反映了测量值偏离真值的程度，也可用"正确度"一词表征。

系统误差一般可通过实验或分析的方法，查明其变化的规律及产生的原因，因此，它是可以预测的，也是可以消除的。

（2）系统误差的发现

系统误差是由于被测量受到若干因素的显著影响而造成的，测量结果的影响也远比随机误差严重，所以必须想办法发现和消除系统误差的影响，把它降低到允许限度之内。

① 实验比对法。用多台同类或相近的仪表对同一被测量进行测量，通过分析测量结果的差异来判断系统误差是否存在。例如，用天平和台秤称量同一物体，即可发现台秤存在的系统误差。

② 残余误差观察法。残余误差为测量值与测量值平均值之差，即 $p_i = x_i - \bar{x}$。将一个测量列的残余误差在 p_i-n 坐标中依次连接后，通过观察误差曲线即可以判断有无系统误差的存在。如图 1.2 所示，图（a）不存在系统误差，图（b）存在线性变化的系统误差，图（c）存在周期性变化的系统误差，图（d）同时存在线性变化和周期性变化的系统误差。

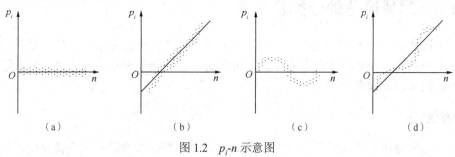

图 1.2　p_i-n 示意图

③ 准则判别法。有许多准则可以方便地判断出系统误差的存在，如马利科夫准则可以判断测量列中是否存在线性变化的系统误差；阿贝-赫梅特准则可以判断测量列中是否存在周期性变化的系统误差等。

（3）系统误差的减小和消除方法

为了进行正确的测量并取得可靠的数据，在测量前或测量过程中，应尽量消除产生系统误差的来源，同时检查测量系统和测量方法本身是否正确。

① 替代法。在测量条件不变的基础上，用标准量替代被测量，实现相同的测量效果，从而用标准量确定被测量。此法能有效地消除检测装置的系统误差。

② 零位式测量法。测量时将被测量 x 与已知的标准量 A 进行比较，调节标准量使两者的效应相抵消，系统达到平衡时，被测量等于标准量。

③ 补偿法。在传感器的结构设计中，常选用在同一干扰变量作用下所产生的误差数值相等而符号相反的零部件或元器件作为补偿元件。例如热电偶冷端温度补偿器的铜电阻。

④ 修正法。仪表的修正值已知时，将测量结果的指示值加上修正值，就可以得到被测量的实际值。此法可削弱测量中的系统误差。

⑤ 对称观测法（交叉读数法）。许多复杂变化的系统误差，在短时间内可近似看作线性系统误差。在测量过程中，合理设计测量步骤以获取对称的数据，配以相应的数据处理程序，

从而得到与该影响无关的测量结果。这是消除线性系统误差的有效方法。

⑥ 半周期偶数观测法。周期性系统误差的特点是每隔半个周期所产生的误差大小相等、符号相反。假设系统误差表现为正弦规律，在 τ_1 时刻误差表示为 $\varepsilon_1 = \varepsilon_m \sin \omega \tau_1$，相隔半个周期的 τ_2 时刻，即 $\omega \tau_2 = \omega \tau_1 + \pi$，误差 $\varepsilon_2 = \varepsilon_m \sin \omega \tau_2 = \varepsilon_m \sin(\omega \tau_1 + \pi) = -\varepsilon_m \sin \omega \tau_1$，取 τ_1、τ_2 两个时刻测量值的平均值，则测量结果中就不含有周期性系统误差了。

2. 随机误差

对同一被测量进行多次重复测量时，若误差的大小随机变化、不可预知，这种误差称为随机误差（Random error）。随机误差是由很多复杂因素的微小变化引起的，尽管这些不可控微小因素中的一项对测量值的影响甚微，但这些因素的综合作用造成了各次测量值的差异。

（1）随机误差的统计特性

随机误差就单次测量而言是无规律的，其大小、方向均不可预知，既不能用实验的方法消除，也不能修正，但当测量次数无限增加时，该测量列中的各个测量误差出现的概率密度分布服从正态分布（如图1.3所示），即

$$f(\Delta x) = \frac{1}{\sigma \sqrt{2\pi}} e^{\frac{-(\Delta x)^2}{2\sigma^2}} \tag{1.6}$$

式中，$\Delta x = x - L$ 为测量值的绝对误差，σ 为分布函数的标准误差。

测量结果符合正态分布曲线的例子非常多，例如，某校男生身高的分布、交流电源电压的波动等。

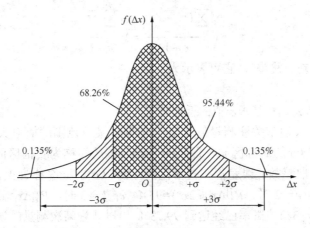

图1.3 随机误差的正态分布曲线

对正态分布规律分析可知，随机误差具有四种特性。

① 集中性。大量重复测量时得到的数据，均集中在其平均值 $\bar{x}$ 附近，较小的误差出现的概率大。随机误差的分布具有"两头小、中间大"的单峰性。

② 有界性。很大的误差出现的概率近于零；即使在有限次的测量中，误差的绝对值不超过一定的范围。

③ 对称性。当测量次数足够多时，符号相反、绝对值相等的误差出现的概率大致相同；正、负误差的分布具有对称性。

④ 抵偿性。当测量次数趋于无穷多时，测量的随机误差的代数和趋于零。无穷多次所测得数据的算术平均值是真值的最佳估计值。

（2）随机误差的估计

随机误差反映了测量结果的"精密度"，即各个测量值之间相互接近的程度。对式（1.6）分析后可以发现，当 σ 变化时，正态分布曲线的形状会随之改变。若 σ 变小，则曲线尖锐，说明小误差出现的概率增大，大误差出现的概率减小，测量值都集中在真值附近，这时测量值的离散程度小；反之，若 σ 增大，则曲线平坦，说明大误差和小误差出现的概率差异减小，测量值不是集中在真值附近，而是离散程度变大。这个现象说明，σ 值直接反映了测量结果的密集程度，因此常用 σ 值来表征测量的精密度。

当对某个量 x 进行无限次测量时，各次测量误差平方和的平均值的平方根称为均方根误差（Root mean square error，RMSE），也叫标准误差，即

$$\sigma = \sqrt{\frac{\sum_{i=1}^{n}(\Delta x_i)^2}{n}} = \sqrt{\frac{\sum_{i=1}^{n}(x_i - L_0)^2}{n}} \tag{1.7}$$

由于真值 L_0 未知，且实际测量中的测量次数为有限值，所以通常用测量值的算术平均值 $\bar{x}$ 替代真值 L_0，$\bar{x}$ 按下式计算

$$\bar{x} = \frac{x_1 + x_2 + \cdots + x_n}{n} = \frac{1}{n}\sum_{i=1}^{n}x_i \tag{1.8}$$

这时均方根误差可按下式计算

$$\sigma_S = \sqrt{\frac{\sum_{i=1}^{n}(x_i - \bar{x})^2}{n-1}} = \sqrt{\frac{\sum_{i=1}^{n}p_i^2}{n-1}} \tag{1.9}$$

式中，p_i 称为残余误差（残差），它可表示为

$$p_i = x_i - \bar{x} \tag{1.10}$$

式（1.9）称为贝塞尔公式，是求 σ 值的近似公式。

在实际测量中，人们常关注测量值 x_i 在真值附近某一范围的概率大小，此范围一般取标准误差 σ 的若干倍 $k\sigma$ 的对称区间，即 $[-k\sigma, k\sigma]$，该区间称为置信区间或置信限，k 称为置信系数，习惯上 k 取整数。误差落在置信区间 $[-k\sigma, k\sigma]$ 的概率称为置信概率 P。$k=1$ 时，$P\{|\Delta x| \leqslant \sigma\}=68.26\%$；$k=2$ 时，$P\{|\Delta x| \leqslant 2\sigma\}=95.44\%$；$k=3$ 时，$P\{|\Delta x| \leqslant 3\sigma\}=99.73\%$。由于误差出现在区间 $[-3\sigma, 3\sigma]$ 的概率已经达到 99.73%，可以认为某次测量的误差基本上都落在这个区间，所以可用 3σ 作为极限误差。

由于测量次数有限，因此 $\bar{x}$ 与 L_0 仍有一定误差，$\bar{x}$ 只是 L_0 的估计值。某个测量列的 $\bar{x}$ 与另一个测量列的 $\bar{x}$ 之间也有区别，即 $\bar{x}$ 同样存在分散性问题。算术平均值的标准误差 $\bar{\sigma}$ 与测量值的标准误差 σ 的关系为

$$\bar{\sigma} = \frac{\sigma}{\sqrt{n}} \tag{1.11}$$

对于一个等精度的、独立的、有限的测量列来说，在没有系统误差和粗大误差的情况下，它的测量结果通常表示为

$$x = \overline{x} \pm 3\overline{\sigma} \quad (P = 99.73\%) \tag{1.12}$$

应该指出，在任何一次测量中，系统误差和随机误差一般都是同时存在的，而且两者之间并不存在绝对的界限。

3. 粗大误差

测量结果明显偏离其实际值时所对应的误差称为粗大误差（Gross error）或疏忽误差，又叫过失误差。含有粗大误差的测量值称为坏值（Bad value）。

产生粗大误差的原因有操作者的失误、使用有缺陷的仪器、实验条件的突变等。正确的测量结果中不应包含粗大误差。

实际测量时必须根据一定的准则判断测量结果中是否包含坏值，并在数据记录中将所有的坏值都予以剔除。同时，操作人员应加强工作责任心，对测量仪器进行经常性检查、维护、校验和修理等，以减小或消除粗大误差。

在无系统误差的条件下对被测量进行等精度测量后，若个别数据与其他数据有明显差异，则表明该数据可能包含粗大误差，这时应将其列为可疑数据。但可疑数据并不一定都是坏值，因此发现可疑数据时，要根据误差理论来决定取舍。

误差理论剔除坏值的基本方法是首先给定一个置信概率并确定一个置信区间，凡超出此区间的误差即认为它不属于随机误差而是粗大误差，应将该粗大误差所对应的坏值予以剔除。常用的拉依达准则（3σ 准则）规定：凡是随机误差大于 3σ 的测量值都认为是坏值，应予以剔除。

4. 缓变误差

数值随时间缓慢变化的误差称为缓变误差（Slowly varying error），主要是由于测量仪表零件老化、失效、变形等原因造成的。这种误差在短时间内不易察觉，但在较长时间后会显露出来。通常可以采用定期校验的方法及时修正缓变误差。

此外，测量误差还有其他的分类方法。

按被测量与时间的关系划分，测量误差可分为静态误差和动态误差。静态误差是指被测量稳定不变时所产生的测量误差。动态误差指被测量随时间迅速变化时，系统的输出量在时间上却跟不上输入的变化而产生的误差。例如，用水银温度计插入 100℃的沸水中，水银柱不可能立即上升到 100℃，此时读数必然产生动态误差。

按测量仪表的使用条件分类，可将误差分为基本误差和附加误差。基本误差是指传感器在标准条件下使用时所具有的误差，它属于系统误差。当使用条件偏离标准条件时，传感器必然在基本误差的基础上增加了新的系统误差，称为附加误差。

任务与实施
REN WU YU SHI SHI

【任务】 在对被测量进行等精度多次重复测量，并取得一系列测量数据之后，就要对数据进行准确的加工整理和分析，以便得到一个较理想的测量结果。考虑到系统误差可以利用有关方法予以消除，故假定本任务给出的测量数据中不含有系统误差。

用温度传感器对某温度进行 12 次等精度测量，测量数据（℃）如下：

20.46、20.52、20.50、20.52、20.48、20.47、20.50、20.49、20.47、20.49、20.51、20.51

要求对该组数据进行分析整理，并列写出最后的测量结果。

【实施方案】 数据处理一般采取的步骤是：先记录填表，然后计算和判别坏值，最后列写出测量结果，这几个步骤必不可少。记录填表这一步往往很容易被人忽略，一旦计算出错时，检查起来费时费力。

1. 记录填表

将测量数据 x_i（$i = 1$，2，3，…，n）按测量序号依次列在表格的第 1、2 列中，如表 1.2 所示。

2. 计算

① 求出测量数据列的算术平均值 $\bar{x}$，填入表 1.2 第 2 列的下面。

$$\bar{x} = \frac{1}{n}\sum_{i=1}^{n}x_i = \frac{1}{12}\sum_{i=1}^{12}x_i = \frac{1}{12}\times 245.92 \approx 20.493$$

② 计算各测量值的残余误差 $p_i = x_i - \bar{x}$，并列入表 1.2 中的第 3 列。当计算无误时，理论上有 $\sum_{i=1}^{n}p_i = 0$，但实际上，由于计算过程的四舍五入所引入的误差，此关系式通常不能满足。此处 $\sum_{i=1}^{n}p_i = 0.004 \approx 0$。

③ 计算 p_i^2 值并列在表 1.2 中的第 4 列，按贝塞尔公式计算出标准误差 σ 后，填入本列下面。

由于 $\sum p_i^2 = 44.68\times 10^{-4}$，于是

$$\sigma = \sqrt{\frac{\sum_{i=1}^{12}p_i^2}{n-1}} = \sqrt{\frac{44.68\times 10^{-4}}{11}} \approx 0.02$$

3. 判别坏值

根据拉依达准则检查测量数据中有无坏值。如果发现坏值，应将坏值剔除，然后从第 2 步重新计算，直至数据列中不存在坏值。如果无坏值，则继续步骤 4。

采用拉依达准则检查坏值，因为 $3\sigma = 0.06$，而所有测量值的剩余误差 p_i 均满足 $|p_i| < 3\sigma$，显然数据中无坏值。

4. 列写最后的测量结果

① 在确定不存在坏值后，计算算术平均值的标准误差 $\bar{\sigma}$。

$$\bar{\sigma} = \frac{\sigma}{\sqrt{n}} = \frac{0.02}{\sqrt{12}} \approx 0.006$$

② 写出最后的测量结果：$x = \bar{x} \pm 3\bar{\sigma}$，并注明置信概率。

由于 $3\bar{\sigma} = 3\times 0.006 = 0.018$，因此最后的测量结果写为

$$x = 20.493 \pm 0.018 （℃）（p = 99.7\%）$$

表 1.2　测量结果的数据整理举例

i	x_i（℃）	p_i	p_i^2
1	20.46	−0.033	0.001 089
2	20.52	+0.027	0.000 729
3	20.50	+0.007	0.000 049
4	20.52	+0.027	0.000 729
5	20.48	−0.013	0.000 169
6	20.47	−0.023	0.000 529
7	20.50	+0.007	0.000 049
8	20.49	−0.003	0.000 009
9	20.47	−0.023	0.000 529
10	20.49	−0.003	0.000 009
11	20.51	+0.017	0.000 289
12	20.51	+0.017	0.000 289
	$\sum_{i=1}^{12} x_i = 245.92$ $\bar{x} \approx 20.493$	$\sum_{i=1}^{12} p_i = 0.004 \approx 0$	$\sum_{i=1}^{12} p_i^2 = 44.68 \times 10^{-4}$ $\sigma \approx 0.02$

5. 思考

针对 $x=20.493\pm0.018$（℃）的测量结果，有人认为最后的测量结果只有两个：20.475℃ 和 20.511℃，对此你是如何理解的？

任务 2　传感器特性分析与传感器选用

知识链接

现代信息技术包括计算机技术、通信技术和传感器技术等，计算机相当于人的大脑，通信相当于人的神经，而传感器则相当于人的感觉器官。如果没有各种精确可靠的传感器去检测原始数据并提供真实的信息，即使是性能非常优越的计算机，也无法发挥其应有的作用。

1.2.1　传感器的组成及其分类

1. 传感器的组成

传感器（Transducer/Sensor）就是能够感觉外界信息，并能按一定规律将这些信息转换成可用的输出信号的器件或装置。传感器的输入量通常指非电量，如物理量、化学量、生物量等；而输出量则是便于传输、转换、处理、显示的物理量，主要是电量信号。例如，电容式传感器的输入量可以是力、压力、位移、速度等非电量信号，输出则是电压信号。

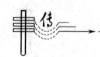
传感器一般由敏感元件、转换元件和转换电路3部分组成，如图1.4所示。

图 1.4 传感器组成框图

（1）敏感元件

敏感元件是传感器中能直接感受被测量的部分，即直接感受被测量，并输出与被测量成确定关系的某一物理量。例如弹性敏感元件将压力转换为位移，且压力与位移之间保持一定的函数关系。

（2）转换元件

转换元件是传感器中将敏感元件输出的非电量转换为适于传输和测量的电信号部分。例如，应变式压力传感器中的电阻应变片可以将应变转换成电阻的变化。

（3）转换电路

转换电路将电参量转换成便于测量的电压、电流、频率等电量信号。例如交直流电桥、放大器、振荡器及电荷放大器等。

应注意，并不是所有的传感器必须同时包括敏感元件和转换元件。如果敏感元件直接输出的是电量，它就同时兼为转换元件，如热电偶；如果转换元件能直接感受被测量而输出与之成一定关系的电量，则传感器就没有敏感元件，如压电元件。

2. 传感器的分类

传感器千差万别、种类繁多，分类方法也不尽相同，常用的分类方法有以下几种（见表1.3）。

（1）按被测物理量分类

传感器按被测物理量可分为温度、压力、流量、物位、位移、加速度、磁场、光通量等传感器。这种分类方法明确表明了传感器的用途，便于选用，如压力传感器用于测量压力信号。

（2）按传感器工作原理分类

传感器按工作原理可分为电阻传感器、热敏传感器、光敏传感器、电容传感器、电感传感器、磁电传感器等，这种方法表明了传感器的工作原理，有利于传感器的设计和应用，见表1.3。例如，电容传感器就是将被测量转换成电容值的变化。

（3）按传感器转换能量供给形式分类

传感器按转换能量供给形式分为能量变换型（发电型）传感器和能量控制型（参量型）传感器两种。

能量变换型传感器在进行信号转换时不需要另外提供能量，就可将输入信号能量变换为另一种形式的能量输出，例如热电偶传感器、压电式传感器等。

能量控制型传感器工作时必须有外加电源，如电阻、电感、电容及霍尔式传感器等。

表1.3 传感器的分类

传感器分类		转 换 原 理	传感器名称	典 型 应 用
转换形式	中间参量			
电参数	电阻	移动电位器触点改变电阻	电位器传感器	位移
		改变电阻丝或片的尺寸	电阻丝应变传感器、半导体应变传感器	微应变、力、负荷
		利用电阻的温度效应（电阻温度系数）	热丝传感器	气流速度、液体流量
			电阻温度传感器	温度、辐射热
			热敏电阻传感器	温度
		利用电阻的光敏效应	光敏电阻传感器	光强
		利用电阻的湿度效应	湿敏电阻	湿度
	电容	改变电容的几何尺寸	电容传感器	力、压力、负荷、位移
		改变电容的介电常数		液位、厚度、含水量
	电感	改变磁路几何尺寸、导磁体位置	电感传感器	位移
		涡流去磁效应	涡流传感器	位移、厚度、硬度
		利用压磁效应	压磁传感器	力、压力
		改变互感	差动变压器	位移
			自整角机	位移
			旋转变压器	位移
	频率	改变谐振回路中的固有参数	振弦式传感器	压力、力
			振筒式传感器	气压
			石英谐振传感器	力、温度等
	计数	利用莫尔条纹	光栅	大角位移、大直线位移
		改变互感	感应同步器	
		利用数字编码	角度编码器	
	数字	利用数字编码	角度编码器	大角位移
电量	电动势	温差电动势	热电偶	温度、热流
		霍尔效应	霍尔传感器	磁通、电流
		电磁感应	磁电传感器	速度、加速度
		光电效应	光电池	光强
	电荷	辐射电离	电离室	离子计数、放射性强度
		压电效应	压电传感器	动态力、加速度

（4）按传感器工作机理分类

按传感器工作机理可分为结构型传感器和物性型传感器。

结构型传感器指被测量变化时引起传感器的结构发生改变，从而引起输出电量的变化。例如，电容压力传感器当外加压力变化时，电容极板发生位移而使结构改变，从而引起电容值和输出电压发生变化。

物性型传感器利用物质的物理或化学特性随被测参数变化而改变的原理工作。一般没有可动结构部分，易小型化，如各种半导体传感器。

习惯上常把工作原理和用途结合起来命名传感器，如电容式压力传感器、电感式位移传感器等。

1.2.2　传感器的静态特性与指标

传感器的基本特性是指传感器的输出与输入之间的关系。传感器测量的参数：一种是不随时间而变化（或变化极其缓慢）的稳态信号，另一种是随时间而变化的动态信号。因此，传感器的基本特性分为静态特性和动态特性。

传感器的静态特性（Static characteristic）是指传感器输入信号处于稳定状态时，其输出与输入之间呈现的关系，表示为

$$y = k_0 + k_1 x + k_2 x^2 + \cdots + k_n x^n \tag{1.13}$$

式中，y 为传感器输出量，x 为传感器输入量，k_0 为传感器的零位输出，k_1 为传感器的灵敏度，k_2、k_3、$\cdots$、k_n 为非线性项系数。

静态特性指标主要有精确度、稳定性、灵敏度、线性度、迟滞性和可靠性等。

1．精密度、准确度和精确度

精确度是反映测量系统中系统误差和随机误差的综合评定指标。与精确度有关的指标有精密度和准确度。

（1）精密度

精密度反映测量系统指示值的分散程度，精密度高则随机误差小。

（2）准确度

准确度反映测量系统的输出值偏离真值的程度，准确度高则系统误差小。

（3）精确度

精确度是准确度与精密度两者的总和，常用仪表的基本误差表示。精确度高表示精密度和准确度都高。

图 1.5 中的射击例子有助于对准确度、精密度和精确度三个概念的理解。图（a）表示准确度高而精密度低；图（b）表示精密度高而准确度低；图（c）表示准确度和精密度都高，即精确度高。

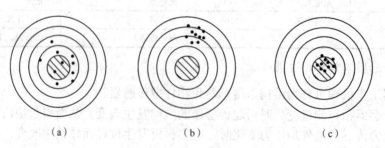

图 1.5　射击例子

2．稳定性

传感器的稳定性（Regulation）常用稳定度和影响系数表示。

（1）稳定度

稳定度（Stability）是指在规定工作条件范围和规定时间内，传感器性能保持不变的能力。传感器在工作时，内部随机变动的因素很多，例如发生周期性变动、漂移或机械部分的摩擦等都会引起输出值的变化。

稳定度一般用重复性的数值和观测时间的长短表示。例如，某传感器输出电压值每小时变化 1.5 mV，可写成稳定度为 1.5 mV/h。

（2）影响系数

影响系数（Influence coefficient）是指由于外界环境变化引起传感器输出值变化的量。一般传感器都有给定的标准工作条件，如环境温度 20℃、相对湿度 60%、大气压力 101.33 kPa、电源电压 220 V 等。而实际工作条件通常会偏离标准工作条件，这时传感器的输出也会发生变化。

影响系数常用输出值的变化量与影响量变化量的比值表示，如某压力表的温度影响系数为 200 Pa/℃，即表示环境温度每变化 1℃时，压力表的示值变化 200 Pa。

3. 灵敏度

灵敏度（Sensitivity）k 是指传感器在稳态下输出变化量 Δy 与输入变化量 Δx 的比值，即

$$k = \frac{\mathrm{d}y}{\mathrm{d}x} = \frac{\Delta y}{\Delta x} \tag{1.14}$$

显然，灵敏度表示静态特性曲线上相应点的斜率。线性传感器的灵敏度为常数，非线性传感器的灵敏度随着输入量的变化而变化，如图 1.6 所示。

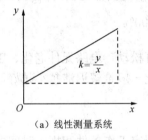
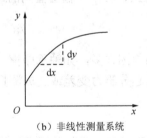

（a）线性测量系统　　　　　　　　（b）非线性测量系统

图 1.6　灵敏度的定义

灵敏度的量纲取决于传感器输入、输出信号的量纲。例如，压力传感器灵敏度的量纲可表示为 mV/Pa。对于数字式仪表，灵敏度以分辨力表示。所谓分辨力（Resolution）是指数字式仪表最后一位数字所代表的值。分辨力数值一般小于仪表的最大绝对误差。

实际测量时，一般希望传感器的灵敏度高，且在满量程范围内保持恒定值，即传感器的静态特性曲线为直线。

4. 线性度

线性度（Linearity）γ_L 又称非线性误差，是指传感器实际特性曲线和其理论拟合直线之间的最大偏差 $\Delta L_{\max}$ 与传感器满量程输出 y_{FS} 的百分比，即

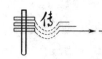

$$\gamma_L = \frac{\Delta L_{\max}}{y_{FS}} \times 100\% \qquad (1.15)$$

理论拟合直线选取方法不同，线性度的数值就不同。在图 1.7 中，将传感器的零点与对应于最大输入量的最大输出值点（满量程点）连接起来的直线叫端基直线（Terminated line），相应的线性度称为端基线性度（Terminal-based linearity）。

人们总是希望线性度越小越好，即传感器的静态特性接近于拟合直线，这时传感器的刻度是均匀的，读数方便且不易引起误差，容易标定。检测系统的非线性误差多采用计算机来纠正。

5. 迟滞性

迟滞性（Hysteresis）是指传感器在正（输入量增大）、反（输入量减小）行程中输出曲线不重合的现象，如图 1.8 所示。

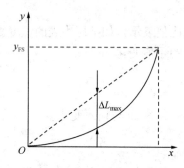

图 1.7 传感器线性度示意图

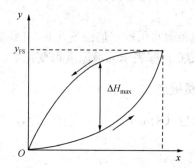

图 1.8 传感器迟滞性示意图

迟滞性 γ_H 用正、反行程输出值间的最大差值 $\Delta H_{\max}$ 与满量程输出 y_{FS} 的百分比表示，即

$$\gamma_H = \pm \frac{\Delta H_{\max}}{y_{FS}} \times 100\% \qquad (1.16)$$

造成迟滞的原因很多，如轴承摩擦、间隙、螺钉松动、电路元件老化、工作点漂移、积尘等。迟滞会引起分辨力变差或造成测量盲区，因此一般希望迟滞越小越好。

6. 可靠性

可靠性（Reliability）是指传感器或检测系统在规定工作条件和规定时间内具有正常工作性能的能力。它是一种综合性的质量指标，包括可靠度、平均无故障工作时间、平均修复时间和失效率。

（1）可靠度（Reliability）

可靠度是传感器在规定的使用条件和工作周期内达到所规定性能的概率。

（2）平均无故障工作时间（MTBF）

平均无故障工作时间指相邻两次故障期间传感器正常工作时间的平均值。

（3）平均修复时间（MTTR）

平均修复时间指排除故障所花费时间的平均值。

（4）失效率或故障率（λ）

失效率（Failure rate）是指在规定的条件下工作到某个时刻，检测系统在连续单位时间内发生失效的概率。对可修复性的产品，又称故障率。

如图1.9所示，失效率是时间的函数，一般分为早期失效期、偶然失效期和衰老失效期。

① 早期失效期。这期间开始阶段的故障率很高，失效的可能性很大，但随着使用时间的增加而迅速降低。一些检测系统在使用前期通过"老化"试验可降低故障率。

② 偶然失效期。这期间故障率较低，是构成检测系统使用寿命的主要部分。

③ 衰老失效期。由于元器件老化，经常损坏和维修，故障率迅速增大，对于超过使用寿命的系统，即使未发生故障也应及时更换，以免造成不可挽救的损失。

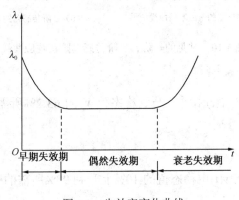

图1.9　失效率变化曲线

1.2.3　传感器的动态特性与指标

传感器的动态特性（Dynamic characteristic）是指传感器对于随时间变化的输入信号的响应特性。通常希望传感器的输出信号和输入信号随时间的变化曲线一致或相近，但实际上两者总是存在着差异，因此必须研究传感器的动态特性。

研究传感器的动态特性首先要建立动态模型，动态模型有微分方程、传递函数和频率响应函数，可以分别从时域、复数域和频域对系统的动态特性及规律进行研究。

系统的动态特性取决于系统本身及输入信号的形式，工程上常用正弦函数和单位阶跃函数作为标准的输入信号。通常在时域主要分析传感器在单位阶跃输入下的响应；而在频域主要分析在正弦输入下的稳态响应，并着重从系统的幅频特性和相频特性来讨论。

1. 传感器阶跃响应

传感器的动态模型可以用线性常系数微分方程表示，即

$$a_n \frac{\mathrm{d}^n y}{\mathrm{d}t^n} + a_{n-1} \frac{\mathrm{d}^{n-1} y}{\mathrm{d}t^{n-1}} + \cdots + a_1 \frac{\mathrm{d}y}{\mathrm{d}t} + a_0 y = b_m \frac{\mathrm{d}^m x}{\mathrm{d}t^m} + b_{m-1} \frac{\mathrm{d}^{m-1} x}{\mathrm{d}t^{m-1}} + \cdots + b_1 \frac{\mathrm{d}x}{\mathrm{d}t} + b_0 x \quad (1.17)$$

式中，a_0、a_1、$\cdots$、a_n，b_0、b_1、$\cdots$、b_m是取决于传感器参数的常数，一般 $b_1=b_2=\cdots=b_m=0$，而 $b_0 \neq 0$。若 $n=0$，则传感器为零阶系统；若 $n=1$，则传感器为一阶系统；若 $n=2$，则传感器为二阶系统；若 $n \geq 3$ 时，则传感器称为高阶系统。

当传感器输入一个单位阶跃信号 $u(t)$ 时，其输出信号称为阶跃响应（Step response）。常见的一阶、二阶传感器阶跃响应曲线如图 1.10 所示，主要动态指标包括以下几个。

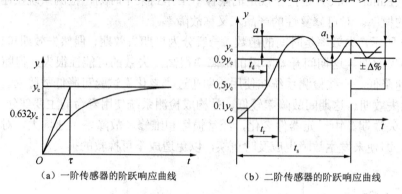

（a）一阶传感器的阶跃响应曲线　　　　（b）二阶传感器的阶跃响应曲线

图 1.10　常见的一阶、二阶传感器阶跃响应曲线

（1）时间常数 τ

时间常数指传感器输出 $y(t)$ 由零上升到稳态值 y_c 的 63.2% 所需的时间，如图 1.10（a）所示。

（2）上升时间 t_r

上升时间指传感器输出 $y(t)$ 由稳态值的 10% 上升到 90% 所需的时间，如图 1.10（b）所示。

（3）调节时间 t_s

调节时间指传感器输出 $y(t)$ 由零上升达到并一直保持在允许误差范围 $\pm\Delta\%$ 所需的时间。$\pm\Delta\%$ 可以是 $\pm 2\%$、$\pm 5\%$ 或 $\pm 10\%$，根据实际情况确定。

（4）最大超调量 a

输出最大值 y_{max} 与输出稳态值 y_c 的相对误差称为最大超调量，即

$$a=\frac{y_{max}-y_c}{y_c}\times100\% \tag{1.18}$$

（5）振荡次数 N

振荡次数指调节时间内输出量在稳态值附近上下波动的次数。

（6）稳态误差 e_{ss}

无限长时间后传感器的稳态输出值 y_c 与目标值 y_0 之间偏差的相对值称为稳态误差，即

$$e_{ss}=\frac{y_c-y_0}{y_c}\times100\% \tag{1.19}$$

2. 传感器频率响应

将各种频率不同而幅值相等的正弦信号输入到传感器，其输出正弦信号的幅值、相位与频率之间的关系称为频率响应（Frequency response）特性。频率响应特性可用频率响应函数表示，它由幅频特性和相频特性组成。

由控制理论可知，传感器的频率响应函数为

$$G(j\omega) = \frac{b_m(j\omega)^m + b_{m-1}(j\omega)^{m-1} + \cdots + b_1(j\omega) + b_0}{a_n(j\omega)^n + a_{n-1}(j\omega)^{n-1} + \cdots + a_1(j\omega) + a_0} \tag{1.20}$$

幅频特性：频率响应特性 $G(j\omega)$ 的模，即输出与输入的幅值比 $A(\omega) = |G(j\omega)|$ 称为幅频特性。以 ω 为自变量、$A(\omega)$ 为因变量的曲线称为幅频特性曲线。

相频特性：频率响应特性 $G(j\omega)$ 的相角 $\varphi(\omega)$，即输出与输入的相位差 $\varphi(\omega) = -\arctan G(j\omega)$ 称为相频特性。以 ω 为自变量、$\varphi(\omega)$ 为因变量的曲线称为相频特性曲线。

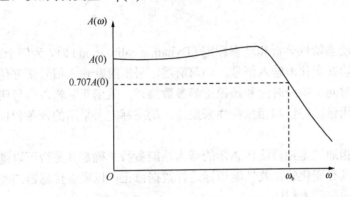

图 1.11　测量仪表幅频特性

最小相位系统的幅频特性与相频特性之间存在一一对应关系，因此在进行传感器的频率响应分析时主要使用幅频特性，图 1.11 所示为典型测量仪表的幅频特性。当测量仪表的输入信号频率较低时，测量仪表能够在精度范围内检测到被测量；随着输入信号频率的增大，幅频特性逐渐减小，测量仪表将无法等比例复现被测量。

幅频特性中对应于幅值为 $0.707A(0)$ 时的频率称为截止频率 ω_b，对应的频率范围 $0 \leqslant \omega \leqslant \omega_b$ 称为频带宽度，频带宽度反映了测量仪表对快变信号的检测能力。

1.2.4　传感器的标定与选用

标定是指用标准设备产生已知非电量（标准量）或用基准量来确定传感器输出电量与非电输入量之间关系的过程。传感器的标定分为静态标定和动态标定两种。

1. 静态标定

静态标定（Static calibration）是为了确定传感器的静态特性指标，如线性度、灵敏度、滞后和重复性等。

标定时首先要创造一个静态标定所要求的标准条件，即无加速度、振动、冲击（除非这些参数本身是被测物理量）及环境温度一般为室温（20±5）℃、相对湿度≤85%、大气压力为（101±7）kPa；其次要求标定设备的精度至少应比被标定的传感器及其系统高一个精度等级。

标定步骤具体为：

① 将传感器全量程（测量范围）分成若干等间距点。

② 根据传感器量程分点情况，由小到大按等间距递增方式输入相应的标准量，并记录与各输入值相对应的输出值。

③ 将输入值由大到小一点一点地递减，同时记录与各输入值相对应的输出值。

④ 按照②、③步骤，对传感器进行正、反行程往复循环多次测试，将得到的输出/输入测试数据用表格列出或绘制成曲线。

⑤ 对测试数据进行必要的整理，根据处理结果就可以确定传感器的线性度、灵敏度、滞后和重复性等静态特性指标了。

2．动态标定

在对传感器进行动态特性分析和动态标定（Dynamic calibration）时，为便于比较和评价，通常采用正弦变化和阶跃变化的输入信号。如前所述，采用阶跃输入信号研究传感器时域动态性能时，常用上升时间、响应时间和超调量等参数描述；采用正弦输入信号研究传感器频域动态性能时，常采用幅频特性和相频特性来描述。动态标定所采用的设备和标定过程都要比静态标定复杂。

传感器的校准是指通过定期检测传感器的基本性能参数，确定其是否可以继续使用。若能继续使用，则应对其有变化的主要性能指标进行数据修正，以确保传感器的测量精度。传感器的校准与标定的内容基本相同。

任务与实施
REN WU YU SHI SHI

【任务】　现有 0.5 级的 0～300℃和 1.0 级的 0～100℃的两个温度计，欲测量 80℃的温度，试问选用哪一个温度计比较好？为什么？在选用传感器时应考虑哪些因素？

【实施方案】

1．计算

0.5 级温度计测量时可能出现的最大绝对误差、测量 80℃时可能出现的最大示值相对误差分别为

$$\left|\Delta x\right|_{m1} = \gamma_{m1} \cdot A_{m1} = 0.5\% \times (300 - 0) = 1.5$$

$$\gamma_{x1} = \frac{\left|\Delta x\right|_{m1}}{x_1} \times 100\% = \frac{1.5}{80} \times 100\% = 1.875\%$$

1.0 级温度计测量时可能出现的最大绝对误差、测量 80℃时可能出现的最大示值相对误差分别为

$$\left|\Delta x\right|_{m2} = \gamma_{m2} \cdot A_{m2} = 1.0\% \times (100 - 0) = 1.0$$

$$\gamma_{x2} = \frac{\left|\Delta x\right|_{m2}}{x_2} \times 100\% = \frac{1.0}{80} \times 100\% = 1.25\%$$

计算结果 $\gamma_{x1} > \gamma_{x2}$，显然用 1.0 级温度计比用 0.5 级温度计测量时，示值相对误差反而小。因此在选用仪表时，不能单纯追求高精度，而是应兼顾精度等级和量程，最好使测量值落在仪表满度值的 2/3 以上区域内。

2. 选用传感器应考虑的因素

传感器处于检测系统的输入端，一个检测系统性能的优劣，关键在于正确、合理地选择传感器。而传感器的种类繁多，性能又千差万别，对某一被测量通常会有多种不同工作原理的传感器可供使用。如何根据测试目的和实际条件合理地选用最适宜的传感器，是人们经常会遇到的问题。

由于传感器的精度高低、性能好坏直接影响到整个自动检测系统的品质和运行状态，因此，选用传感器时应首先考虑这些因素；其次，在传感器满足所有性能指标要求的情况下，应考虑选用成本低廉、工作可靠、易于维修的传感器，以期达到理想的性能价格比。

（1）灵敏度

灵敏度高意味着传感器所能感知的变化量小，即被测量稍有一微小变化时，传感器就有较大的输出响应。一般来讲，传感器的灵敏度越高越好。

但是传感器在采集有用信号的同时，其自身内部或周围存在着各种与测量信号无关的噪声，若传感器的灵敏度很高，即使是很微弱的干扰信号也很容易被混入，并且会伴随着有用信号一起被电子放大系统放大，显然这不是测量目标所希望出现的。因此，这时更要注重的是选择高信噪比的传感器，既要求传感器本身噪声小，又不易从外界引进干扰噪声。

传感器的量程范围与灵敏度有关。当输入量增大时，除非有专门的非线性校正措施，否则传感器是不应当进入非线性区域的，更不能进入饱和区。当传感器工作在既有被测量又有较强干扰量的情况下，过高的灵敏度反而会缩小传感器适用的测量范围。

（2）线性范围

传感器理想的静态特性是在很大测量范围内输出与输入之间保持良好的线性关系。但实际上，传感器只能在一定范围内保持线性关系。线性范围越宽，表明传感器的工作量程越大。传感器工作在线性区内是保证测量精确度的基本条件，否则就会产生非线性误差。而在实际中，传感器绝对工作在线性区是很难保证的，也就是说，在许可的限度内，也可以工作在近似线性的区域内。因此，在选用时必须考虑被测量的变化范围，使其非线性误差在允许范围之内。

（3）响应特性

通常希望传感器的输出信号和输入信号随时间的变化曲线相一致或基本相近，但在实际中很难做到这一点，延迟通常是不可避免的，但总希望延迟时间越短越好。

选用的传感器动态响应时间越小，延迟就越小。同时还应充分考虑到被测量的变化特点（如温度的惯性通常很大）。

（4）稳定性

影响传感器稳定性的因素是环境和时间。工作环境的温度、湿度、尘埃、油剂、震动等影响，会使传感器的输出发生改变，因此要选用适合于其使用环境的传感器，同时还要求传感器能长期使用而不需要经常更换或校准。

（5）精确度

传感器的精确度是反映传感器能否真实反映被测量的一个重要指标，关系到整个测量系统的性能。精确度越高，说明测量值与其真值越接近。但并不是在任何情况下都必须选择高精度的传感器，这是因为传感器的精确度越高，其价格就越高。如果一味追求高精度，必然会造成不必要的浪费。因此在选用传感器时，首先应明确测试目的。若属于相对比较的定性试验研究，只需获得相对比较值即可时，就不必选用高精度的传感器；若要求获得精确值或对测量精度有特别要求时，则应选用高精度的传感器。

（6）测试方式

传感器在实际条件下的工作方式也是选用传感器时应考虑的重要因素。例如，是接触测量还是非接触测量？是在线测试还是非在线测试？是破坏性测试还是非破坏性测试等。

在线测试是一种与实际情况更接近一致的测试方式，尤其在许多自动化过程的检测与控制中，通常要求真实性和可靠性，而且必须在现场条件下才能达到检测要求。实现在线测试是比较困难的，对传感器与检测系统都有一定的特殊要求，因此应选用适合于在线测试的传感器，这类传感器也正在不断被研制出来。

以上是传感器选用时应考虑的一些主要因素。此外，还应尽可能兼顾结构简单、体积小、质量轻、价格便宜、易于维护和易于更换等特点。

知识拓展
ZHI SHI TUO ZHAN

传感器技术的发展趋势

现代科学技术的发展离不开检测技术，而检测技术更离不开传感器。在信息产业的三大支柱中，传感器作为神经触角，通信技术作为神经中枢，计算机技术作为大脑，构成了一个完整的神经体系，这一体系的完善将更好地应用于各行各业，如工业自动化、航天技术、军事领域、机器人开发、环境检测、医疗卫生、家电行业等各学科和工程领域。据统计，大型发电机组需要3 000台传感器及配套仪表；大型石油化工厂需要6 000台；一个钢铁厂需要20 000台；一个电站需要5 000台；阿波罗宇宙飞船用了1 218个传感器，运载火箭部分用了2 077个传感器；一辆现代化汽车装备的传感器也有几十个。传感器技术的水平高低是衡量一个国家科技发展水平的主要标志之一。

1. 传感器的作用

人们在信息时代的社会活动将主要依靠对信息资源的开发、获取、传输与处理而进行，而传感器处于自动检测与控制系统之首，处于研究对象与测控系统的接口位置，是感知、获取与检测信息的窗口。一切科学研究和生产过程要获取信息，都要通过传感器转换为便于传输与处理的电信号。系统的自动化、智能化程度越高，系统对传感器的依赖性就越大，因此传感器对系统的功能起着决定性的作用。

2. 传感器技术的发展趋势

目前，传感器技术已从单一的物性型传感器进入功能更强大、技术高度集成的新型传感器阶段。新型传感器的开发和应用已成为现代传感器技术和系统的核心和关键。21世纪传感器发展的总趋势是微型化、多功能化、数字化、智能化、系统化和网络化。

（1）传感器的微型化

微型传感器是以微机电系统（Micro-Electro Mechanical Systems，MEMS）技术为基础的。MEMS 的核心技术是微电子机械加工技术，主要包括体硅微机械加工技术、表面硅微加工技术、LIGA 技术（即 X 光深层光刻、微电铸和微复制技术）、激光微加工技术和微型封装技术等。微型传感器具有体积小、质量轻、反应快、灵敏度高及成本低等特点。比较成熟的微型传感器有压力传感器、微加速度传感器和微机械陀螺等。

（2）传感器的多功能化与集成化

由于传统的传感器只能用于检测一种物理量，但在许多应用领域，为了能准确反映客观事物和环境，通常需要同时测量大量参数，由若干种敏感元件组成的多功能传感器应运而生，多种功能集成于一个传感器系统中，即在同一芯片上或将众多同一类型的单个传感器集成为一维、二维阵列型传感器，或将传感器与调整、补偿等电路集成一体化。半导体、电介质材料的进一步开发和集成技术的不断发展为集成化提供了基础。

（3）无线网络化

随着通信技术的发展、无线技术的广泛应用，无线技术也应用到传感器技术中来。比如水文观测中通过传感器收集到水文的信息，然后通过无线技术发送到集中控制平台，这样就可以在控制平台上监测到各个点的水文信息。在航天技术中通过卫星把传感器的采集数据发回地面，从而了解到太空中的各种情况。

（4）传感器的数字化、智能化与系统化

智能化的传感器是一种涉及多学科的新型传感器系统，是一种带微处理器的、具有自校准、自补偿、自诊断、数据处理、网络通信和数字信号输出功能的新型传感器。嵌入式技术、集成电路技术和微控制器的引入，使传感器成为硬件和软件的结合体，一方面传感器的功耗降低、体积减小、抗干扰性和可靠性提高；另一方面利用软件技术实现了传感器的非线性补偿、零点漂移和温度补偿等；同时网络接口技术的应用使传感器能方便地接入工业控制网络，为系统的扩充和维护提供了极大的方便。

此外，仿生学的发展也促进了传感器的发展，这是一个新的发展方向。在 2002 年，美国空军通过对毒蛇的仿生学研究开发出了微热型传感器，这种微热型传感器像毒蛇的热感系统一样，可以感知任何环境温度的变化。

课外作业 1

1. 仪表的基本误差与仪表的精度等级是什么关系？
2. 测量误差有几种表示方法？
3. 测量方法是如何分类的？分析说明电测法为什么应用广泛？
4. 误差按照表现出来的规律可分为哪几种？它们各有什么特点？
5. 随机误差有哪几方面的特性？
6. 如何判断测量列中是否含有坏值？

7．传感器一般由哪几部分组成？传感器有哪些分类方法？

8．传感器的静态和动态特性技术指标有哪些？各自的含义是什么？

9．用电压表测量电压，测量值为 5.42V，改用标准电压表测量，示值为 5.60V，求第一只电压表测量的绝对误差、示值相对误差和实际相对误差。

10．有一测量范围为 0～200℃、精度 0.5 级的温度表，试求该表可能出现的最大绝对误差，示值分别为 20℃、100℃时的示值相对误差。

11．被测温度为 400℃，现有量程 0～500℃、精度 1.5 级和量程 0～1 000℃、精度 1.0 级的温度仪表各一块，问选用哪一块仪表测量更好一些？为什么？

12．什么是仪表线性度？已知某台仪器的输入与输出特性曲线由表 1.4 的数据表示，试计算它的线性度。

表 1.4　输入与输出数据表

输 入	0	0.1	0.2	0.3	0.4	0.5	0.6	0.7	0.8	0.9	1.0
输 出	0	5.00	10.00	15.01	20.01	25.02	30.02	35.01	40.01	45.00	50.00

13．设用某压力表对容器内的压力进行了 14 次等精度测量，获得的测量数据分别为 1.13、1.07、1.08、1.13、1.14、1.09、1.08、1.07、1.09、1.12、1.08、1.10、1.11 和 1.10（单位：MPa），试对该测量数据进行处理，并写出最后的测量结果。

项目 2

温度测量

知识目标

掌握热电偶的工作原理和常用的两个基本定律

熟悉工业热电偶的种类和几种常用热电偶的特性

掌握热电偶温度补偿原理及常用补偿方法

掌握常用铂、铜热电阻的特性和热电阻传感器的三线制接法

熟悉半导体热敏电阻的特性及典型应用

了解红外传感器测温知识

技能目标

能熟练使用热电偶传感器进行温度测量

能熟练使用热电阻传感器进行温度测量

任务 1　热电偶传感器测量温度

知识链接
ZHI SHI LIAN JIE

热电偶温度传感器（Thermocouple temperature transducer）可将被测温度转化为毫伏（mV）级热电动势信号，属于自发电型传感器，广泛应用于工业生产和科学研究。其结构简单，使用方便，测温范围宽（–270～1 800℃），性能稳定，测量精确度高，便于信号的远距离传送、集中显示和记录。

2.1.1　热电偶的工作原理

将热电偶（Thermocouple，TC）通过连接导线与显示仪表相连接组成一个测温系统，实现了

远距离温度自动测量、显示、记录、报警和控制等，如图 2.1 所示的温度检测系统应用非常广泛。

1. 热电效应

将两种不同的导体或半导体两端相接组成闭合回路，如图 2.2 所示，当两个接点分别置于不同温度 t、t_0（$t > t_0$）中时，回路中就会产生一个热电动势，这种现象称为热电效应（Thermoelectric effect）。两种导体称为热电极，所组成的回路称为热电偶，热电偶的两个工作端分别称为热端和冷端。

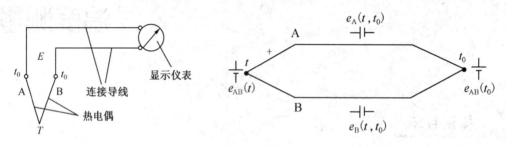

图 2.1 热电偶测温系统示意图 　　　　　图 2.2 热电偶回路

热电偶回路产生的热电动势由接触电动势和温差电动势两部分组成，下面以导体为例说明热电动势的产生。

（1）接触电动势

当电子密度不同（设 $N_A > N_B$）的两种导体 A、B 接触时，在接触面上将发生电子的扩散现象，由于从 A 扩散到 B 的电子数要比从 B 扩散到 A 的电子数多，于是在 A、B 接触面上形成了一个由 A 到 B 的静电场。该静电场的作用是一方面阻碍了 A 导体电子的扩散运动，另一方面对 B 导体电子的扩散运动起促进作用，最后达到动态平衡状态。这时 A、B 接触面所形成的电位差称为接触电动势，其大小分别用 $e_{AB}(t)$、$e_{AB}(t_0)$ 表示。

接触电动势的大小与接点处温度的高低和导体的电子密度有关。接点温度越高，接触电动势越大；两种导体电子密度的比值越大，接触电动势也越大。

（2）温差电动势

将一根导体 A 或 B 的两端分别置于不同的温度 t、t_0（$t > t_0$）中时，由于导体热端的自由电子具有较大的动能，使得从热端扩散到冷端的电子数比从冷端扩散到热端的多，于是在导体两端便产生了一个由热端指向冷端的静电场。与接触电动势的形成原理相同，在导体两端产生了温差电动势，分别用 $e_A(t, t_0)$、$e_B(t, t_0)$ 表示。

温差电动势的大小与导体的电子密度及两端温度有关。导体的电子密度越大，温差电动势越大；导体两端的温度相差越大，温差电动势也越大。

2. 热电偶回路总热电动势

热电偶回路的总热电动势包括两个接触电动势和两个温差电动势，即

$$E_{AB}(t, t_0) = e_{AB}(t) - e_{AB}(t_0) - e_A(t, t_0) + e_B(t, t_0) \tag{2.1}$$

由于热电偶的接触电动势远远大于温差电动势，且 $t > t_0$，所以总热电动势的方向取决于

$e_{AB}(t)$，故式（2.1）可以写为

$$E_{AB}(t,\ t_0)=e_{AB}(t)-e_{AB}(t_0) \tag{2.2}$$

显然，热电动势的大小与组成热电偶的导体材料和两接点的温度有关。热电偶回路中导体电子密度大的称为正极，所以 A 为正极，B 为负极。

当热电偶两电极材料确定后，热电动势便是两接点温度 t 和 t_0 的函数差，即

$$E_{AB}(t,\ t_0) = f(t) - f(t_0) \tag{2.3}$$

如果使冷端温度 t_0 保持不变，热电动势就成为热端温度 t 的单一函数，即

$$E_{AB}(t,\ t_0) = f(t) - C = \varphi(t) \tag{2.4}$$

热电偶的热电动势与温度的对应关系可以用热电势—温度曲线表示。由于多数热电偶的输出都是非线性的，所以通常使用热电偶分度表（如表 2-1 至表 2-4 所示）进行查询，但应特别注意分度表是在 $t_0=0℃$ 时编制的。在自动检测中，事先将分度表输入到计算机中，由计算机根据测得的热电势自动查表就可获得被测温度值。

可见，当冷端温度 t_0 恒定时，热电偶产生的热电动势只与热端的温度有关，即只要测得热电动势，便可确定热端的温度 t。由此得到有关热电偶的几个结论：

① 热电偶必须采用两种不同材料作为电极，否则无论导体截面如何、温度分布如何，回路中的总热电动势恒为零。

② 若热电偶两接点温度相同，尽管采用了两种不同的金属，回路总电动势恒为零。

③ 热电偶回路总热电动势的大小只与材料和接点温度有关，与热电偶的尺寸、形状无关。

表 2.1　铂铑10-铂热电偶（分度号为 S）分度表

工作端温度 （℃）	0	10	20	30	40	50	60	70	80	90
	热电动势（mV）									
0	0.000	0.055	0.113	0.173	0.235	0.299	0.365	0.432	0.502	0.573
100	0.645	0.719	0.795	0.872	0.950	1.029	1.109	1.190	1.273	1.356
200	1.440	1.525	1.611	1.698	1.785	1.873	1.962	2.051	2.141	2.232
300	2.323	2.414	2.506	2.599	2.692	2.786	2.880	2.974	3.069	3.164
400	3.260	3.356	3.452	3.549	3.645	3.743	3.840	3.938	4.036	4.135
500	4.234	4.333	4.432	4.532	4.632	4.732	4.832	4.933	5.034	5.136
600	5.237	5.339	5.442	5.544	5.648	5.751	5.855	5.960	6.064	6.169
700	6.274	6.380	6.486	6.592	6.699	6.805	6.913	7.020	7.128	7.236
800	7.345	7.454	7.563	7.672	7.782	7.892	8.003	8.114	8.225	8.336
900	8.448	8.560	8.673	8.786	8.899	9.012	9.126	9.240	9.355	9.470
1 000	9.585	9.700	9.816	9.932	10.048	10.165	10.282	10.400	10.517	10.635
1 100	10.754	10.872	10.991	11.110	11.229	11.348	11.467	11.587	11.707	11.827
1 200	11.947	12.067	12.188	12.308	12.429	12.550	12.671	12.792	12.913	13.034
1 300	13.155	13.276	13.397	13.519	13.640	13.761	13.883	14.004	14.125	14.247
1 400	14.368	14.489	14.610	14.731	14.852	14.793	15.094	15.215	15.336	15.456
1 500	15.576	15.697	15.817	15.937	16.057	16.176	16.296	16.415	16.534	16.653
1 600	16.771									

表 2.2　铂铑$_{30}$-铂铑$_6$热电偶（分度号为 B）分度表

工作端温度（℃）	0	10	20	30	40	50	60	70	80	90
	热电动势（mV）									
0	− 0.000	− 0.002	− 0.003	− 0.002	0.000	0.002	0.006	0.011	0.017	0.025
100	0.033	0.043	0.053	0.065	0.078	0.092	0.107	0.123	0.140	0.159
200	0.178	0.199	0.220	0.243	0.266	0.291	0.317	0.344	0.372	0.401
300	0.431	0.462	0.494	0.527	0.561	0.596	0.632	0.669	0.707	0.746
400	0.786	0.827	0.870	0.913	0.957	1.002	1.048	1.095	1.143	1.192
500	1.241	1.292	1.344	1.397	1.450	1.505	1.560	1.617	1.674	1.732
600	1.791	1.851	1.912	1.974	2.036	2.100	2.164	2.230	2.296	2.363
700	2.430	2.499	2.569	2.639	2.710	2.782	2.855	2.928	3.003	3.078
800	3.154	3.231	3.308	3.387	3.466	3.546	3.626	3.708	3.790	3.873
900	3.957	4.041	4.126	4.212	4.298	4.386	4.474	4.562	4.652	4.742
1 000	4.833	4.924	5.016	5.109	5.202	5.297	5.391	5.487	5.583	5.680
1 100	5.777	5.875	5.973	6.073	6.172	6.273	6.374	6.475	6.577	6.680
1 200	6.783	6.887	6.991	7.096	7.202	7.308	7.414	7.521	7.628	7.736
1 300	7.845	7.953	8.063	8.172	8.283	8.393	8.504	8.616	8.727	8.839
1 400	8.952	9.065	9.178	9.291	9.405	9.519	9.634	9.748	9.863	9.979
1 500	10.094	10.210	10.325	10.441	10.558	10.674	10.790	10.907	11.024	11.141
1 600	11.257	11.374	11.491	11.608	11.725	11.842	11.959	12.076	12.193	12.310
1 700	12.426	12.543	12.659	12.776	12.892	13.008	13.124	13.239	13.354	13.470
1 800	13.585									

表 2.3　镍铬-镍硅热电偶（分度号为 K）分度表

工作端温度（℃）	0	10	20	30	40	50	60	70	80	90
	热电动势（mV）									
− 0	− 0.000	− 0.392	− 0.777	− 1.156	− 1.527	− 1.889	− 2.243	− 2.586	− 2.920	3.242
0	0.000	0.397	0.798	1.203	1.611	2.022	2.436	2.850	3.266	3.681
100	4.095	4.508	4.919	5.327	5.733	6.137	6.539	6.939	7.338	7.737
200	8.137	8.537	8.938	9.341	9.745	10.151	10.560	10.969	11.381	11.793
300	12.207	12.623	13.039	13.456	13.874	14.292	14.712	15.132	15.552	15.974
400	16.395	16.818	17.241	17.664	18.088	18.513	18.938	19.363	19.788	20.214
500	20.640	21.066	21.493	21.919	22.346	22.772	23.198	23.624	24.050	24.476
600	24.902	25.327	25.751	26.176	26.599	27.022	27.445	27.867	28.288	28.709
700	29.128	29.547	29.965	30.383	30.799	31.214	31.629	32.042	32.455	32.866
800	33.277	33.686	34.095	34.502	34.909	35.314	35.718	36.121	36.524	36.925
900	37.325	37.724	38.122	38.519	38.915	39.310	39.703	40.096	40.488	40.897

续表

工作端温度（℃）	0	10	20	30	40	50	60	70	80	90
	热电动势（mV）									
1 000	41.269	41.657	42.045	42.432	42.817	43.202	43.585	43.968	44.349	44.729
1 100	45.108	45.486	45.863	46.238	46.612	46.985	47.356	47.726	48.095	48.462
1 200	48.828	49.192	49.555	49.916	50.276	50.633	50.990	51.344	51.697	52.049
1 300	52.398									

表 2.4 铜-康铜热电偶（分度号为 T）分度表

工作端温度（℃）	0	10	20	30	40	50	60	70	80	90
	热电动势（mV）									
−200	−5.603	−5.753	−5.889	−6.007	−6.105	−6.181	−6.232	−6.258		
−100	−3.378	−3.656	−3.923	−4.177	−4.419	−4.648	−4.865	−5.069	−5.261	−5.439
−0	−0.000	−0.383	−0.757	−1.121	−1.475	−1.819	−2.152	−2.475	−2.788	−3.089
0	0.000	0.391	0.789	1.196	1.611	2.035	2.467	2.908	3.357	3.813
100	4.277	4.749	5.227	5.712	6.204	6.702	7.207	7.718	8.235	8.757
200	9.286	9.320	10.360	10.905	11.456	12.011	12.572	13.137	13.707	14.281
300	14.860	15.443	16.030	16.621	17.217	17.816	18.420	19.027	19.638	20.252
400	20.869									

2.1.2 热电偶的基本定律

1. 中间导体定律

在热电偶回路中接入第三种导体，只要第三种导体和原导体的两接点温度相同，则回路中总的热电动势不变。

热电偶的这种性质在工业生产中是很实用的，例如可以将显示仪表或调节器作为第三种导体直接接入回路中进行测量，也可以将热电偶的两端不焊接而直接插入液态金属中或直接焊在金属表面进行温度测量。

如果接入的第三种导体两端温度不相等，热电偶回路的热电动势将要发生变化，变化量的大小取决于导体的性质和接点的温度。因此，在测量过程中必须接入的第三种导体不宜采用与热电偶热电性质相差很大的材料，否则，一旦该材料两端温度有所变化，热电动势的变化将会很大。

2. 中间温度定律

热电偶在两接点温度 t、t_0 时的热电动势等于该热电偶在接点温度为 t、t_n 和 t_n、t_0 时的热电动势的代数和，即

$$E_{AB}(t, t_0) = E_{AB}(t, t_n) + E_{AB}(t_n, t_0) \tag{2.5}$$

当 $t_0 = 0$，$t_n = t_0$ 时，上式可写成

$$E_{AB}(t,\ 0)=E_{AB}(t,\ t_0)+E_{AB}(t_0,\ 0) \tag{2.6}$$

热电偶测温时通常冷端温度 $t_0\neq0$，这时就可以利用分度表和式（2.6）求出 $E_{AB}(t,\ 0)$，从而确定被测温度 t。

同时，中间温度定律也为补偿导线的使用提供了理论依据。若热电偶的两热电极被两根导体延长，只要接入的两根导体组成的热电偶的热电特性与被延长的热电偶的热电特性相同，且它们之间连接的两点温度相同，则总回路的热电动势与连接点温度无关，只与延长以后的热电偶两端的温度有关。

热电偶的基本定律还有参比电极定律和均质导体定律。

2.1.3　热电偶的材料、结构及种类

1．热电偶的材料

由金属的热电效应原理可知，热电偶的热电极可以是任意金属材料，但在实际应用中，用作热电极的材料应具备以下几方面的条件。

① 测量范围广。要求在规定的温度测量范围内具有较高的测量精确度、较大的热电动势，温度与热电动势的关系是单值函数。

② 性能稳定。要求在规定的温度测量范围内使用时，热电性能稳定，有较好的均匀性和复现性。

③ 化学性能好。要求在规定的温度测量范围内使用时，具有良好的化学稳定性、抗氧化或抗还原性能，不产生蒸发现象。

满足上述条件的热电偶材料并不很多。目前，我国大量生产和使用的、性能符合专业标准或国家标准并具有统一分度表的热电偶材料称为定型热电偶材料，共有 6 个品牌。它们分别是铂铑 $_{30}$-铂铑 $_6$、铂铑 $_{10}$-铂、镍铬-镍硅、镍铬-镍铜、镍铬-镍铝、铜-铜镍。此外，我国还生产一些未定型的热电偶材料，如铂铑 $_{13}$-铂、铱铑 $_{40}$-铱、钨铼 $_5$-钨铼 $_{20}$ 及金铁热电偶、双铂钼热电偶等。这些非标热电偶应用于一些特殊条件下的测温，如超高温、极低温、高真空或核辐射等环境。

2．热电偶的结构

热电偶温度传感器广泛应用于工业生产过程中的温度测量，根据其用途和安装位置的不同，它具有多种结构形式。

（1）普通工业热电偶

普通工业热电偶通常由热电极、绝缘套管、保护套管和接线盒等几个主要部分组成，其结构如图 2.3 所示。

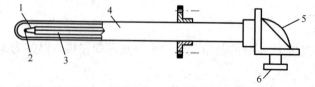

1—热电极；2—焊点；3—绝缘套管；4—保护套管；5—接线盒；6—引线口

图 2.3　普通工业热电偶结构

① 热电极。又称偶丝，它是热电偶的基本组成部分。用普通金属做成的偶丝，其直径一般为 0.5～3.2 mm；用贵重金属做成的偶丝，其直径一般为 0.3～0.6 mm。偶丝的长度由工作端插入在被测介质中的深度来决定，通常为 300～2 000 mm，常用的长度为 350 mm。

② 绝缘套管。又称绝缘子，是用于防止热电极之间及热电极与保护套之间互相短路而进行绝缘保护的零件。形状一般为圆形或椭圆形，中间开有 2 个、4 个或 6 个孔，偶丝穿孔而过。材料为黏土质、高铝质、刚玉质等，材料选用视使用的热电偶而定。

③ 保护套管。保护套管是用于保护热电偶感温元件免受被测介质化学腐蚀和机械损伤的装置，形状一般为圆柱形。保护套管应具有耐高温、耐腐蚀、导热性好的特性，可以用作保护套管的材料有金属、非金属及金属陶瓷三大类。金属材料有铝、黄铜、碳钢、不锈钢等，其中 1Cr18Ni9Ti 不锈钢是目前热电偶保护套管使用的典型材料；非金属材料有高铝质（Al_2O_3 的质量分数为 85%～90%）、刚玉质（Al_2O_3 的质量分数为 99%），使用温度都在 1 300℃ 以上；金属陶瓷材料有氧化镁加金属钼，使用温度为 1 700℃，且在高温下有很好的抗氧化能力，适用于钢水温度的连续测量。

④ 接线盒。热电偶的接线盒用于固定接线座和连接外界导线，起到保护热电极免受外界环境侵蚀和保证外接导线与接线柱接触良好的作用。接线盒一般由铝合金制成，根据被测介质温度和现场环境条件要求，可设计成普通型、防溅型、防水型和防爆型等。

（2）铠装热电偶

它是由金属套管、绝缘材料和热电极经焊接密封和装配等工艺制成的坚实组合体。金属套管的材料可以是铜、不锈钢（1Cr18Ni9Ti）或镍基高温合金（GH30）等；绝缘材料常使用电熔氧化镁、氧化铝、氧化铍等的粉末；而热电极无特殊要求。套管中热电极有单支（双芯）、双支（四芯），彼此间互不接触。中国已生产 S 型、R 型、B 型、K 型、E 型、J 型和铱铑40-铱等铠装热电偶，套管最长可达 100 m 以上，管外径最细能达 0.25 mm。铠装热电偶已达到标准化、系列化。铠装热电偶具有体积小、热容量小、动态响应快、可挠性好、柔软性良好、强度高、耐压、耐震、耐冲击等许多优点，因此被广泛应用于工业生产过程。

铠装热电偶接线盒的结构，根据不同的使用条件有不同的形式，如简易式、带补偿导线式、插座式等，选用时可参考有关资料。

3. 热电偶的种类

（1）标准型热电偶

所谓标准型热电偶是指制造工艺比较成熟、应用广泛、能成批生产、性能优良而稳定并已列入工业标准化文件中的热电偶。由于标准化文件对同一型号的标准型热电偶规定了统一的热电极材料及其化学成分、热电性质和允许偏差，故同一型号的标准型热电偶互换性好，具有统一的分度表，并有与其配套的显示仪表可供选用。

国际电工委员会于 1975 年向世界各国推荐了 7 种标准型热电偶。我国生产的符合 IEC 标准的热电偶有 6 种，如表 2.5 所示。在热电偶的名称中，正极写在前面，负极写在后面。

（2）非标准型热电偶

非标准型热电偶包括铂铑系、铱铑系及钨铼系热电偶等。

铂铑系热电偶有铂铑$_{20}$-铂铑$_5$、铂铑$_{40}$-铂铑$_{20}$等一些种类，其共同特点是性能稳定，适用于各种高温测量。

铱铑系热电偶有铱铑$_{40}$-铱、铱铑$_{60}$-铱。这类热电偶长期使用的测温范围在2 000℃以下，且热电动势与温度线性关系好。钨铼系热电偶有钨铼$_3$-钨铼$_{25}$、钨铼$_5$-钨铼$_{20}$等种类，最高使用温度受绝缘材料的限制，目前可达2 500℃左右，主要用于钢水连续测温、反应堆测温等场合。

表2.5　热电偶特性

名　称	分度号	代　号	测温范围（℃）	100℃时的热电动势（mV）	特　点
铂铑$_{30}$-铂铑$_6$	B (LL-2)	WRR	50～1280	0.033	熔点高，测温上限高，性能稳定，精度高，100℃以下热电动势极小，可不必考虑冷端补偿；价格昂贵，热电动势小；只限于高温域的测量
铂铑$_{13}$-铂	R (PR)	—	−50～1768	0.647	使用上限较高，精度高，性能稳定，复现性好；但热电动势较小，不能在金属和还原性气体中使用，在高温下使用特性会逐渐变坏，价格昂贵；多用于精密测量
铂铑$_{10}$-铂	S (LB-3)	WRP	−50～1768	0.646	同上，性能不如R型热电偶，长期以来作为国际温标的法定标准热电偶
镍铬-镍硅	K (EU-2)	WRN	−270～1370	4.095	热电动势大，线性好，稳定性好，价廉；但材质较硬，在1 000℃以上长期使用会引起热电动势漂移；多用于工业测量
镍铬硅-镍硅	N	—	−270～1370	2.744	是一种新型热电偶，各项性能优于K型热电偶，适用于工业测量
镍铬-铜镍（康铜）	E (EA-2)	WRK	−270～800	6.319	热电动势比K型热电偶大50%左右，线性好，耐高温，价廉；但不能用于还原性气体；多用于工业测量
铁-铜镍（康铜）	J (JC)	—	−210～760	5.269	价格低廉，在还原性气体中较稳定；但纯铁易被腐蚀和氧化；多用于工业测量
铜-铜镍（康铜）	T (CK)	WRC	−270～400	4.279	价廉，加工性能好，离散性小，性能稳定，线性好，精度高；铜在高温时易被氧化，测温上限低；多用于低温域测量，可作−200～0℃温域的计量标准

（3）薄膜热电偶

薄膜热电偶是由两种金属薄膜连接而成的一种特殊结构的热电偶，它的测量端既小又薄，热容量很小，动态响应快，可用于微小面积的温度测量和快速变化的表面温度测量。

薄膜热电偶测温时需用胶黏剂紧黏在被测物表面，所以热损失小，测量精度高。由于使用温度受胶黏剂和衬垫材料限制，目前只能用于−200～300℃范围内。

2.1.4 热电偶的冷端补偿

由热电偶的工作原理可知，热电偶所产生的热电动势不仅与热端温度有关，而且还与冷端温度有关。只有当冷端温度恒定时，热电动势才是热端温度的单值函数。由于热电偶分度表是以冷端温度为0℃时做出的，因此在使用时要正确反映热端温度（被测温度），最好设法使冷端温度恒为0℃，否则将产生测量误差。但在实际应用中，热电偶通常靠近被测对象，且受到周围环境温度的影响，其冷端温度不可能恒定不变。为此，必须采取一些相应的措施进行补偿或修正，以消除冷端温度变化和不为0℃所产生的影响。常用的方法有以下几种。

1. 补偿导线法

热电偶由于受到材料价格的限制一般做得比较短（除铠装热电偶外），冷端距测温对象很近，使冷端温度较高且波动较大，这时就需要采用补偿导线将冷端延伸至远离温度对象而温度恒定的场所（如控制室或仪表室）。

补偿导线（Thermocouple extension rate）由两种不同性质的廉价金属材料制成，在0～150℃温度范围内与配接的热电偶具有相同的热电特性，即 $E_{A'B'}(t'_0, t_0) = E_{AB}(t'_0, t_0)$，如图2.4所示。补偿导线起到了延伸热电极的作用，达到了移动热电偶冷端位置的目的。

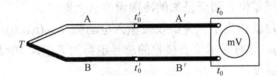

A、B—热电偶电极；A′、B′—补偿导线；
t'_0—热电偶原冷端温度；t_0—热电偶新冷端温度

图2.4 补偿导线在测温回路中的连接

补偿导线的型号由两个字母组成，第一个字母与配用热电偶的型号相对应，第二个字母表示补偿导线的类型。补偿导线分为延伸型（X）和补偿型（C）两种。延伸型补偿导线选用的金属材料与热电极材料相同；补偿型补偿导线所选金属材料与热电极材料不同。表2.6列出了常用的热电偶补偿导线。

表2.6 常用的热电偶补偿导线

补偿导线型号	配用热电偶	补偿导线材料		补偿导线绝缘层着色	
		正 极	负 极	正 极	负 极
SC	S	铜	铜镍合金	红色	绿色
KC	K	铜	铜镍合金	红色	蓝色
KX	K	镍铬合金	镍硅合金	红色	黑色
EX	E	镍硅合金	铜镍合金	红色	棕色
JX	J	铁	铜镍合金	红色	紫色
TX	T	铜	铜镍合金	红色	白色

2. 计算修正法

在实际应用中，冷端温度并非一定为 0℃，所以测出的热电动势是不能正确反映热端实际温度的。为此，必须采用中间温度定律对温度进行修正，修正公式为

$$E_{AB}(t,\ 0)=E_{AB}(t,\ t_0)+E_{AB}(t_0,\ 0)$$

【例】 用镍铬-镍硅热电偶测炉温，当冷端温度为 30℃（且为恒定时），测出热端温度为 t 时的热电动势为 39.17 mV，求炉子的真实温度。

解： 设炉子的真实温度为 t，已知冷端温度 $t_0=30℃$，则热电偶测得的热电势为

$$E(t,\ t_0) = E(t,\ 30) = 39.17 \text{ mV}$$

查镍铬-镍硅热电偶分度表：$E(30,\ 0) = 1.20$ mV

根据中间温度定律：$E(t,\ 0) = E(t,\ 30) + E(30,\ 0) = 39.17+1.20 = 40.37$ mV

再查镍铬-镍硅热电偶分度表可知：40.37 mV 所对应的温度为 977℃，因此炉子的真实温度为

$$t = 977℃$$

3. 显示仪表机械零位调整法

当热电偶冷端温度已知且恒定时（$t_0 \neq 0℃$），工程上常用一种简单方便的机械零位调整法，进一步对温度测量值进行校正。即在未工作之前，预先将有零位调整器的温度显示仪表的指针从刻度的初始值（机械零位）调至已知的冷端温度值上即可。

调整仪表的机械零位就相当于预先给仪表输入电动势 $E_{AB}(t_0,\ 0)$，测量过程中热电偶回路产生热电势 $E_{AB}(t,\ t_0)$，这时显示仪表接收的总热电势为 $E_{AB}(t,\ 0)=E_{AB}(t,\ t_0)+E_{AB}(t_0,\ 0)$，所以仪表的示值即被测温度。

当冷端温度发生变化时，应及时断电，重新调整仪表的机械零点至新的冷端温度处。

4. 补偿电桥法

补偿电桥法是利用不平衡电桥产生的不平衡电势去补偿因热电偶冷端温度变化而引起的热电动势的变化，它可以自动地将冷端温度校正到补偿电桥的平衡点温度上。

补偿器（补偿电桥）的应用如图 2.5 所示，桥臂电阻 R_1、R_2、R_3、R_{Cu} 与热电偶冷端处于相同的温度环境。R_1、R_2、R_3 均为由锰铜丝绕制的 1 Ω电阻，R_{Cu} 是用铜导线绕制的温度补偿电阻，经稳压电源提供的桥路直流电源 $E=4$ V。R_s 是限流电阻，阻值大小与配用的热电偶有关。

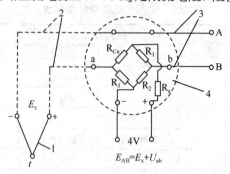

1—热电偶；2—补偿导线；3—铜导线；4—补偿电桥

图 2.5 热电偶冷端补偿电桥

一般 R_{Cu} 阻值应使不平衡电桥在 20℃（平衡点温度）时处于平衡，此时 $R_{Cu}^{20}=1\,\Omega$，电桥平衡，即 $U_{ab}=0$，不起补偿作用。这时 $E_{AB}=E_x+U_{ab}=E(t,20)$。

冷端温度变化（设 t_0 减小）时，一方面热电偶热电动势 E_x 将增大，增加量为 $E(t,t_0)-E(t,20)=E(20,t_0)$；另一方面 $R_{Cu}^{20}\neq 1\,\Omega$，电桥不再平衡，若适当选择 R_{Cu} 的大小，使 $U_{ab}=-E(20,t_0)$，与热电偶热电动势 E_x 叠加后，外电路总电动势就可以保持不变，即 $E_{AB}=E(t,20)$ 而不随冷端温度变化。然后采用仪表机械零位调整法进行校正，将仪表机械零位调至冷端温度补偿电桥的平衡点温度（20℃）处，这样即使冷端温度不断变化也不必重新调整。

冷端补偿电桥可以单独制成补偿器，通过外线与热电偶和后续仪表连接，而它更多是作为后续仪表的输入回路，与热电偶连接。

5. 冰浴法

冰浴法通常用于实验室或精密的温度测量，如图 2.6 所示。将热电偶的冷端置于温度为 0℃ 的恒温器内（如冰水混合物），使冷端温度处于 0℃。

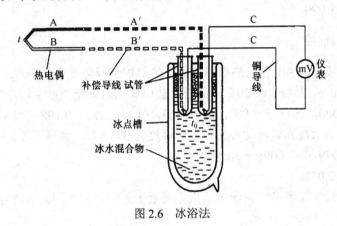

图 2.6　冰浴法

任务与实施
REN WU YU SHI SHI

【任务】　在一个实际的镍铬-镍硅热电偶测温系统中，配用 K 型热电偶温度显示仪表（带补偿电桥）显示被测温度的大小。测温对象是炉膛温度为 1 000℃ 的加热炉，设热电偶冷端温度为 50℃，显示仪表所在的控制室远离加热炉，室温为 20℃。要求分别用普通铜导线和 K 型热电偶补偿导线将热电偶与显示仪表连接进行测温，测量结果是多少？所测温度数据是否能反映炉膛的真实温度，为什么？热电偶测温元件在安装时应注意什么？热电偶如何校验？

【实施方案】　在执行该任务前，必须弄清楚普通铜导线与补偿导线之间的本质差别。普通铜导线的作用是将现场热电偶所产生的热电势信号传递到控制室，仅此而已；而使用补偿导线起到了延伸热电极的作用，与加长热电偶效果相当，其好处可以归结为四点：第一，可将热电偶的冷端从温度波动的区域延长到温度相对稳定的区域，使仪表的指示值相对稳定；第二，相同长度的补偿导线比热电偶便宜许多，同时可节约大量贵金属；第三，补偿导线多用铜及铜合金制作，单位长度的直流电阻比使用很长的热电极小得多，减小了测量误差，第四，补偿导线的绝缘层通常使用塑料（聚氯乙烯或聚四氟乙烯）制作，内芯又是较柔软的铜合金多股导线，易于弯曲，便于敷设。

由镍铬-镍硅热电偶分度表事先查出热电偶相关数据。

冷端温度为0℃，热端温度为1 000℃时的热电动势：$E(1\,000,\ 0)=41.269$ mV

冷端温度为0℃，热端温度为50℃时的热电动势：$E(50,\ 0)=2.022$ mV

冷端温度为0℃，热端温度为20℃时的热电动势：$E(20,\ 0)=0.798$ mV

1. 用普通铜导线连接

普通铜导线连接时，热电偶的热端感受加热炉炉膛温度 $t=1\,000$℃，冷端 $t_0=50$℃。根据中间温度定律，热电偶测温系统所产生的热电动势为

$$E(t,\ t_0)=E(1000,\ 50)=E(1000,\ 0)-E(50,\ 0)=41.269-2.022=39.247\ (\text{mV})$$

显示仪表接收39.247 mV电动势后，显示温度为948.4℃。这时产生了测量误差：

绝对误差 $\Delta t = 948.4 - 1000 = -51.6$℃

相对误差 $\gamma = -5.16\%$

2. 用补偿导线连接

用补偿导线连接后，热电偶的热端同样感受加热炉炉膛温度 $t=1\,000$℃，而冷端已经被延长至仪表控制室内，所以这时 $t_0=20$℃。同理，热电偶测温系统所产生的热电动势为

$$E(t,\ t_0)=E(1\,000,\ 20)=E(1\,000,\ 0)-E(20,\ 0)=41.269-0.798=40.471\ （\text{mV}）$$

显示仪表接收40.471 mV电动势后，显示温度为979.6℃。测量误差为：

绝对误差 $\Delta t = 979.6 - 1\,000 = -20.4$℃

相对误差 $\gamma = -2.04\%$

可见，采用补偿导线连接时的测量结果更接近于真实温度，因此补偿导线广泛应用于工业测温场合。

【提示】 在使用补偿导线配合测温时必须注意以下问题。

① 补偿导线应在规定的温度范围内（一般为0～150℃）与热电偶的热电特性相同或相近。

② 不同型号的热电偶有不同的补偿导线。

③ 热电偶和补偿导线的两个接点处的温度应一致。

④ 补偿导线的正、负极应与热电偶的正、负极分别对应连接。

⑤ 当冷端温度 $t_0 \neq 0$℃时，还需结合其他补偿与修正方法使用。

3. 补偿导线与其他补偿方法的结合

通过上述比较，采用补偿导线连接比用铜导线连接测量更准确，但这时显示的温度值与炉膛的真实温度之间仍然存在误差，这就需要采用计算法、机械零位调整法等其他补偿方法做进一步校正。例如，若采用机械零位调整法，在测量之前需将显示仪表的机械零位调整到 $t_0=20$℃，这时测温系统总热电势为 $E(1\,000,\ 20)+E(20,\ 0)=E(1\,000,\ 0)=41.269$ mV，显示温度为1 000℃。

显然,在仅需粗略估计被测对象温度的场合,选用与热电偶型号一致的补偿导线即可;若需准确测温,还须将多种补偿方法组合起来加以应用。

4.热电偶测温元件的安装

① 安装地点要选择在便于施工维护、不易受外界损伤的位置。

② 应尽可能垂直安装,以防保护管在高温下变形。被测介质流动时,应将其安装在管道中心线上,并与被测流体的方向相对。管道有弯道时,应尽量安装在管道弯曲处,如图2.7所示。

③ 插入深度可按实际需要决定,但浸入介质中的长度应大于保护管外径的8~10倍。

④ 露在设备外的部分应尽量短并考虑加装保温层,以减小热量损失造成的测量误差。

⑤ 安装在负压管道或容器上时,安装处应密封良好。

⑥ 接线盒的盖子应尽量在上面,防止被水浸入。

⑦ 若装在含有固体颗粒和流速很高的介质中,为防止长期受冲刷而损坏,可在前面加装保护管。

⑧ 在管道上安装时,要在管道上安装插座,插座材料与管道材料一致。

⑨ 承受压力的热电偶应保证密封良好。

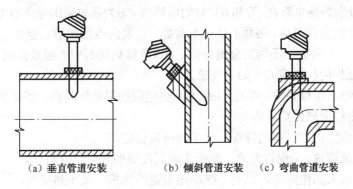

（a）垂直管道安装　　　（b）倾斜管道安装　　（c）弯曲管道安装

图 2.7　管道内温度测量热电偶安装示意图

5.热电偶校验

一般采用计算机控制的高温炉连续检定。根据被检对象要求接好线,然后按类型选择键(对应热电偶型号)确定标定方式(用标定键选择整百度或温标定义的固定点),再通过键盘键输入必要的参数。按下运行键,装置即可开始自动检定工况。检定装置首先打印出输入的参数,供检定人员核对,然后自动控制升温到第1个预定的检定点。待温度场稳定后,按第1点至第5点及第5点至第1点的顺序巡回采样,计算并打印出该点的检定结果,然后自动升温到第2个检定点,再进行检定打印,直到最后一个检定点检定打印完毕,这时检定装置会显出"END",同时发出音响报警,经过一定时间后将自动切断检定炉电源。

任务2 热电阻传感器测量温度

知识链接
ZHISHILIANJIE

热电阻温度传感器（Thermal resistance temperature transducer）也是一种应用非常广泛的热电式传感器。它可用于测量 $-200 \sim 500℃$ 范围内的温度。目前热电阻的应用范围已扩展到 $1 \sim 5K$ 的超低温领域，同时在 $1\,000 \sim 1\,200℃$ 温度范围内也有足够好的特性。

2.2.1 金属热电阻

利用导体或半导体的电阻值随温度的变化而变化的特性来测量温度的感温元件叫作热电阻（Thermal resistance），它可分为金属热电阻和半导体热敏电阻两大类。

大多数金属导体的电阻都具有随温度变化的特性。其特性方程式为

$$R_t = R_0[1 + \alpha(t - t_0)] \tag{2.7}$$

式中，R_t、R_0 分别为热电阻在 $t℃$ 和 $0℃$ 时的电阻值，α 为热电阻的电阻温度系数（1/℃）。

对于绝大多数金属导体，α 并不是一个常数，而是温度的函数。但在一定的温度范围内，α 可近似地看作一个常数。不同的金属导体，α 保持常数所对应的温度范围不同。

选择感温元件的材料应满足如下要求。

① 材料的电阻温度系数 α 要大。α 越大，热电阻的灵敏度越高；纯金属的 α 比合金的高，所以一般均采用纯金属做热电阻元件。

② 在测温范围内，材料的物理、化学性质应稳定。

③ 在测温范围内，α 保持常数，便于实现温度表的线性刻度特性。

④ 具有比较大的电阻率，以利于减小热电阻的体积，减小热惯性。

⑤ 特性复现性好，容易复制。

比较适合以上要求的材料有铂、铜、铁和镍。

1. 铂热电阻

铂的物理、化学性能非常稳定，是目前制造热电阻的最好材料。铂电阻主要作为标准电阻温度计，它的长时间稳定的复现性可达 $10^{-4}K$，是目前测温复现性最好的一种温度计。

铂的纯度通常用 $W(100)$ 表示，即

$$W(100) = \frac{R_{100}}{R_0}$$

式中，R_{100} 为水沸点（100℃）时的电阻值，R_0 为水冰点（0℃）时的电阻值。

$W(100)$ 越高，表示铂丝纯度越高。国际实用温标规定，作为基准器的铂电阻，其比值 $W(100)$ 不得小于 $1.392\,5$。目前技术水平已达到 $W(100)=1.393\,0$，与之相应的铂纯度为 99.999 5%，工业用铂电阻的纯度 $W(100)$ 为 $1.387 \sim 1.390$。铂丝的电阻值与温度之间的关系

在 $0 \sim 630.755℃$ 范围内时

$$R_t=R_0(1+At+Bt^2) \tag{2.8}$$

在 $-190\sim0\,℃$ 范围内时

$$R_t=R_0[1+At+Bt^2+C(t-100)t^3] \tag{2.9}$$

式中，R_t、R_0 分别为温度 $t\,℃$ 和 $0\,℃$ 时铂的电阻值，A、B、C 为常数，对于 $W(100)=1.391$ 有 $A=3.968\,47\times10^{-3}/℃$，$B=-5.847\times10^{-7}/℃^2$，$C=-4.22\times10^{-12}/℃^4$。

目前，我国常用的铂电阻有两种，分度号 Pt100 和 Pt10，最常用的是 Pt100，$R(0\,℃)=100.00\,\Omega$，分度表见表 2.7。

表 2.7　铂电阻（分度号为 Pt100）分度表

温度（℃）	0	10	20	30	40	50	60	70	80	90
	电阻值（Ω）									
−200	18.49	—	—	—	—	—	—	—	—	—
−100	60.25	56.19	52.11	48.00	43.37	39.71	35.53	31.32	27.08	22.80
−0	100.00	96.09	92.16	88.22	84.27	80.31	76.32	72.33	68.33	64.30
0	100.00	103.90	107.79	111.67	115.54	119.40	123.24	127.07	130.89	134.70
100	136.50	142.29	146.06	149.82	153.58	157.31	161.04	164.76	168.46	172.16
200	175.84	179.51	183.17	186.32	190.45	194.07	197.69	201.29	204.88	208.45
300	212.02	215.57	219.12	222.65	226.17	229.67	233.17	236.65	240.13	243.59
400	247.04	250.48	253.90	257.32	260.72	264.11	267.49	270.86	274.22	277.56
500	280.90	284.22	287.53	290.83	294.11	297.39	300.65	303.91	307.15	310.38
600	313.59	316.80	319.99	323.18	326.35	329.51	332.66	335.79	338.92	342.03
700	345.13	348.22	351.30	354.37	357.42	360.47	363.50	366.52	369.53	372.52
800	375.51	378.48	381.45	384.40	387.34	390.26	—	—	—	—

铂电阻一般由直径为 0.05～0.07 mm 的铂丝绕在云母骨架上，铂丝的引线采用银线，引线用双孔瓷绝缘套管绝缘，如图 2.8 所示。

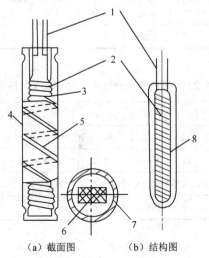

（a）截面图　　　　（b）结构图

1—银引出线；2—铂丝；3—锯齿形云母骨架；4—保护用云母片；5—银绑带；6—铂电阻横断面；7—保护套管；8—石英骨架

图 2.8　铂热电阻的构造

2. 铜电阻

当测量精度要求不高，温度范围在 −50～150℃的场合，普遍采用铜电阻。铜电阻阻值与温度呈线性关系，可用下式表示

$$R_t = R_0(1 + \alpha t) \tag{2.10}$$

式中，R_t 为 t℃时的电阻值，R_0 为 0℃时的电阻值，α 为铜电阻温度系数，$\alpha = 4.25 \times 10^{-3}/℃ \sim 4.28 \times 10^{-3}/℃$。

铜热电阻体的结构如图 2.9 所示，它由直径约为 0.1 mm 的绝缘电阻丝双绕在圆柱形塑料支架上。为了防止铜丝松散，整个元件经过酚醛树脂（环氧树脂）的浸渍处理，以提高其导热性能和机械固紧性能。铜丝绕组的线端与镀银铜丝制成的引出线焊牢，并穿以绝缘套管或直接用绝缘导线与之焊接。

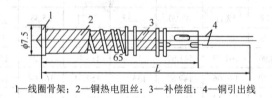

1—线圈骨架；2—铜热电阻丝；3—补偿组；4—铜引出线

图 2.9　铜热电阻体

目前，我国工业上用的铜电阻分度号为 Cu50 和 Cu100，其 $R(0℃)$ 分别为 50 Ω 和 100 Ω。铜电阻的电阻比 $R(100℃)/R(0℃) = 1.428 \pm 0.002$。分度表见表 2.8 和表 2.9。

表 2.8　铜电阻（分度号为 Cu50）分度表

温度（℃）	0	10	20	30	40	50	60	70	80	90
	电阻值（Ω）									
−200	50.00	47.85	45.70	43.55	41.40	39.24	—	—	—	—
−100	50.00	52.14	54.28	56.42	58.56	60.70	62.84	64.98	67.12	69.26
−0	71.40	73.54	75.68	77.83	79.98	82.13	—	—	—	—

表 2.9　铜电阻（分度号为 Cu100）分度表

温度（℃）	0	10	20	30	40	50	60	70	80	90
	电阻值（Ω）									
−200	100.00	95.70	91.40	87.10	82.80	78.49	—	—	—	—
−100	100.00	104.28	108.56	112.84	117.12	121.40	125.68	129.96	134.24	138.52
−0	142.80	147.08	151.36	155.66	159.96	164.27	—	—	—	—

铂、铜热电阻外形结构如图 2.10 所示。

3．其他热电阻

随着科技的发展，近年来对于低温和超低温测量提出了迫切的要求，开始出现一些新型热电阻，如铟电阻、锰电阻等。

（1）铟电阻

它是一种高精度低温热电阻。铟的熔点约为 150℃，在 4.2～15K 温度域内其灵敏度比铂的高 10 倍，故可用于不能使用铂的低温范围。其缺点是材料很软，复制性很差。

（2）锰电阻

在 2～63K 的低温范围内，锰电阻的阻值随温度变化很大，灵敏度高；在 2～16K 的温度范围内，电阻率随温度平方变化。磁场对锰电阻的影响不大，且有规律。锰电阻的缺点是脆性很大，难以控制成丝。

2.2.2　半导体热敏电阻

半导体热敏电阻（Thermistor）是利用半导体的电阻值随温度显著变化的特性制成的。在一定的范围内通过测量热敏电阻阻值的变化情况，就可以确定被测介质的温度变化情况。其特点是灵敏度高、体积小、反应快。半导体热敏电阻基本可以分为两种类型。

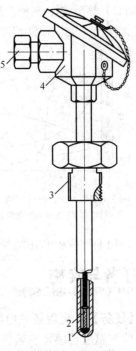

1—保护套管；2—测温元件；
3—紧固螺栓；4—接线盒；
5—引出线密封套管

图 2.10　热电阻外形结构

1．负温度系数热敏电阻（NTC）

NTC 热敏电阻研制较早，最常见的是由锰、钴、铁、镍、铜等多种金属氧化物混合烧结而成。

根据不同的用途，NTC 又可以分为两类。第一类为负指数型，用于测量温度，它的电阻值与温度之间呈负的指数关系；第二类为负的突变型，当其温度上升到某设定值时，其电阻值突然下降，多在各种电子电路中用于抑制浪涌电流，起保护作用。负突变型和负指数型的温度—电阻特性曲线分别见图 2.11 中的曲线 1 和曲线 2 所示。

2．正温度系数热敏电阻（PTC）

典型的 PTC 热敏电阻通常是在钛酸钡陶瓷中加入施主杂质以增大电阻温度系数。它的温度—电阻特性曲线呈非线性，如图 2.11 中的曲线 4 所示。PTC 在电子线路中多起限流、保护作用，当流过的电流超过一定限度或 PTC 感受到的温度超过一定限度时，其电阻值会突然增大。

近年来还研制出了用本征锗或本征硅材料制成的线性 PTC 热敏电阻，其线性度和互换性较好，可用于测温。其温度—电阻特性曲线如图 2.11 中的曲线 3 所示。

热敏电阻按结构形式可分为体型、薄膜型、厚膜型三种；按工作方式可分为直热式、旁热式、延迟电路三种；按工作温区可分为常温区（−60～200℃）、高温区（>200℃）、低温区

（<-60℃）热敏电阻三种。热敏电阻可根据使用要求，封装加工成各种形状的探头，如珠状、片状、杆状、锥状和针状等，如图2.12所示。

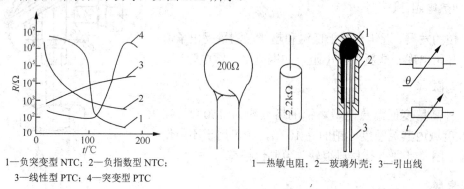

1—负突变型 NTC；2—负指数型 NTC；
3—线性型 PTC；4—突变型 PTC

图 2.11　热敏电阻的特性曲线

1—热敏电阻；2—玻璃外壳；3—引出线

图 2.12　热敏电阻的结构外形与符号

任务与实施
REN WU YU SHI SHI

【任务】　将现场热电阻测量的温度信号引到控制室，你会采用怎样的方案？热电阻怎样校验？温度传感器安装使用时应注意哪些问题？

【实施方案】　热电阻与测量电路的连接有两线制、三线制和四线制3种方式。

1．两线制连接法测量电路

工业用热电阻安装在生产现场，而其指示或记录仪表安装在控制室，其间的引线很长，如果仅用两根导线接在热电阻两端，连接热电阻的两根导线本身的阻值势必和热电阻的阻值相加，造成测量误差，如图2.13（a）所示。这个误差很难修正，因为导线的阻值随环境温度的变化而变化，环境温度并非处处相等，且又变化莫测。所以，两线制连接方式不宜用于工业热电阻测温。

2．三线制连接法测量电路

为避免或减少导线电阻对测温的影响，工业热电阻多采用三线制接法，如图 2.13（b）所示。即从热电阻引出三根导线，这三根导线粗细相同，长度相等，阻值都是 r。当热电阻与测量电桥连接时，其中一根串联在电桥的电源上，另外两根分别串联在电桥的相邻两臂中，这样就把连接导线随温度变化的电阻值加在相邻的两个桥臂上。当相邻两臂的阻值随温度都变化同样大的阻值时，其变化量对测量的影响就可以相互抵消。

四线制连接法一般用于需精密测温的场合。

3．校验

热电阻校验一般分两步进行。

（1）0℃电阻值校验

将二等标准铂电阻温度计和被检热电阻插入盛有冰水混合物的冰点槽内，30min 后按照标准铂电阻温度计、标准电阻、被检电阻的顺序测出电压降，测量完后再按照被测电阻、标准电阻、标准铂电阻温度计的顺序测量电压降，完成一个读数循环。每次测量不少于三个循环，求取平均值。

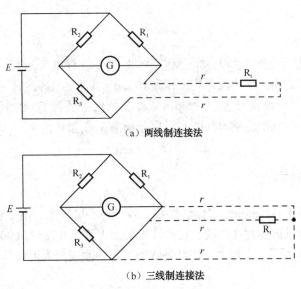

（a）两线制连接法

（b）三线制连接法

图 2.13　测量电路

（2）100℃电阻值校验

将二等标准铂电阻温度计和被检热电阻插入水沸点槽或恒温油槽内，30min 后按照标准铂电阻温度计、标准电阻、被检电阻的顺序测出电压降，测量完后再按照被测电阻、标准电阻、标准铂电阻温度计的顺序测量电压降，完成一个读数循环。每次测量不少于三个循环，求取平均值，计算被检热电阻在相应水沸点或恒温油槽温度 t_b 的电阻值，t_b 由标准电阻温度计的三次读数平均值确定。被检热电阻在 100℃时的电阻值（R_{100}）则由与温度 t_b 相应的电阻值（R_b）求出。也可将被测温度范围内的 10%、50%、90%的温度点作为校验点再进行校验。

4．温度传感器的安装使用

① 热电偶和热电阻应尽量垂直装在管道上，安装时应有保护套管，以方便检修和更换。

② 测量管道内温度时，元件长度应在管道中心线上（即保护管插入深度应为管径的一半）。

③ 热电偶的冷端应处于同一环境温度下，应使用同型号的补偿导线，且正、负极要连接正确。

④ 高温区应使用耐高温电缆或耐高温补偿线。

⑤ 要根据不同的温度选择不同的测量元件。一般被测温度大于 100℃时选择热电偶，小于 100℃时选择热电阻。

⑥ 热电偶配用温度动圈表时，温度动圈表开孔尺寸要合适，安装要美观大方。

⑦ 接线要合理美观，表针指示要正确。

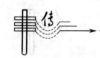
任务3 红外传感器测量温度

知识链接
ZHISHI LIANJIE

凡是存在于自然界的物体，如人体、火焰、冰等都会放射出红外线，只是波长不同而已。人体的温度为 36～37℃，所放射的红外线波长为 10 μm（属于远红外线区）；加热到 400～700℃ 的物体，其放射出的红外线波长为 3～5 μm（属于中红外线区）。红外线传感器（Infra-red sensor）可以检测到这些物体发射的红外线，用于测量、成像或控制。

2.3.1 红外辐射

红外辐射（Infra-red radiation）俗称红外线，是一种不可见光。由于它是位于可见光中红色光线以外的光线，所以被称为红外线。它的波长范围大致为 0.76～1 000 μm，红外线在电磁波谱中的位置如图 2.14 所示。工程上又把红外线所占据的波段分为近红外、中红外、远红外和极远红外 4 部分。

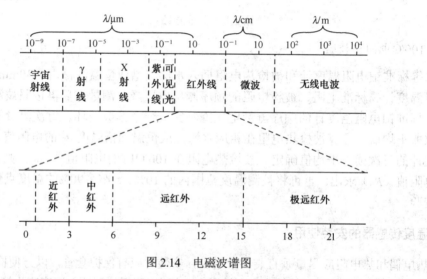

图 2.14 电磁波谱图

红外辐射的物理本质是热辐射。一个炽热物体向外辐射的能量大部分是通过红外线辐射出来的。物体的温度越高，辐射出来的红外线越多，辐射的能量就越强。而且红外线被物体吸收时，可以显著地转变为热能。

红外辐射与所有电磁波一样，是以波的形式在空间以直线传播的。它在大气中传播时，大气层对不同波长的红外线存在不同的吸收带，红外线气体分析器就是利用该特性工作的。空气中对称的双原子气体（如 N_2、O_2、H_2 等）不吸收红外线。而红外线在通过大气层时，有 3 个波段透过率高，它们是 2～2.6 μm、3～5 μm 和 8～14 μm，统称它们为"大气窗口"。这 3 个波段对红外探测技术特别重要，因为红外探测器一般都工作在这 3 个波段之内。

红外传感器按其应用可分为以下几个方面。

① 红外辐射计用于辐射和光谱辐射测量。

② 搜索和跟踪系统用于搜索和跟踪红外目标，确定其空间位置并对它的运动进行跟踪。

③ 热成像系统可产生整个目标红外辐射的分布图像，如红外图像仪、多光谱扫描仪等。

④ 红外测距和通信系统。

⑤ 混合系统是指以上各系统中的两个或多个的组合。

用红外线作为检测媒介来测量某些非电量，具有以下几方面的优越性。

① 可昼夜测量。红外线（指中、远红外线）不受周围可见光的影响，所以可在昼夜进行测量。

② 不必设光源。由于待测对象发射出红外线，所以不必设置光源。

③ 适用于遥感技术。大气对某些波长的红外线吸收非常少，所以适用于遥感技术。

2.3.2　红外探测器

红外传感器又称红外探测器，一般由光学系统、探测器、信号调理电路及显示系统等组成。红外探测器是红外传感器的核心。红外探测器常见的有热探测器和光子探测器两大类。

1. 热探测器

热探测器是利用红外辐射的热效应。探测器的敏感元件吸收辐射能量后引起温度升高，进而使有关物理参数发生相应地变化，通过测量物理参数的变化，便可确定探测器所吸收的红外辐射。

与光子探测器相比，热探测器的探测率比光子探测器的峰值探测率低，响应时间长。但热探测器的主要优点是响应波段宽，响应范围可扩展到整个红外区域，可以在室温下工作，使用方便，应用相当广泛。

热探测器的主要类型有热释电型、热敏电阻型、热电偶型和气体型。其中，热释电探测器在热探测器中探测率最高，频率响应最宽，所以这种探测器备受重视，发展很快。下面主要介绍热释电探测器。

热释电红外探测器由具有极化现象的热晶体或称为"铁电体"的材料制作而成。"铁电体"的极化强度（单位面积上的电荷）与温度有关。当红外辐射照射到已极化的铁电体薄片表面上时，引起薄片温度升高，使极化强度降低，表面电荷减少，这相当于释放一部分电荷，所以叫热释电型传感器。如果将负载电阻与"铁电体"薄片相连，则负载电阻上便产生一个电信号输出，而输出信号的强弱取决于薄片温度变化的快慢，从而反映出入射的红外辐射的强弱，热释电型红外传感器的电压响应率正比于入射光辐射率变化的速率。

2. 光子探测器

光子探测器利用入射红外辐射的光子流与探测器材料中电子的相互作用，改变电子的能量状态，引起各种电学现象（这一过程也称为"光子效应"）。通过测量材料电子性质的变化，可以知道红外辐射的强弱。利用光子效应制成的红外探测器，统称为光子探测器。光子探测器有内光电和外光电探测器两种。外光电探测器又分为光电导、光生伏特和光磁电探测器三种。

光子探测器的主要特点是灵敏度高，响应速度快，具有较高的响应频率，但探测波段较窄，一般需在低温下工作。

任务与实施
RENWU YU SHISHI

【任务】　在温度实际测量中，2 000℃以下高温区域一般采用热电偶测量。钨铼热电偶作为一种超高温热电偶，其测温上限也只有 2 100℃。因此，对于 2 000℃以上的高温区域，比如达到 5 500℃时，已无法用常规的温度传感器来检测，必须采用一种新型的测量方法来实现高温测量，请设计一种测量方案。

【实施方案】　任何物体在 0 K 以上都能产生热辐射。温度较低时，辐射的是不可见的红外光，随着温度的升高，波长短的光开始丰富起来。温度升高到 500℃时，开始辐射一部分暗红色的光。从 500℃～1 500℃，辐射光颜色逐渐呈红色→橙色→黄色→蓝色→白色变化。也就是说，在 1 500℃时的热辐射中已包含了从几十微米至 0.4 μm 甚至更短波长的连续光谱。如果温度再升高，比如达到 5 500℃时，辐射光谱的上限已超过蓝色、紫色，进入紫外线区域。因此，测量光的颜色以及辐射强度，可粗略判定物体的温度，特别是在高温（2 000℃以上）区域，多依靠辐射原理的温度计进行测温。

辐射温度计可分为高温辐射温度计、高温比色温度计、红外辐射温度计等。其中红外辐射温度计既可以测高温，又可以用于冰点以下的温度测量，所以是辐射温度计的发展趋势。

红外测温仪是利用热辐射体在红外波段的辐射通量来测量温度的。当物体的温度低于 1 000℃时，它向外辐射的不再是可见光而是红外光了，故可用红外探测器检测温度。如采用分离出所需波段的滤光片，可使红外测温仪工作在任意红外波段。

如图 2.15 所示为常见的红外测温仪方框图。它是一个光机电一体化的红外测温系统，图中的光学系统是一个固定焦距的投射系统，滤光片一般采用只允许 8～14 μm 的红外辐射能通过的材料。步进电动机带动调制盘转动，将被测的红外辐射调制成交变的红外辐射。红外探测器一般为（钽酸锂）热释电探测器，透镜的焦点落在其光敏面上。被测目标的红外辐射通过透镜聚焦在红外探测器上，红外探测器将红外辐射转换为电信号输出。

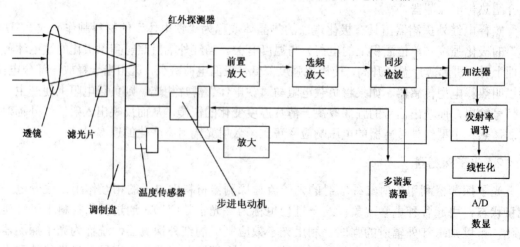

图 2.15　红外测温仪方框图

红外测温仪电路比较复杂，包括前置放大、选频放大、温度补偿、线性化、发射率调节等。目前已有带单片机的智能红外测温仪面市，利用单片机与软件的功能，大大简化了硬件电路，提高了仪表的稳定性、可靠性和准确性。

红外测温仪的光学系统可以是透射式，也可以是反射式。反射式光学系统多采用凹面玻璃反射镜，并在镜的表面镀金、铝、镍或铬等对红外辐射反射率极高的金属材料。

▌知识拓展
ZHI SHI TUO ZHAN

集成温度传感器

集成温度传感器（Integrated temperature sensor）是近些年来迅速发展起来的一种新颖半导体器件，它与传统的温度传感器相比，具有测温精度高、重复性好、线性优良、体积小巧、热容量小、使用方便等优点，具有明显的实用优势。

所谓的集成温度传感器，就是在一块极小的半导体芯片上集成了包括敏感器件、信号放大电路、温度补偿电路、基准电源电路等在内的各个单元，它使传感器与集成电路融为一体，提高了传感器的性能，是实现传感器智能化、微型化、多功能化，提高检测灵敏度，实现大规模生产的重要保证。

集成温度传感器的输出信号形式有电压型和电流型两种。它们的温度系数大致为：电压型是 $10\,mV/℃$，在 $25℃（298\,K）$时输出电压为 $2.98\,V$（如日本电气公司 UPC616A、国产 SL616ET 产品）；电流型是 $1\,\mu A/℃$，在 $25℃（298\,K）$时输出电流为 $298\,\mu A$（如美国 AD 公司的 AD590、国产 SL590 产品）。因此很容易从它们输出信号的大小直接换算到热力学温度值，非常直观。

1. AD590 系列集成温度传感器

AD590 是电流型集成温度传感器，其输出电流与环境的热力学温度成正比，所以可以直接制成热力学温度仪。AD590 有 I、J、K、L、M 等型号系列，采用金属管壳封装。各引脚功能如表 2.10 所示，外形及电路符号如图 2.16 所示。

表 2.10　AD590 引脚功能

引脚编号	符　号	功　能
1	U+	电源正端
2	U−	电流输出端
3	—	金属管外壳，一般不用

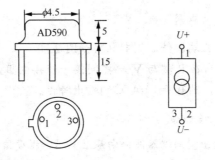

图 2.16　AD590 外形和电路符号

如图 2.17（a）、（b）所示分别为电流—温度特性曲线和电流—电压特性曲线。AD590 可用于制作低成本的温度检测装置，其优点是不需要线性化电路、精密电压放大器、精密电阻和冷端补偿。由于高阻抗电流输出，所以长导线上的电阻对器件工作影响不大，适合于远距离测量。高输出阻抗 710 MΩ 又能极好地消除电源电压漂移和纹波的影响，电源由 5 V 变到 10 V 时，最大只有 1 μA 的电流变化，相当于 1℃ 的等价误差。输出特性也使得 AD590 易于多路化，可以使用 CMOS 多路转换器来开/关器件的输出电流或逻辑门的输出，作为器件的工作电源来切换。

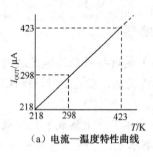
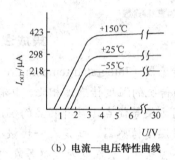

（a）电流—温度特性曲线　　　　　（b）电流—电压特性曲线

图 2.17　AD590 特性曲线

在实际应用时，通常将 AD590 的电流输出转换成电压，利用如图 2.18 所示的方法通过 1 kΩ 电阻，使输出灵敏度达 1 mV/K。若用摄氏温度作为检温单位，并希望在 0℃ 时温度传感器电路输出也为零，利用如图 2.19 所示的方法由运放和基准电源组成两点调整电路，调节方法是在 0℃ 时调节 R_1，使 $U_o = 0$ V；在 100℃ 时调节 R_2，使 $U_o = 10$ V，则灵敏度可达 100 mV/℃。在图 2.19 中，AD581 是一个 10 V 的基准电源，该电路的另一个作用是改善非线性误差，保证精密测温时有较高的精度。

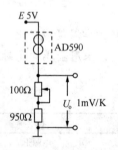
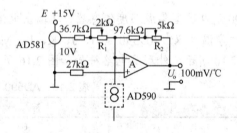

图 2.18　$U—I$ 转换电路　　　　　图 2.19　基准点可调整电路

2. 其他类型的国产集成温度传感器

（1）SL134M 集成温度传感器

SL134M 是一种电流型三端器件，基本电路如图 2.20（a）所示，它是利用晶体管的电流密度差来工作的。使用时，需在 R 端与 V₋端之间接一外接电阻，就可构成一个温度敏感的电流源，当该电阻取 224 Ω 时，则有 $I=1$ μA/℃ 的输出特性。

（2）SL616ET 集成温度传感器

SL616ET 是一种电压输出型四端器件，由基准电压、温度传感器、运算放大器三部分电路组成，整个电路可在 7 V 以上的电源电压范围内工作。电路中的温度传感器利用工作在不同电流密度的晶体管 be 结压降的差作为基本的温度敏感元件，经过变换之后，输出 10 mV/℃的电压信号，并经过高增益运算放大器，提供信号的放大和阻抗变换。其基本电路如图 2.20（b）所示。

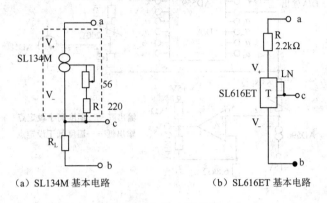

（a）SL134M 基本电路　　　　　　（b）SL616ET 基本电路

图 2.20　其他集成温度传感器的基本电路

3. 典型应用

（1）温度控制电路

如图 2.21 所示，用 AD590 构成的可变温度控制电路如同一个闭环电路，热电件产生的温度经 AD590 检测后产生电流去控制比较器 A，然后驱动复合晶体管，改变电热丝电流控制温度，R_H 和 R_L 为 R_{SET} 设置了最高和最低的限制，控制点由 R_{SET} 调节。

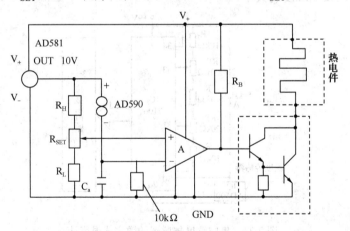

图 2.21　温度控制电路

（2）数字温控电路

如图 2.22 所示为 AD590 与一个 8 位 D/A 的组合电路，它能以数字方式控制温度在 0～51℃之间，设定点步长为 0.2℃。图中的 AD559 是一个 8 位 D/A 转换器（可用 5G7520 取代），AD580 是一个 2.5 V 基准电源（可用 5G1403 取代）。为了防止外部噪声引起的跳变，比较器 A 输出有 0.1℃的滞后特性，由 5.1 MΩ和 6.8 kΩ的电阻确定。

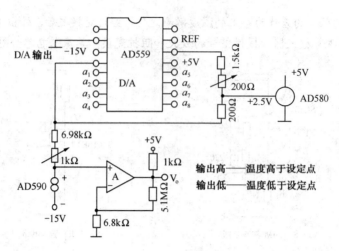

图 2.22　数字温控电路

（3）数字式温度计

由集成温度传感器 AD590 及 A/D 转换器 7106 等组成的数字式温度计如图 2.23 所示。

AD590 是电流输出型温度传感器，其线性电流输出为 $1\ \mu A/℃$，该温度计在 0～100℃ 测温范围内的测量精度为 ±0.7℃。电位器 RP_1 用于调整基准电压，以达到满量程调节；电位器 RP_2 用于在 0℃ 时调零。当被测温度变化时，流过 R_1 的电流不同，使 A 点电位发生变化，检测此电位即能检测被测温度的大小。

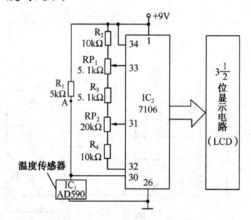

图 2.23　集成温度传感器的数字式温度计

（4）温度上下限报警电路

如图 2.24 所示，此电路中要用运放构成迟滞电压比较器，晶体管 VT_1 和 VT_2 根据运放输入状态而导通或截止，R_T、R_1、R_2、R_3 构成一个输入电桥，则

$$U_{ab} = E\left(\frac{R_1}{R_1 + R_T} - \frac{R_3}{R_3 + R_2} \right)$$

当 T 升高时，R_T 减小，此时 $U_{ab} > 0$，即 $U_a > U_b$，VT_1 导通，LED_1 发光报警。当 T 下降时，R_T 增加，此时 $U_{ab} < 0$，即 $U_a < U_b$，VT_2 导通，LED_2 发光报警。当 T 等于设定值时，$U_{ab} = 0$，即 $U_a = U_b$，VT_1 和 VT_2 都截止，LED_1 和 LED_2 都不发光。

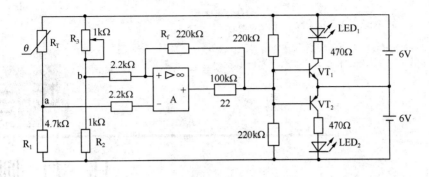

图 2.24 温度上下限报警电路

课外作业 2

1．在炼钢厂有时直接将廉价热电极插入钢水中测量钢水温度，而不必将工件端焊在一起，请说明这里运用了热电偶的什么定律？若被测物不是钢水，而是熔化的塑料行吗？为什么？

2．已知铂铑$_{10}$-铂（S）热电偶的冷端温度 $t_0=25℃$，现测得热电动势 $E(t, t_0)=11.712\,\text{mV}$，求：热端温度 t 是多少摄氏度？

3．现用一支铜-康铜（T）热电偶测温。其冷端温度为 30℃，动圈显示仪表（机械零位在 0℃）指示值为 300℃，则认为热端实际温度为 330℃，是否正确？为什么？正确值应是多少？

4．用镍铬-镍硅（K）热电偶测量某炉子温度的测量系统如图 2.25 所示，已知：冷端温度固定在 0℃，$t_0=30℃$，仪表指示温度为 210℃，后来发现由于工作上的疏忽把补偿导线 A′和 B′相互接错了，问：炉子的实际温度 t 为多少度？

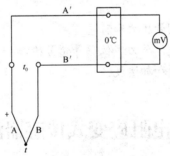

图 2.25 题 4 图

5．试比较热电阻和半导体热敏电阻的异同。

6．电阻式温度传感器有哪几种？各有何特点及用途？

7．用热电阻测温为什么常采用三线制连接？应怎样连接才能确保实现了三线制连接？若在导线敷设至控制室后再分三线接入仪表，是否实现了三线制连接？

8．接触式测温仪表在安装时应注意哪些事项？

9．使用热电偶补偿导线时应注意哪几点？

项目 3

压力测量

知识目标

掌握电阻应变式传感器的结构、测量电路和工作原理
理解应变片的温度补偿原理和措施
掌握自感式、互感式传感器的结构和工作原理
理解电感式传感器差动结构的优点
掌握压电传感器的结构、工作原理和应用

技能目标

能利用电阻应变式传感器测量压力和称重
能利用电感式传感器实现气体压力、位移等信号检测
能利用压电传感器测量压力和加速度

任务1 电阻应变式传感器测量压力

知识链接
ZHI SHI LIAN JIE

电阻应变式传感器（Resistance strain-gage transducer）的基本原理是将被测量的变化转换成电阻值的变化，再经过转换电路变成电信号输出。电阻式传感器具有结构简单、使用方便、性能稳定、可靠、灵敏度高和测量速度快等诸多优点，被广泛应用于航空、机械、电力、化工、建筑、医学等许多领域，常用来测量力、压力、位移、应变、扭矩、加速度等，是目前使用最广泛的传感器之一。

3.1.1 电阻应变片的种类与结构

电阻应变式传感器主要由电阻应变片和测量转换电路等组成。电阻应变片（简称应变片或应变计）种类繁多，形式各样，具体分类如图 3.1 所示。

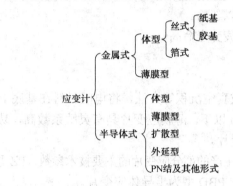

图 3.1 应变计分类

1. 丝式应变片

丝式应变片的基本结构如图 3.2 所示，主要由敏感栅、基底和盖片、黏结剂、引线 4 部分组成。敏感栅是实现应变与电阻转换的敏感元件，由直径为 0.015～0.05 mm 的金属细丝绕成栅状，将其用黏结剂黏结在各种绝缘基底上，并用引线引出，再盖上既可保持敏感栅和引线形状与相对位置、又可保护敏感栅的盖片。电阻应变片的电阻值有 60 Ω、120 Ω、200 Ω 等几种规格，其中 120 Ω 最为常用。

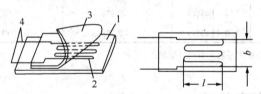

1—基底；2—电阻丝；3—覆盖层；4—引线

图 3.2 丝式应变片的基本结构

2. 箔式应变片

如图 3.3 所示，箔式应变片的敏感栅利用照相制版或光刻腐蚀的方法，将电阻箔材制成各种形状，箔材厚度多为 0.001～0.01 mm。箔式应变片的应用日益广泛，在常温条件下已逐步取代了线绕式应变片，它具有以下几个主要优点。

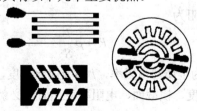

图 3.3 箔式应变片

① 制造技术能保证敏感栅尺寸准确、线条均匀，可以制成任意形状以适应不同的测量要求。

② 敏感栅薄而宽，黏结情况好，传递试件应变性能好。

③ 散热性能好，允许通过较大的工作电流，从而增大输出信号。

④ 敏感栅弯头横向效应可以忽略。

⑤ 蠕变、机械滞后较小，疲劳寿命高。

3. 薄膜应变片

薄膜应变片采用真空蒸发或真空沉积等方法，将电阻材料在基底上制成一层各种形状的敏感栅，敏感栅的厚度在 0.1 μm 以下。薄膜应变片具有灵敏系数高，易实现工业化生产的特点，是一种很有前途的新型应变片。

表 3-1 列出了某电子仪器厂生产的部分应变片的主要技术参数，PZ 型为纸基丝式应变片，BA、BB、BX 型为箔式应变片，PBD 型为半导体应变片。

表 3-1　应变片主要技术指标

参 数 名 称	电 阻 值/Ω	灵 敏 度	电阻温度系数/（1/℃）	极限工作温度/℃	最大工作电流/mA
PZ-120 型	120	1.9～2.1	20×10⁻⁶	−10～40	20
PJ-120 型	120	1.9～2.1	20×10⁻⁶	−10～40	20
BX-200 型	200	1.9～2.2	−（备注）	−30～60	25
BA-120 型	120	1.9～2.2	−（备注）	−30～200	25
BB-350 型	350	1.9～2.2	−（备注）	−30～170	25
PBD-1K 型	1000（1±10%）	140（1±5%）	<0.4%	<60	15
PBD-120 型	120（1±10%）	120（1±5%）	<0.2%	<60	25

备注：可根据被粘贴材料的线膨胀系数进行自补偿加工。

3.1.2　电阻的应变效应

1. 应变效应

电阻应变片的工作原理是基于金属的电阻应变效应（Resistance strain effect），即金属丝的电阻随着它所受机械变形（拉伸或压缩）的大小而发生相应变化。这是因为，金属丝的电阻与材料的电阻率及其几何尺寸有关，而金属丝在承受机械变形的过程中，这两者都要发生变化，因而引起金属丝的电阻变化。

设有一根金属丝，其电阻为

$$R = \rho \frac{l}{S} \tag{3.1}$$

式中，R 为金属丝电阻，ρ 为金属丝电阻率，l 为金属丝长度，S 为金属丝截面积。

当金属丝受拉时，其长度、横截面、电阻率变化时，必然引起金属丝电阻改变，电阻变化量为

$$dR = \frac{\rho}{S} dl - \frac{\rho l}{S^2} dS + \frac{l}{S} d\rho \tag{3.2}$$

式中，dl 为长度变化量，dS 为横截面变化量，$d\rho$ 为电阻率变化量。

在式（3.2）两边分别除以式（3.1），得

$$\frac{dR}{R} = \frac{dl}{l} - \frac{dS}{S} + \frac{d\rho}{\rho} \tag{3.3}$$

由 $S=\pi r^2$（r 为金属丝半径），得 $dS=2\pi r dr$，所以

$$\frac{dR}{R} = \frac{dl}{l} - 2\frac{dr}{r} + \frac{d\rho}{\rho} \tag{3.4}$$

则

$$\frac{dR}{R} = \varepsilon_x - 2\varepsilon_y + \frac{d\rho}{\rho} \tag{3.5}$$

式中，$\dfrac{dl}{l} = \varepsilon_x$ 为金属丝的轴向应变量，$\dfrac{dr}{r} = \varepsilon_y$ 为金属丝的径向应变量。ε_x 通常很小，当 $\varepsilon_x = 0.000\,001$ 时，工程中常表示为 10^{-6} 或 $\mu m/m$。

根据材料力学原理，金属丝受拉时，沿轴向伸长，而沿径向缩短，两者之间应变的关系为

$$\varepsilon_y = -\mu \varepsilon_x \tag{3.6}$$

式中，μ 为金属丝材料的泊松系数。

将式（3.6）代入式（3.5），得

$$\frac{dR}{R} = (1 + 2\mu)\varepsilon_x + \frac{d\rho}{\rho}$$

或

$$\frac{dR/R}{\varepsilon_x} = (1 + 2\mu) + \frac{d\rho/\rho}{\varepsilon_x} \tag{3.7}$$

令

$$K = \frac{dR/R}{\varepsilon_x} = (1 + 2\mu) + \frac{d\rho/\rho}{\varepsilon_x} \tag{3.8}$$

式中，K 为金属丝的灵敏系数，它表示金属丝产生单位变形时的电阻相对变化量。显然，K 越大，单位变形引起的电阻相对变化越大。

从式（3.8）可以看出，金属丝的灵敏系数 K 受两个因素影响，第一项是 $(1+2\mu)$，它是由于金属丝受拉伸后，材料的几何尺寸发生变化而引起的；第二项是 $\dfrac{d\rho/\rho}{\varepsilon_x}$，它是由于材料发生变形时，其自由电子的活动能力和数量均发生变化的缘故，这项可能是正值，也可能为负值，但作为应变片材料其值都选为正值，否则会降低灵敏度。金属丝电阻的变化主要由材料的几何形变引起。

实验证明，在金属丝变形的弹性范围内，电阻的相对变化 $\Delta R/R$ 与应变 ε_x 是成正比的，因而 K 为常数，因此式（3.8）以增量表示为

$$\frac{\Delta R}{R} = K\varepsilon_x \tag{3.9}$$

应该指出，当将直线金属丝做成敏感栅之后，电阻—应变特性就不再呈直线了，因此必须按规定的统一标准重新用实验测定。应变片的 $\Delta R/R$ 与 ε_x 的关系在很大范围内仍然有很好的线性关系。

用应变片测量应变或应力时，需将应变片粘贴于被测对象上。在外力作用下，被测对象表面产生微小机械变形，粘贴在其表面上的应变片也随其发生相同的变化，因此应变片的电阻也发生相应的变化。如果测出应变片的电阻值变化ΔR，则根据式（3.9），可以得到被测对象的应变值ε_x，而根据应力—应变关系

$$\sigma = E\varepsilon_x \tag{3.10}$$

就可以得到试件的应力。式中，E为材料的弹性模量。

通过弹性敏感元件的转换作用，可将位移、力、力矩、加速度、压力等参数转换为应变，因此，可以将应变片由测量应变扩展到测量位移等上述参数，从而形成各种电阻应变式传感器。

2. 弹性敏感元件

在传感器工作过程中，用弹性元件把各种形式的物理量转换成形变，再由电阻应变计等转换元件将形变转换成电量。所以，弹性元件是传感器技术中应用最广泛的元件之一。

根据弹性元件结构形式（柱形、筒形、环形、梁式、轮辐式等）和受载性质（拉、压、弯曲、剪切等）的不同，它们可分为许多种类。

（1）柱式弹性元件

柱式弹性元件具有结构简单的特点，可以承受很大的载荷，根据截面形状可分为圆筒形与圆柱形两种，如图 3.4 所示。

圆柱的应变大小决定于圆柱的结构、横截面积、材料性质和圆柱所承受的力，而与圆柱的长度无关；空心的圆柱弹性敏感元件在某些方面要优于实心元件，但是空心圆柱的壁太薄时，受压力作用后将产生较明显的圆筒形变形而影响测量精度。

（2）薄壁圆筒

薄壁圆筒可将气体压力转换为应变。薄壁圆筒内腔与被测压力相通时，内壁均匀受压，薄壁无弯曲变形，只是均匀地向外扩张，如图 3.5 所示。它的应变与圆筒的长度无关，而仅取决于圆筒的半径、厚度和弹性模量，而且轴线方向应变与圆周方向应变不相等。

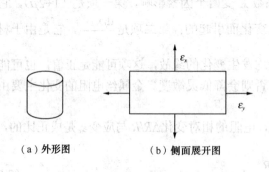

（a）外形图　　　　（b）侧面展开图

图 3.4　柱式弹性元件

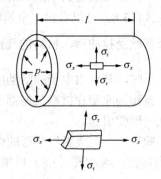

图 3.5　薄壁圆筒受力分析

（3）悬臂梁

悬臂梁是一端固定另一端自由的弹性敏感元件，它具有结构简单、加工方便的特点，在较小力的测量中应用较多，民用电子秤中多采用悬臂梁。悬臂梁可分为等截面梁和等强度梁，

分别如图 3.6 和图 3.7 所示，当力 F 向下作用于悬臂梁的末端时，梁的上表面产生拉应变，下表面产生压应变，应变大小相等符号相反。

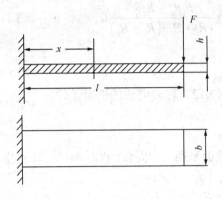

图 3.6　等截面悬臂梁

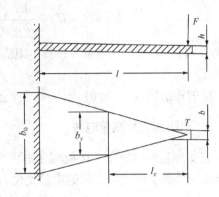

图 3.7　等强度悬臂梁

等截面梁的不同部位所产生的应变是不相等的，而等强度梁在自由端加上作用力时，在梁上各处产生的应变大小相等。

此外，弹性敏感元件还有圆形膜片，分为平面膜片和波纹膜片两种，在相同压力情况下，波纹膜片可产生较大的挠度（位移）。

3.1.3　测量电路

由于弹性元件产生的机械变形微小，引起的应变量 ε 也很微小，故引起的电阻应变片的电阻变化率 $\Delta R/R$ 也很小，这一点可以从例题中看出。为了把微小的电阻变化率反映出来，必须采用测量电桥，把应变电阻的变化转换成电压或电流的变化，从而达到精确测量的目的。

【例】　有一金属箔式应变片，标称阻值 R_0 为 100 Ω，灵敏度 $K = 2$，粘贴在横截面积为 9.8 mm² 的钢质圆柱体上，钢的弹性模量 $E = 2 \times 10^{11}$ N/m²，所受拉力 $F = 0.2$ t，求受拉后应变片的阻值 R。

解：钢圆柱体的轴向应变

$$\varepsilon_x = \frac{F}{AE} = \frac{0.2 \times 10^3 \times 9.8}{9.8 \times 10^{-6} \times 2 \times 10^{11}} \, \text{m/m} = 0.001 \text{m/m} = 1000 \mu\text{m/m}$$

通常认为，应变片应变与试件应变基本相等，所以有

$$\frac{\Delta R}{R} = K\varepsilon_x = 2 \times 0.001 = 0.002$$

应变片电阻的变化量　　$\Delta R = R_0 \times 0.002 = 100 \times 0.002 = 0.2 \, \Omega$

受拉后应变片的阻值增大，所以

$$R = R_0 + \Delta R = 100 + 0.2 = 100.2 \, \Omega$$

直接用欧姆表很难观察到 0.2 Ω 的电阻变化，所以必须用测量电路将其测出。

1. 直流电桥工作原理

如图 3.8 所示为一直流供电的平衡电阻电桥，它的四个桥臂由电阻 R_1、R_2、R_3、R_4 组成。

U_S 为直流电源，接入桥的两个顶点，从电桥的另两个顶点得到输出，输出电压为 U_o。可以导出输出端电压为

$$U_o = U_1 - U_3 = \frac{R_1 U_S}{R_1 + R_2} - \frac{R_3 U_S}{R_3 + R_4} = \frac{R_1 R_4 - R_2 R_3}{(R_1 + R_2)(R_3 + R_4)} U_S \tag{3.11}$$

由式（3.11）可知，当电桥各桥臂电阻满足

$$R_1 R_4 = R_2 R_3 \tag{3.12}$$

则电桥的输出电压 U_o 为 0，电桥处于平衡状态。式（3.12）称为电桥的平衡条件。

2. 电阻应变片测量电桥

应变片测量电桥在工作前应使电桥平衡（称为预调平衡），以使工作时的电桥输出电压只与应变片感受应变所引起的电阻变化有关。初始条件为

$$R_1 = R_2 = R_3 = R_4 = R$$

（1）应变片单臂工作直流电桥

单臂工作电桥只有一只应变片 R_1 接入，如图 3.9 所示，测量时应变片的电阻变化为 ΔR，电路输出端电压为

$$U_o = \frac{(R_1 + \Delta R_1) R_4 - R_2 R_3}{(R_1 + \Delta R_1 + R_2)(R_3 + R_4)} U_S$$

$$U_o = \frac{R \Delta R}{2R(2R + \Delta R)} U_S$$

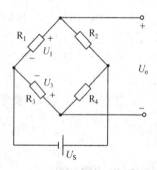

图 3.8　电阻电桥

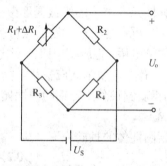

图 3.9　单臂工作直流电桥

一般情况下，$\Delta R \ll R$，所以

$$U_o \approx \frac{R \Delta R}{2R \cdot 2R} U_S = \frac{U_S}{4} \times \frac{\Delta R}{R} \tag{3.13}$$

由电阻应变效应可知 $\dfrac{\Delta R}{R} = K \varepsilon$，则上式可写为

$$U_o = \frac{U_S}{4} K \varepsilon \tag{3.14}$$

（2）应变片双臂直流电桥（半桥）

半桥电路中用两只应变片，把两只应变片接入电桥的相邻桥臂。根据被测试件的受力情况，一个受拉，一个受压，如图 3.10 所示。使两支桥臂的应变片的电阻变化大小相同，

方向相反，即处于差动工作状态，此时的输出端电压为

$$U_o = \frac{(R_1 + \Delta R_1)R_4 - (R_2 - \Delta R_2)R_3}{(R_1 + \Delta R_1 + R_2 - \Delta R_2)(R_3 + R_4)}U_S$$

若 $\Delta R_1 = \Delta R_2 = \Delta R$，则

$$U_o = \frac{2\Delta R \cdot R}{2R \cdot 2R}U_S = \frac{U_S}{2} \times \frac{\Delta R}{R} \tag{3.15}$$

因为 $\frac{\Delta R}{R} = K\varepsilon$，所以上式可写为

$$U_o = \frac{U_S}{2}K\varepsilon \tag{3.16}$$

（3）应变片四臂工作直流电桥（全桥）

把 4 只应变片接入电桥，并且采取差动工作方式，即两只应变片受拉，两只受压，如图 3.11 所示，则电桥输出电压为

$$U_o = \frac{(R_1 + \Delta R_1)(R_4 + \Delta R_4) - (R_2 - \Delta R_2)(R_3 - \Delta R_3)}{(R_1 + \Delta R_1 + R_2 - \Delta R_2)(R_3 - \Delta R_3 + R_4 + \Delta R_4)}U_S \tag{3.17}$$

电桥初始条件为 $R_1 = R_2 = R_3 = R_4 = R$。全桥工作时，各应变片的应变所引起的电阻变化不等，即分别为 ΔR_1、ΔR_2、ΔR_3、ΔR_4，则全桥工作时的输出电压为

$$U_o = \frac{(R + \Delta R_1)(R + \Delta R_4) - (R - \Delta R_2)(R - \Delta R_3)}{(R + \Delta R_1 + R - \Delta R_2)(R - \Delta R_3 + R + \Delta R_4)}U_S$$

$$U_o \approx \frac{\Delta R_1 + \Delta R_2 + \Delta R_4 + \Delta R_3}{4R}U_S = \frac{U_S}{4}K(\varepsilon_1 + \varepsilon_2 + \varepsilon_4 + \varepsilon_3) \tag{3.18}$$

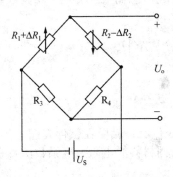

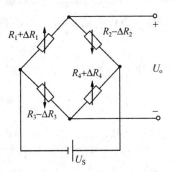

图 3.10 双臂直流电桥　　　　　图 3.11 直流全桥电路

若 $\Delta R_1 = \Delta R_2 = \Delta R_3 = \Delta R_4 = \Delta R$，则

$$U_o = \frac{\Delta R}{R}U_S = U_S K\varepsilon \tag{3.19}$$

当弹簧管受到不同压力时，通过横梁转换成电阻应变片的应变。若弹簧管受到的压力与电阻应变片产生的应变成比例，则输出电压的大小与被测压力成对应的比例关系。

对比式（3.14）、式（3.16）和式（3.19），用直流电桥做应变的测量电路时，电桥输出电压与被测应变量呈线性关系，而在相同条件下（供电电源和应变片的型号不变），差动工作电路输出信号大，半桥差动输出是单臂输出的 2 倍，全桥差动输出电压达到单臂输出的 4 倍，

即全桥工作时，输出电压最大，检测的灵敏度最高。

3.1.4 应变片的温度误差及其补偿

测量时，希望应变片的阻值仅随应变 ε 变化而不受其他因素的影响，但是温度变化所引起的电阻变化与试件应变所造成的变化几乎处于相同的数量级，因此应清楚温度对测量的影响以及考虑如何补偿温度对测量的影响。

1. 温度误差

因环境温度改变而引起电阻变化的两个主要因素是：

① 应变片的电阻丝具有一定的温度系数；

② 电阻丝材料与测试材料的线膨胀系数不同。

应变片电阻丝的电阻与温度的关系为

$$R_t = R_0\left(1 + \alpha\Delta t\right) = R_0 + R_0\alpha\Delta t \tag{3.20}$$

式中，R_t 为温度 t 时的电阻值，R_0 为温度 t_0 时的电阻值；Δt 为温度变化值；α 为敏感栅材料电阻温度系数。应变片由于温度变化产生的电阻相对变化为

$$\Delta R_1 = R_0\alpha\Delta t \tag{3.21}$$

另外，如果敏感栅材料线膨胀系数与被测构件材料线膨胀系数不同，当环境温度变化时，也将引起应变片的附加应变，这时电阻的变化值为

$$\Delta R_2 = R_0 \cdot K(\beta_e - \beta_g) \cdot \Delta t \tag{3.22}$$

式中，β_e 为被测构件（弹性元件）线膨胀系数，β_g 为敏感栅（应变丝）材料线膨胀系数。

因此，由温度变化造成的总电阻变化为

$$\Delta R = \left[\alpha\Delta t + K(\beta_e - \beta_g) \cdot \Delta t\right]R_0 \tag{3.23}$$

而电阻的相对变化量为

$$\frac{\Delta R}{R_0} = \alpha\Delta t + K(\beta_e - \beta_g) \cdot \Delta t \tag{3.24}$$

由式（3.24）可知，试件不受外力作用而温度变化时，粘贴在试件表面上的应变片会产生温度效应。它表明应变片输出的大小与应变计敏感栅材料的电阻温度系数 α、线膨胀系数 β_g 及被测试材料的线膨胀系数 β_e 有关。

2. 温度补偿

为了使应变片的输出不受温度变化的影响，必须进行温度补偿。

（1）单丝自补偿应变片

由式（3.24）可以看出，使应变片在温度变化时电阻误差为零的条件是

$$\alpha\Delta t + K(\beta_e - \beta_g) \cdot \Delta t = 0$$

即

$$\alpha = -K(\beta_e - \beta_g) \tag{3.25}$$

根据上述条件来选择合适的敏感栅材料，即可达到温度自补偿。

单丝自补偿应变片的优点是结构简单，制造和使用都比较方便，但它必须在具有一定线膨胀系数材料的试件上使用，否则不能达到温度补偿的目的，因此局限性很大。

（2）双丝组合式自补偿应变片

这种应变片也称组合式自补偿应变计，由两种电阻温度系数符号不同（一个为正，一个为负）的电阻丝材料组成。将两者串联绕制成敏感栅，若两段敏感栅电阻 R_1 和 R_2 由于温度变化而产生的电阻变化分别为 ΔR_{1t} 和 ΔR_{2t}，其大小相等而符号相反，就可以实现温度补偿了。

（3）桥式电路补偿法

桥式电路补偿法也称补偿片法，测量应变时使用两个应变片，一个是工作应变片，另一个是补偿应变片。工作应变片贴在被测试件的表面，补偿应变片贴在与被测试件材料相同的补偿块上。工作时，补偿块不承受应变，仅随温度产生变形。当外界温度发生变化时，工作片 R_1 和补偿片 R_2 的温度变化相同。R_1 和 R_2 为同类应变片，又贴在相同的材料上，因此 R_1 和 R_2 由于温度变化而产生的阻值变化也相同，即 $\Delta R_1 = \Delta R_2$。如图 3.12 所示，R_1 和 R_2 分别接入相邻的两桥臂，因温度变化引起的电阻变化 ΔR_1 和 ΔR_2 的作用相互抵消，这样就起到了温度补偿的作用。

桥路补偿法的优点是简单、方便，在常温下补偿效果较好；其缺点是在温度变化梯度较大的条件下，很难做到工作片与补偿片处于温度完全一致的情况，因而会影响补偿效果。

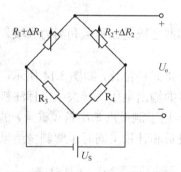

图 3.12　桥式补偿电路

3.1.5　电阻应变式传感器的应用

应变效应的应用十分广泛，除了可以测量应变外，还可以测量应力、弯矩、扭矩、加速度、位移等物理量。这里仅列举其典型应用实例。

1. 测量较大压力

筒式应变压力传感器由电阻应变计、弹性元件、外壳及补偿电阻组成，一般用于测量较大的压力，它广泛用于测量管道内部压力、内燃机的燃气压力、压差和喷射压力、发动机和导弹试验中的脉动压力，以及各种领域中的流体压力等。

筒式压力传感器是一种单一式压力传感器。所谓单一式是指应变计直接粘贴在受压弹性膜片或筒上，如图 3.13 所示为筒式应变压力传感器。其中图（a）为结构示意图，图（b）为筒式弹性元件，图（c）为应变计布片，工作应变片 R_1、R_3 沿筒外壁周向粘贴，温度补偿应变片 R_2、R_4 贴在筒底外壁，并接成全桥。当应变筒内壁感受压力 p 时，筒外壁产生周向应变，从而改变电桥的输出。

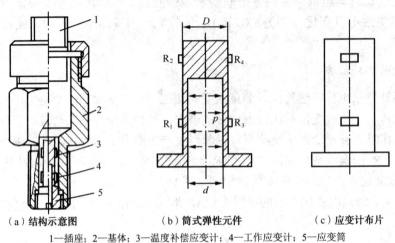

（a）结构示意图　　　（b）筒式弹性元件　　　（c）应变计布片

1—插座；2—基体；3—温度补偿应变计；4—工作应变计；5—应变筒

图 3.13　筒式应变压力传感器

2. 测力和称重

电阻应变式传感器的最大用武之地是在称重和测力领域。这种测力传感器由应变计、弹性元件、测量电路等组成。

用柱式测力传感器可制成称重式料位计，如图 3.14 所示，把 3 个荷重传感器按 120° 分布安装，支起料斗，并根据传感器的输出电压信号大小来标注料位。

如图 3.15 所示是荷重传感器用于测量汽车质量（重量）的汽车衡的示意图。这种汽车衡便于在称重现场和控制室让驾驶员和计量员同时了解测量结果，并打印数据。

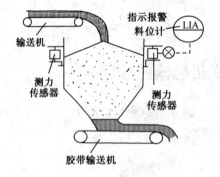

图 3.14　称重式料位计

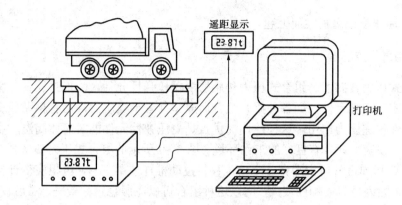

图 3.15 汽车衡

任务与实施
REN WU YU SHI SHI

【任务】 运用本章所学知识，试设计一种能对工厂动力车间的管道设备进出口气体或液体压力、发动机的内部压力变化等进行测量的传感器，以实现自动控制及自动报警功能。要求选择合适的敏感元件和电路，完成信号转换和处理，使输出信号与压力大小呈线性关系。

【实施方案】

1. 确定弹性元件

弹簧管是把流体压力转换为形变的常用器件之一。弹簧管的截面形状有椭圆形、卵形或更复杂的形状。它主要在流体压力测量中作为压力敏感元件，将压力转换为弹簧管端部的位移。弹簧管大多是弯曲成 C 形的空心管子，管子的一端开口，作为固定端；另一端封死，作为自由端。C 形弹簧管的结构与截面示意图如图 3.16 所示。弹簧管的自由端连在管接头上，压力 p 通过管接头导入弹簧管的内腔，在管内压力作用下，使 C 形管趋于伸直。于是，管的自由端移动，弹簧管自由端的位移反映了管内压力的大小。为了减小应力，可将其制成螺旋形弹簧管，如图 3.17 所示。

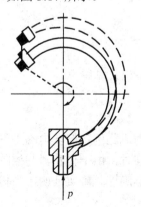

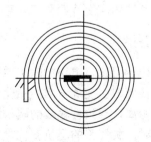

图 3.16 C 形弹簧管的结构与截面示意图   图 3.17 螺旋形弹簧管

对于椭圆形截面的薄壁弹簧管，管壁厚与短半轴之比应不超过 0.7～0.8。在一定范围内，其自由端位移 d 和所受压力 p 之间的关系呈线性特性，如图 3.18 所示。当压力超过某一压力

值 p_h 时，特性曲线将偏离直线而上翘。

2. 确定测量用传感器

选用组合式压力传感器。组合式压力传感器由受压弹性元件（C 形弹簧管、膜片、膜盒或波纹管）和应变弹性元件（如各种梁）组合而成。前者承受压力，后者粘贴应变计，两者之间通过传力件传递压力作用。这种结构的优点是受压弹性元件能对流体高温、腐蚀等影响起到隔离作用，使应变计具有良好的工作环境。图 3.19 所示的组合式压力传感器中，由于压力的作用而使 C 形弹簧管自由端有一个角位移，拉动推杆使梁变形，电阻应变计粘贴于梁的根部感受应变。因为悬臂梁刚性较大，所以这种组合可以克服稳定性较差、滞后较大的缺点。

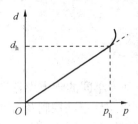

图 3.18　特性曲线

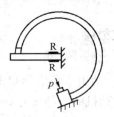

图 3.19　组合式压力传感器的结构

在测量中，应变片的分布如图 3.20 所示，4 片相同特性的应变片分别贴于梁的上下侧，自然状态时，4 片应变片的阻值相等。当弹性元件受到外加压力时，应变片发生形变，其中粘贴于上方的两片应变片受压应力，粘贴于下方的两片应变片受拉应力，从而使 R_1、R_4 电阻的阻值变大，R_2、R_3 电阻的阻值变小。

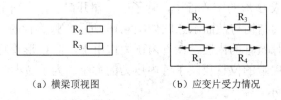

（a）横梁顶视图　　　　　（b）应变片受力情况

图 3.20　应变片粘贴在横梁上

3. 测量电路

测量电路选用应变片四臂工作直流电桥（全桥），如图 3.11 所示。

4. 信号补偿

由上述内容可知，电路的输出电压与传感器输入的压力成比例。但在电路工作时，温度变化引起的传感器应变片电阻的变化会使输出存在误差。同时，由于传感器与控制计算机之间存在一段距离，导致传输线的阻抗也会影响测量压力的准确性。事实证明，当传感器的传输线路较长时，其线路的阻抗变化是不可忽略的。

（1）温度引起的误差补偿

为了消除温度变化带来的误差，除了前面介绍的方法外，还可以采用热敏电阻补偿，如图 3.21 所示。热敏电阻 R_t 与应变片处在相同的温度下，当应变片的灵敏度随温度升高而下降时，热敏电阻 R_t 的阻值下降，使电桥的输入电压随温度升高而增加，从而提高电桥的输出电压。选择合适的分流电阻 R_5，可以使应变片灵敏度下降对电桥输出的影响得到很好的补偿。

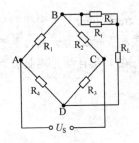

图 3.21　热敏电阻补偿电路

（2）线路传输引起的误差补偿

解决传感器与计算机长线传输中的信号损失，可采用 V/I 转换法。V/I 转换法将传感器输出的信号由变送器进行信号放大及调理，并进行 V/I 变换，完成传感器由零到满量程变化时，输出 0～10 mA 或 4～20 mA 的直流恒电流信号，达到传感器输出信号远距离传送的目的。

图 3.22 中，由传感器输出的毫伏信号，经变送器放大到 1～5 V 后作为电路输入信号 V_i，通过转换电路将其转换成 4～20 mA 直流电流输出。

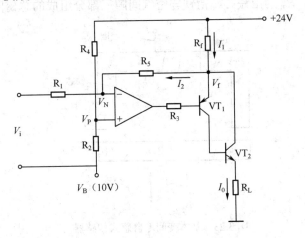

图 3.22　4～20 mA 转换电路

5．压力标定

传感器输出信号传至计算机后，根据实际压力大小与计算机接收信号大小，标定压力。

经过以上环节，液体压力的大小就可以转换为电信号，从而完成压力检测，以实现生产系统中自动控制及自动报警功能了。

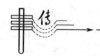

任务2 电感式传感器测量压力

知识链接

电感式传感器（Inductance-type transducer）是利用线圈自感量或互感量系数的变化来实现非电量测量的装置，可分为自感式和互感式两大类。具有分辨力和测量精度高的优点，可测量压力、工件尺寸、振动等参数，在工业自动化测量技术中得到广泛应用。

3.2.1 自感式传感器

1. 基本变间隙自感式传感器

基本变间隙自感式传感器由线圈、铁芯和衔铁组成，结构如图3.23所示。工作时衔铁与被测物体连接，被测物体的位移将引起空气间隙长度发生变化。由于气隙磁阻的变化，导致线圈电感量的变化。

线圈的电感可表示为

$$L = \frac{N^2}{R_{\mathrm{m}}} \tag{3.26}$$

式中，N 为线圈匝数，R_{m} 为由铁芯、衔铁与空气间隙三部分组成的总磁阻。

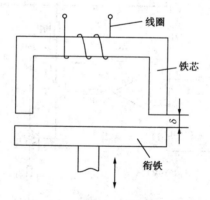

图3.23 基本变间隙自感式传感器

设传感器的初始间隙长度为 δ_0，面积为 S_0，当衔铁上移 $\Delta\delta$ 时，传感器气隙长度减小 $\Delta\delta$，即 $\delta = \delta_0 - \Delta\delta$，则此时输出电感为 $L = L_0 + \Delta L$。线性化处理后的电感相对增量为

$$\frac{\Delta L}{L_0} = \frac{\Delta\delta}{\delta_0} \tag{3.27}$$

电感相对增量灵敏度 K 为

$$K = \frac{\dfrac{\Delta L}{L_0}}{\Delta\delta} = \frac{1}{\delta_0} \tag{3.28}$$

由式（3.28）可知，δ_0 越小，灵敏度越高；但 δ_0 越小，线性度越差。从变间隙式电感传

感器的测量范围看灵敏度与线性度相矛盾。综合考虑，变间隙式电感传感器用于测量微小位移时是比较准确的。为了减小非线性误差，实际测量中广泛采用差动变间隙式电感传感器。

2. 差动变间隙式传感器

如图 3.24 所示为差动变间隙式电感传感器的结构原理图，它采用两个相同的传感器共用一个衔铁组成。测量时，衔铁通过导杆与被测体相连，当被测体上下移动时，导杆带动衔铁也以相同的位移上下移动，使两个磁回路中磁阻发生大小相等、方向相反的变化，导致一个线圈的电感量增加，另一个线圈的电感量减小，形成差动形式。

差动形式输出的总电感变化量近似为

$$\Delta L = \Delta L_1 + \Delta L_2 = 2L_0 \frac{\Delta \delta}{\delta_0} \tag{3.29}$$

电感相对变化量为

$$\frac{\Delta L}{L_0} = 2 \frac{\Delta \delta}{\delta_0} \tag{3.30}$$

则电感相对增量灵敏度 K 为

$$K = \frac{\frac{\Delta L}{L_0}}{\Delta \delta} = \frac{2}{\delta_0} \tag{3.31}$$

比较单线圈式和差动式两种变间隙式电感传感器的特性，可以得到如下结论：

① 差动式比单线圈式的灵敏度提高一倍。

② 差动式的线性度得到明显改善。

为了使输出特性能得到有效改善，要求构成差动式的两个变隙式电感传感器在结构尺寸、材料、电气参数等方面均完全一致。

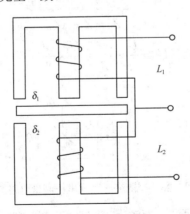

图 3.24　差动变间隙式电感传感器

3. 螺管型电感式传感器

如图 3.25 所示为螺管型电感式传感器的结构图。螺管型电感式传感器的衔铁随被测对象移动，线圈磁力线路径上的磁阻发生变化，线圈电感量也随之变化，线圈电感量的大小与衔铁位置有关，线圈的电感量 L 与衔铁进入线圈的长度 x 保持线性关系。

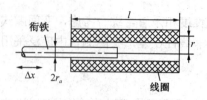

图 3.25　螺管型电感式传感器

螺管型电感式传感器的灵敏度较低，但量程大且结构简单，易于制作和批量生产，是目前使用最广泛的一种电感式传感器。

4. 测量电路

自感式传感器的测量电路有交流电桥式、交流变压器式和谐振式等几种形式，其中，交流电桥是电感式传感器的主要测量电路，它的作用是将线圈电感的变化转换成电桥电路的电压或电流输出。

（1）交流变压器式电桥

交流变压器式电桥测量电路如图 3.26 所示，电桥两臂 Z_1、Z_2 为传感器线圈阻抗，另外两桥臂为交流变压器次级线圈的两个绕组。当负载为无穷大时，桥路输出电压为

$$\dot{U}_o = \frac{\dot{U}}{Z_1 + Z_2} Z_2 - \frac{\dot{U}}{2} = \frac{\dot{U}}{2} \cdot \frac{Z_2 - Z_1}{Z_1 + Z_2} \tag{3.32}$$

当传感器的衔铁处于中间位置时，即 $Z_1 = Z_2 = Z$，此时，$\dot{U}_o = 0$，电桥平衡。

当衔铁上移时，即 $Z_1 = Z + \Delta Z$，$Z_2 = Z - \Delta Z$，则有

$$\dot{U}_o = -\frac{\dot{U}}{2} \times \frac{\Delta Z}{Z} = -\frac{\dot{U}}{2} \times \frac{\Delta L}{L} \tag{3.33}$$

同理，衔铁下移时，则 $Z_1 = Z - \Delta Z$，$Z_2 = Z + \Delta Z$，此时

$$\dot{U}_o = \frac{\dot{U}}{2} \times \frac{\Delta Z}{Z} = \frac{\dot{U}}{2} \times \frac{\Delta L}{L} \tag{3.34}$$

图 3.26　交流变压器式电桥测量电路

从式（3.33）和式（3.34）可知，衔铁上下移动相同距离时，输出电压的大小相等、方向相反。由于输出 U_o 是交流电压，输出指示无法判断位移方向，所以必须配合相敏检波电路来解决。有关相敏检波电路的工作原理将在差动变压器式传感器中讨论。

（2）谐振电路

谐振电路如图 3.27 所示。图 3.27（a）中的 Z 为传感器线圈，e 为激励电源。若谐振电路中激励源的频率为 f，则可确定其工作在谐振曲线（如图 3.27（b）所示）A 点。当传感

线圈电量变化时，谐振曲线将左右移动，工作点就在同一频率的纵坐标直线上移动（如移至 B 点），于是输出电压的幅值就发生相应的变化。这种电路灵敏度很高，但非线性严重，常与单线圈自感式传感器配合，用于测量范围小或线性度要求不高的场合。

（3）调频电路

如图 3.28（a）所示为调频电路的基本框图，调频电路的基本原理是传感器电感 L 的变化将引起输出电压频率的变化。一般是把传感器电感 L 和电容 C 接入一个振荡回路中。当 L 变化时，振荡频率随之变化，根据 f 的大小即可测出被测量的值。图 3.28（b）所示曲线具有明显的非线性关系。

由于输出为频率信号，这种电路的抗干扰能力很强，电缆长度可达 1 km，特别适合于野外现场使用。

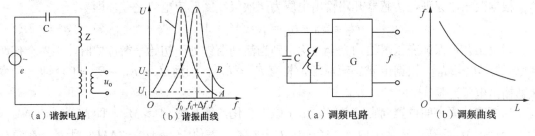

（a）谐振电路　（b）谐振曲线　　　　　（a）调频电路　（b）调频曲线

图 3.27　谐振电路　　　　　　　　　图 3.28　调频电路

3.2.2　互感式传感器

互感式传感器根据互感的基本原理，把被测的非电量变化转换为线圈间互感量的变化。变压器式传感器与变压器的区别是：变压器为闭合磁路，而变压器式传感器为开磁路；变压器初、次级线圈间的互感为常数，而变压器式传感器初、次级线圈间的互感随衔铁移动而变化，且变压器式传感器有两个次级绕组，两个次级绕组按差动方式工作。因此，它又被称为差动变压器式传感器。

差动变压器的结构形式较多，有变间隙式、变面积式和螺线管式等，其中应用最多的是螺线管式差动变压器，它可以测量 1～100 mm 的机械位移，并具有测量精度高、灵敏度高、结构简单、性能可靠等优点。

1.　螺线管式差动变压器

螺线管式差动变压器的基本结构如图 3.29 所示，它由一个初级线圈、两个次级线圈和插入线圈中央的圆柱形铁芯等组成。

差动变压器传感器中两个次级线圈反向串联，并且在忽略铁损、导磁体磁阻和线圈分布电容的理想条件下，其等效电路如图 3.30 所示，其中 $\dot{U}_1$、$\dot{I}_1$ 为初级线圈激励电压与电流，L_1、R_1 为初级线圈电感与电阻，M_1、M_2 分别为初级线圈与次级线圈 1、2 间的互感，L_{21}、L_{22} 和 R_{21}、R_{22} 分别为两个次级线圈的电感和电阻。

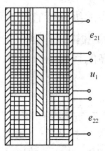

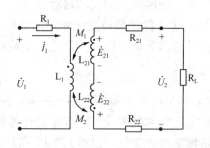

图 3.29　螺线管式差动变压器　　　　　图 3.30　等效电路

当初级绕组加以激励电压 $\dot{U}_1$ 时，根据变压器的工作原理，在两个次级绕组中便会产生感应电势 $\dot{E}_{21}$ 和 $\dot{E}_{22}$。

根据变压器原理，传感器开路输出电压为两次级线圈感应电势之差，即

$$\dot{U}_2 = \dot{E}_{21} - \dot{E}_{22} = j\omega\left(M_1 - M_2\right)\dot{I}_1 \tag{3.35}$$

如果工艺上保证变压器结构完全对称，则当活动衔铁处于初始平衡位置时，必然会使两互感系数 $M_1 = M_2$。根据电磁感应原理，将有 $\dot{E}_{21} = \dot{E}_{22}$，因而 $\dot{U}_2 = \dot{E}_{21} - \dot{E}_{22} = 0$，即差动变压器输出电压为零。

当衔铁偏离中间位置向上移动时，由于磁阻变化，使互感 $M_1 > M_2$，即 $M_1 = M + \Delta M_1$，$M_2 = M - \Delta M_2$。在一定范围内，$\Delta M_1 = \Delta M_2 = \Delta M$，差值 $M_1 - M_2 = 2\Delta M$，于是，在负载开路情况下，输出电压为

$$\dot{U}_2 = j\omega\left(M_1 - M_2\right)\dot{I}_1 = 2j\omega\Delta M\dot{I}_1 \tag{3.36}$$

由图 3.30 可知

$$\dot{I}_1 = \frac{\dot{U}_1}{R_1 + j\omega L_1} \tag{3.37}$$

所以

$$\dot{U}_2 = 2j\omega\Delta M \cdot \frac{\dot{U}_1}{R_1 + j\omega L_1} \tag{3.38}$$

由于在一定的范围内，互感的变化 ΔM 与位移 x 成正比，所以 $\dot{U}_2$ 的变化与位移的变化成正比，且衔铁上移时，输出 $\dot{U}_2$ 与 $\dot{U}_1$ 同相位。同理，衔铁向下移动时，$M_1 < M_2$，使输出 $\dot{U}_2 = -2j\omega\Delta M \cdot \frac{\dot{U}_1}{R_1 + j\omega L_1}$，输出 $\dot{U}_2$ 与 $\dot{U}_1$ 相位相反。

实际上，当衔铁位于中心位置时，差动变压器的输出电压并不等于零，通常把差动变压器在零位移时的输出电压称为零点残余电压。它的存在使传感器的输出特性曲线不过零点，造成实际特性与理论特性不完全一致，特性曲线如图 3.31 所示。零点残余电压 u_{20} 产生的原因主要是传感器的两个次级绕组的电气参数和几何尺寸不对称，以及磁性材料的非线性等问题引起的。零点残余电压的波形十分复杂，主要由基波和高次谐波组成。基波的产生主要是由于传感器的两次级绕组的电气参数、几何尺寸不对称，导致它们产生的感应电动势幅值不等、相位不同。因此，无论怎样调整衔铁位置，两线圈中感应电动势都不能完全抵消。零点残余电压一般在几十毫伏以下。在实际使用时，应设法减小零点残余电压，否则将会影响传感器的测量结果。

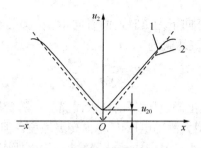

图 3.31　零点残余电压特性曲线

零点残余电压使得传感器在零点附近的输出特性不灵敏,给测量带来误差。此值的大小是衡量差动变压器性能好坏的重要指标。为了减小零点残余电压,可采用以下方法。

(1)采用对称结构

尽可能保证传感器尺寸、线圈电气参数和磁路对称。磁性材料要经过处理,以消除内部的残余应力,使其性能均匀稳定。

(2)选用合适的测量电路

例如,采用相敏整流电路,既可判别衔铁移动方向,又可改善输出特性,减小了零点残余电压。

(3)采用补偿线路

在差动变压器二次侧串、并联适当数值的电阻、电容元件,当调整这些元件时,可使零点残余电压减小。

2. 变间隙式差动变压器传感器

如图 3.32 所示为变间隙式差动变压器传感器原理图,它具有灵敏度较高的优点,但测量范围小,一般用于测量几微米到几百微米的位移。

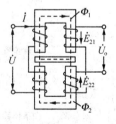

图 3.32　变间隙式差动变压器传感器原理图

由差动变压器的特性可知,差动变压器的输出与初级线圈对两个次级线圈的互感之差有关,结构形式不同,互感的计算方法也有所不同。Π 型差动变压器的输出特性为

$$\dot{U}_\circ = -\dot{U}\frac{N_2\Delta\delta}{N_1\delta_0} \tag{3.39}$$

式中,δ_0 为初始气隙;N_1 为初级线圈匝数;N_2 为次级线圈匝数;$\Delta\delta$ 为衔铁上移量。

式(3.39)表明,输出电压 $U_\circ$ 与衔铁位移 $\Delta\delta$ 成比例。式中,负号表明 $\Delta\delta$ 向上为正时,

输出电压与电源电压反相；$\Delta\delta$ 向下为负时，两者同相。

Ⅱ型差动变压器的灵敏度表达式为

$$K = \frac{U_o}{\Delta\delta} = \frac{UN_2}{\delta_0 N_1} \qquad (3.40)$$

可见，传感器的灵敏度随电源电压 U 的增大而提高，随变压比 N_1/N_2 和初始气隙的增大而降低。增加次级匝数 N_2 与增大激励电压 U 将提高灵敏度。但 N_2 过大，会使传感器体积变大，且使零位电压增大；U 过大，易造成传感器发热而影响稳定性，还可能出现磁饱和，因此常取 0.5～8 V，并使功率限制在 1 W 以下。

3. 测量电路

差动变压器的输出信号为交流电压，它与衔铁位移成正比。当变压器两输出电压反向串联时，用交流电压表测量其输出值只能反映衔铁位移的大小，不能反映移动的方向，因此常采用差动整流电路和相敏检波电路进行测量。

（1）差动整流电路

如图 3.33 所示为典型的差动全波整流电压输出电路。这种电路把差动变压器的两个次级输出电压分别全波整流，然后将整流电压的差值作为输出，电阻 R_0 用于调整零点残余电压。

差动整流的工作原理如下所述。

二次侧输出电压 U_{ab} 经桥堆 A 全波整流，使交流电变成单向脉动的电压，输出的脉动电压经电容 C_1 滤波，使输出的脉动减小。桥堆 A 输出的电压始终上正、下负，即 $U_{12} > 0$。其未加电容滤波时的波形如图 3.34 所示。同理，二次侧输出电压 U_{cd} 经桥堆 B 整流和电容滤波后，得到单向电压 U_{34}，且 $U_{34} < 0$。

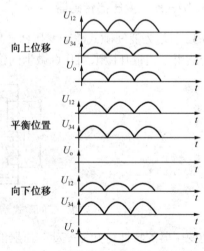

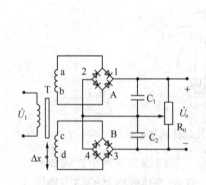

图 3.33　差动全波整流电压输出电路　　　　图 3.34　差动整流波形

当衔铁在零位时，由于 $U_{ab} = U_{cd}$，使 $U_{12} = U_{34}$，则 $U_o = U_{12} - U_{34} = 0$。

当衔铁向上移动时，由于 $U_{ab} > U_{cd}$，使 $U_{12} > U_{34}$，则 $U_o = U_{12} - U_{34} > 0$。

当衔铁向下移动时，由于 $U_{ab} < U_{cd}$，使 $U_{12} < U_{34}$，则 $U_o = U_{12} - U_{34} < 0$。

衔铁在移动方向的位移越大，U_o 的输出电压值也越大，即输出 U_o 的大小反映位移的大小，U_o 的正负反映位移的方向。

差动整流电路具有结构简单，不需要考虑相位调整和零点残余电压的影响，分布电容影响小和便于远距离传输等优点，因而获得广泛应用。

（2）相敏检波电路

如图 3.35 所示为二极管相敏检波电路。图中 M、O 分别为变压器 T_1、T_2 的中心抽头，u_2 为来自差动传感器的输出电压。调制电压 u_0 与 u_2 同频，要求 u_0 与 u_2 同相或反相，且 $U_0 \gg U_2$，以保证二极管的导通由 u_0 决定。为保证电路中 u_0 与 u_2 同频，两者由同一电源 u_1 供电，且由移向器实现 u_0 与 u_2 的同相或反相。

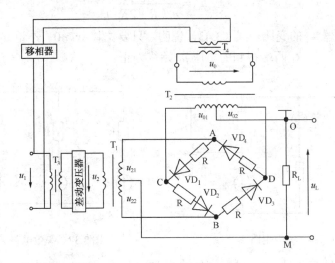

图 3.35　二极管相敏检波电路

假如 u_0 与 u_1 同频同相，则相敏检波电路的工作原理如下：

传感器衔铁上移时，$\Delta x > 0$，u_2 与 u_1 同相，则 u_2 与 u_0 同相。

u_0 处于正半周时，VD_2、VD_3 导通，VD_1、VD_4 截止，形成两条电流通路。

电流通路 1 为

$$u_{01}^+ \to C \to VD_2 \to B \to u_{22}^- \to u_{22}^+ \to R_L \to u_{01}^-$$

电流通路 2 为

$$u_{02}^+ \to R_L \to u_{22}^+ \to u_{22}^- \to B \to VD_3 \to D \to u_{02}^-$$

其等效电路如图 3.36 所示。

因为 u_{01} 与 u_{02} 是由同一变压器提供的且大小相等，所以由叠加原理可知，u_{01} 与 u_{02} 在 R_L 中产生的电流互相抵消，即负载 R_L 中电压由 u_{22} 决定，且 u_L 为

$$u_L = \frac{u_{22}}{\frac{1}{2}R + R_L} \cdot R_L = \frac{2R_L \cdot u_{22}}{R + 2R_L} \tag{3.41}$$

当 u_2 与 u_0 同处于负半周时，VD_1、VD_4 导通，VD_2、VD_3 截止，同样有两条电流通路。

电流通路 1 为

$$u_{01}^+ \to R_L \to u_{21}^+ \to u_{21}^- \to A \to R \to VD_1 \to C \to u_{01}^-$$

电流通路 2 为

$$u_{02}^+ \to D \to R \to VD_4 \to A \to u_{21}^- \to u_{21}^+ \to R_L \to u_{02}^-$$

其等效电路如图 3.37 所示。

与 u_0 在正半周时相似，u_{01} 与 u_{02} 在 R_L 中的作用互相抵消，u_L 由 u_{21} 决定，即

$$u_L = \frac{u_{21}}{\frac{1}{2}R + R_L} \cdot R_L = \frac{2R_L \cdot u_{21}}{R + 2R_L} \tag{3.42}$$

考虑到 $u_{21} = u_{22} = \dfrac{u_2}{2n_1}$，故衔铁上移时，得到

$$u_L = \frac{R_L u_2}{n_1(R + 2R_L)} \tag{3.43}$$

式中，n_1 为变压器 T_1 的变比。式（3.43）说明，只要位移 $\Delta x > 0$，不论 u_2 与 u_0 是处于正半周还是负半周，在负载 R_L 两端得到的电压 u_L 始终为正。

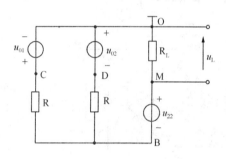

图 3.36　等效电路（一）

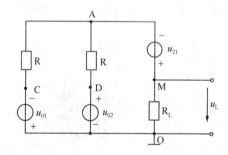

图 3.37　等效电路（二）

当传感器衔铁下移时，$\Delta x < 0$，u_2 与 u_1 反相，则 u_2 与 u_0 同频反相。由于电路中二极管的导通是由 u_0 决定的，所以 u_0 在正半周时，导通电路与图 3.36 相似，但此时 u_{22} 的极性上负下正，与 $\Delta x > 0$ 时相反。而 u_0 在负半周时，导通电路与图 3.37 相似，但 u_{21} 的极性上正下负，也与 $\Delta x > 0$ 时相反。所以，此时负载端的电压为

$$u_L = -\frac{R_L u_2}{n_1(R + 2R_L)} \tag{3.44}$$

即 $\Delta x < 0$ 时 R_L 两端的输出电压与 $\Delta x > 0$ 时 R_L 两端的输出电压相比，相差一个符号。

由上述分析可知，相敏检波电路输出电压 u_L 的变化规律充分反映了被测位移量的变化规律，即 u_L 的值反映位移 Δx 的大小，而 u_L 的极性则反映了位移 Δx 的方向。

3.2.3　电感式传感器的应用

1. 用自感式传感器测量位移

如图 3.38 所示为电感测微仪的结构与原理框图。测量时测头的测端与被测件接触，被测件的微小位移使衔铁在差动线圈中移动，线圈电感值将产生变化，使这一变化量通过引线接到交流电桥，电桥的输出电压就反映被测件的位移变化量。

2．用变压器式传感器测量加速度

图 3.39 所示为测量加速度的电感传感器结构图。衔铁受加速度的作用使悬臂弹簧受力变形，与悬臂相连的衔铁产生相对线圈的位移，从而使变压器的输出改变。

3．用变压器式传感器测量压力

差动变压器与膜片、膜盒和弹簧管等相结合，可以组成压力传感器。如图 3.40 所示为差动变压器式压力传感器的结构示意图。在无压力作用时，膜盒处于初始状态，与膜盒连接的衔铁位于差动变压器线圈的中心部。当压力输入膜盒后，膜盒的自由端产生位移并带动衔铁移动，差动变压器产生正比于测量压力的输出电压。

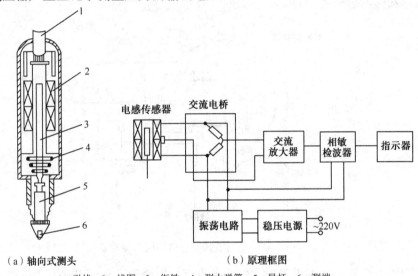

（a）轴向式测头　　　　　　　　　　　（b）原理框图

1—引线；2—线圈；3—衔铁；4—测力弹簧；5—导杆；6—测端

图 3.38　电感测微仪的结构与原理框图

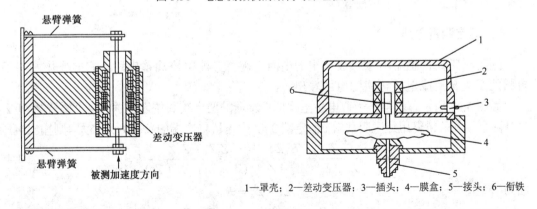

1—罩壳；2—差动变压器；3—插头；4—膜盒；5—接头；6—衔铁

图 3.39　差动变压器式加速度传感器结构图　　　　图 3.40　差动变压器式压力传感器的结构示意图

任务与实施
REN WU YU SHI SHI

【任务】　设计液体输送管道中流动液体的压力测量方案，要求采用变间隙式差动电感压力传感器和交流电桥测量电路。

【实现方案】 完成流体压力测量可按如下环节进行。

1. 确定弹性元件

在流体压力测量过程中，首先需要由弹性元件把流体压力转换成形变，这里选用弹簧管把流体压力转换为形变。

2. 确定测量用传感器

如图 3.41 所示为可用于测量压力的变间隙式差动电感压力传感器。它主要由 C 形弹簧管、衔铁、铁芯和线圈等组成。

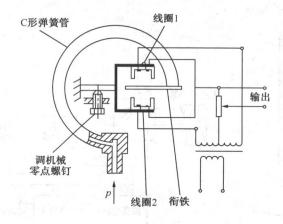

图 3.41　变间隙式差动电感压力传感器

当被测压力进入 C 形弹簧管时，C 形弹簧管发生变形，其自由端发生位移，带动与自由端连接成一体的衔铁运动，使线圈 1 和线圈 2 中的电感发生大小相等、符号相反的变化，即一个电感量增大，另一个电感量减小。

3. 确定测量电路

选用电感式传感器测量中最常用的电阻平衡臂交流电桥测量电路，它的作用是将线圈电感的变化转换成电桥电路的电压输出。

如图 3.42 所示，电阻平衡臂电桥电路把传感器的两个线圈作为电桥的两个桥臂 Z_1 和 Z_2，另外两个相邻的桥臂用纯电阻代替。假定图 3.42 中电桥输出端的负载为无穷大，则输出电压为

$$\dot{U}_o = \frac{\dot{U}_S Z_1}{Z_1 + Z_2} - \frac{\dot{U}_S Z_3}{Z_3 + Z_4} = \frac{Z_1 Z_4 - Z_2 Z_3}{(Z_1 + Z_2)(Z_3 + Z_4)} \dot{U}_S \tag{3.45}$$

因为

$$Z_3 = Z_4 = R$$

所以

$$\dot{U}_o = \frac{(Z_1 - Z_2) R}{(Z_1 + Z_2) 2R} \dot{U}_S = \frac{Z_1 - Z_2}{2(Z_1 + Z_2)} \dot{U}_S \tag{3.46}$$

衔铁在平衡位置时，由于两线圈结构完全对称，故

$$Z_1 = Z_2 = Z_0 = R_0 + j\omega L_0$$

式中，R_0 为线圈的铜电阻。若电路的品质因数较高，则近似为 $Z_1 = Z_2 = Z_0 = j\omega L_0$，此时 $Z_1 - Z_2 = 0$，电桥平衡，输出为零。

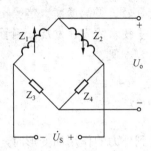

图 3.42　电阻平衡臂电桥电路

当衔铁偏离中间位置时，两边气隙不等，两只电感线圈的电感量一增一减，电桥失去平衡。当衔铁向上移动时，$Z_1 = Z_0 + \Delta Z_1$，$Z_2 = Z_0 - \Delta Z_2$，把 Z_1、Z_2 代入式（3.46）中，则有

$$\dot{U}_o = \frac{(Z_0 + \Delta Z_1) - (Z_0 - \Delta Z_2)}{2(Z_0 + \Delta Z_1 + Z_0 - \Delta Z_2)} \cdot \dot{U}_S = \frac{\Delta Z_1 + \Delta Z_2}{2Z_0 + \Delta Z_1 - \Delta Z_2} \cdot \frac{\dot{U}_S}{2}$$

因为 $\Delta Z_1 - \Delta Z_2 \ll 2Z_0$，故 $\Delta Z_1 - \Delta Z_2$ 略去，得

$$\dot{U}_o = \frac{\Delta Z_1 + \Delta Z_2}{2Z_0} \cdot \frac{\dot{U}_S}{2} = \frac{\Delta Z_1 + \Delta Z_2}{Z_0} \cdot \frac{\dot{U}_S}{4} = \frac{j\omega \Delta L_1 + j\omega \Delta L_2}{j\omega L_0} \cdot \frac{\dot{U}_S}{4}$$

所以
$$\dot{U}_o = \frac{\Delta L_1 + \Delta L_2}{L_0} \cdot \frac{\dot{U}_S}{4} \tag{3.47}$$

把式（3.29）代入式（3.47），得

$$\dot{U}_o = \frac{2L_0}{L_0} \cdot \frac{\Delta\delta}{\delta_0} \cdot \frac{\dot{U}_S}{4} = \frac{\dot{U}_S}{2} \cdot \frac{\Delta\delta}{\delta_0} = K \cdot \Delta\delta \tag{3.48}$$

式中，K 称为差动电感传感器连成四臂电桥的灵敏度，它是指衔铁单位移动量引起的电桥输出电压。K 值越大，灵敏度越高。由 $K = U_S/2\delta_0$ 可知，K 值与电桥的电源电压和初始气隙有关，提高电桥的电压，减小起始气隙，就可以提高灵敏度。式（3.48）还说明，电桥输出电压的幅值大小与衔铁移动量的大小成比例，其相位则与衔铁的移动方向有关。假定向上移动时输出电压的相位为正，而向下移动时相位将反相 $180°$，为负。因此，如果测量出电压的大小和相位，就能决定衔铁位移量的大小和方向。

通过以上步骤，完成了液体压力信号到电信号的转换，并使输出的电压信号与液体压力基本呈正比对应关系。

任务3　压电传感器测量压力

知识链接
ZHI SHI LIAN JIE

压电传感器（Piezoelectric transducer）是一种典型的自发电式传感器。它以某些电介质的压电效应为基础，在外力作用下，在电介质的表面上产生电荷，实现力与电荷的转换，从而完成非电量如动态力、加速度等的检测，但不能用于静态参数的测量。

压电传感器具有结构简单、质量轻、灵敏度高、信噪比高、频率响应高、工作可靠、测量范围广等优点。近年来，随着电子技术的飞速发展，测量转换电路与压电元件已被固定在同一壳体内，使压电传感器使用更为方便。

3.3.1　压电效应

某些电介质在沿一定方向上受到外力的作用而变形时，内部会产生极化现象，同时在其表面上产生电荷；当外力去掉后，又重新回到不带电的状态；当作用力方向改变时，电荷的极性也随之改变，这种现象称为压电效应（Piezoelectric effect）。

在电介质的极化方向上施加交变电场或电压，它会产生机械振动。当去掉外加电场时，电介质变形随之消失，这种现象称为逆压电效应（电致伸缩效应）。音乐贺卡中的压电片就是利用逆压电效应而发声的。

自然界中与压电效应有关的现象很多。例如在完全黑暗的环境中，将一块干燥的冰糖用榔头敲碎，可以看到冰糖在破碎的一瞬间，发出暗淡的蓝色闪光，这是强电场放电所产生的闪光，产生闪光的机理是晶体的压电效应。在敦煌的鸣沙丘，当许多游客在沙丘上蹦跳或从鸣沙丘上往下滑时，可以听到雷鸣般的隆隆声，产生这个现象的原因是无数干燥的沙子（SiO_2 晶体）受重压引起振动，表面产生电荷，在某些时刻，恰好形成电压串联，产生很高的电压，并通过空气放电而发出声音。在电子打火机中，多片串联的压电材料受到敲击，产生很高的电压，通过尖端放电而点燃火焰。

3.3.2　压电材料

压电式传感器中的压电元件材料主要有压电晶体（单晶体）、经过极化处理的压电陶瓷（多晶体）和高分子压电材料。选用合适的压电材料是设计高性能传感器的关键，一般应考虑以下几个方面。

① 转换性能。具有较高的耦合系数或较大的压电系数。压电系数是衡量材料压电效应强弱的参数，它直接关系到压电输出的灵敏度。

② 机械性能。作为受力元件，压电元件应具有较高的机械强度和较大的机械刚度。

③ 电性能。具有较高的电阻率和较大的介电常数。

④ 温度和湿度稳定性。具有较高的居里点。

⑤ 时间稳定性。压电特性不随时间锐变。

1. 压电晶体

（1）石英晶体

石英晶体的化学式为 SiO_2，呈单晶体结构，是一种性能非常稳定的压电晶体。如图 3.43（a）所示为天然结构的石英晶体理想外形，它是一个正六面体。石英晶体各个方向的特性不同，如图 3.43（b）所示，z 轴为光轴（中性轴），它是晶体的对称轴，晶体沿光轴 z 方向受力时不产生压电效应；经过正六面体棱线并垂直于光轴的 x 轴为电轴，晶体在沿电轴 x 方向的力作用下产生电荷的压电效应称为纵向压电效应，纵向压电效应最为显著；与 z 轴和 x 轴同时垂直的轴为 y 轴，y 轴垂直于正六面体的棱面，称为机械轴，晶体沿机械轴 y 方向的力作用下产生电荷的压电效应称为横向压电效应，在 y 轴上加力产生的变形最大。从石英晶体上沿轴线切下的一片平行六面体称为压电晶体切片，如图 3.43（c）所示。

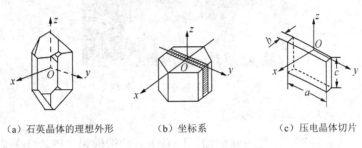

（a）石英晶体的理想外形　（b）坐标系　（c）压电晶体切片

图 3.43　石英晶体

若从晶体上沿机械轴 y 轴方向切下一块晶片，当在电轴 x 方向施加作用力 f_x 时，在与 x 轴垂直的平面上将产生电荷 q_x，其大小为

$$q_x = d_{11} f_x \qquad (3.49)$$

式中，d_{11} 为电轴 x 方向受力的压电系数；f_x 为沿电轴 x 方向施加的作用力。

若在同一切片上，沿机械轴 y 轴方向施加作用力 f_y 时，则在与 x 轴垂直的平面上将产生电荷 q_y，其大小为

$$q_y = d_{12} \frac{a}{b} f_y \qquad (3.50)$$

式中，d_{12} 为机械轴 y 方向受力的压电系数，$d_{12} = -d_{11}$；f_y 为沿机械轴 y 方向施加的作用力；a、b 分别为晶体切片长度和厚度。

电荷 q_x 和 q_y 的符号由所受力的性质决定，当作用力 f_x 和 f_y 的方向相反时，电荷的极性也随之改变。

在 20～200℃的范围内，压电常数的变化率只有 $-0.0001/℃$。此外，石英晶体还具有机械强度高、自振频率高、动态响应好、绝缘性能好、线性范围宽等优点，因此主要用于精密测量。但石英晶体具有压电常数较小（$d = 2.31 \times 10^{-12}$ C/N）的缺点，大多只在标准传感器、高精度传感器或测高温用传感器中使用。

（2）水溶性压电晶体

单斜晶系的压电晶体主要有酒石酸钾钠、酒石酸乙烯二铵、酒石酸二钾、硫酸锂；正方晶系的压电晶体主要有磷酸二氢钾、磷酸二氢铵、砷酸二氢钾、砷酸二氢铵等。

2. 压电陶瓷

压电陶瓷是人工制造的多晶压电材料，它比石英晶体的压电灵敏度高得多，但机械强度较石英晶体稍低，而且制造成本也较低，因此目前国内外生产的压电元件绝大多数都采用压电陶瓷。如图 3.44 所示为部分压电陶瓷的外形。一般测量中基本上多采用压电陶瓷，用在测

力和振动传感器中。另外，压电陶瓷也存在逆压电效应。常用的压电陶瓷材料有锆钛酸铅系列压电陶瓷（PZT）和非铅系列压电陶瓷（如 $BaTiO_3$ 等）。

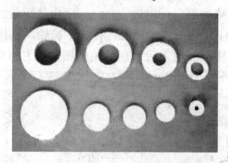

图 3.44　部分压电陶瓷的外形

（1）锆钛酸铅系列压电陶瓷（PZT）

锆钛酸铅压电陶瓷（PZT）是由钛酸铅（$PbTiO_2$）和锆酸铅（$PbZrO_3$）组成的固溶体。在锆钛酸铅的基础上添加微量的其他元素，如镧（La）、铌（Nb）、锑（Sb）、锡（Sn）等，可获得不同性能的 PZT 系列压电材料。PZT 系列压电材料均具有较高的压电系数，是目前常用的压电材料。

（2）非铅系列压电陶瓷

为减少铅对环境的污染，非铅系列压电陶瓷的研制尤为重要。目前非铅系列压电陶瓷体系主要有 $BaTiO_3$ 基无铅压电陶瓷、BNT 基无铅压电陶瓷、铌酸盐基无铅压电陶瓷、钛酸铋钠钾无铅压电陶瓷和钛酸铋锶钙无铅压电陶瓷等，它们的各项性能多已超过含铅系列压电陶瓷，是今后压电陶瓷的发展方向。

3. 高分子压电材料

高分子压电材料是近年来发展很快的一种新型材料，如图 3.45 所示。高分子压电材料有聚偏二氟乙烯（PVF_2 或 PVDF）、聚氟乙烯（PVF）、改性聚氯乙烯（PVC）等。其中以 PVF_2 和 PVDF 的压电常数最高，其输出脉冲电压有的可以直接驱动 COMS 集成门电路。

图 3.45　高分子压电材料

高分子压电材料是一种柔软的压电材料，可根据需要制成薄膜或电缆套管等形状。它不易破碎，具有防水性，可以大量连续拉制成较大面积或较长的尺度，因此价格便宜。测量动态范围可达 80 dB，频率响应范围可从 0.1 Hz 直至 10^9 Hz，因此在一些不要求测量精度的场合多用作定性测量。

但高分子压电材料具有机械强度低，耐紫外线能力较差，而且随着温度的升高（工作温度一般低于 100℃）灵敏度将明显下降，暴晒后易老化等缺点。

目前开发出一种压电陶瓷——高聚物复合材料，由无机压电陶瓷和有机高分子树脂构成，兼备无机和有机压电材料的性能，可以根据需要将两种材料的优点综合后，制作出性能更好的换能器和传感器，它的接收灵敏度很高，更适于制作水声换能器。

3.3.3 压电式传感器测量电路

1. 压电元件的等效电路

当压电元件受到沿敏感轴方向的外力作用时就产生电荷，因此压电元件可以看成是一个电荷发生器，同时它也是一个电容器。可以把压电元件等效为一个电荷源与电容相并联的电荷等效电路，如图 3.46 所示。

电容器上的电压 u_o、电荷 Q 与电容 C_a 三者之间的关系为

$$u_o = \frac{Q}{C_a}$$

在压电式传感器中，压电材料一般不用一片，而常采用两片（或是两片以上）黏结在一起，如图 3.47 所示。图 3.47（a）为两压电片的"串联"接法，其输出电容 C' 为单片电容 C 的 $1/n$，即 $C'=C/n$，输出电荷量 Q' 与单片电荷量 Q 相等，即 $Q'=Q$，输出电压 U' 为单片电压 U 的 n 倍，即 $U'=nU$；图 3.47（b）为两压电片"并联"接法，其输出电容 C' 为单片电容 C 的 n 倍，即 $C'=nC$，输出电荷量 Q' 是单片电荷量 Q 的 n 倍，，即 $Q'=nQ$，输出电压 U' 与单片电压 U 相等，即 $U'=U$。

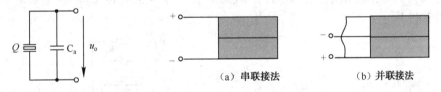

| 图 3.46 压电式传感器的等效电路 | 图 3.47 压电元件的串联和并联接法 |

（a）串联接法　　（b）并联接法

在以上两种连接方式中，串联接法输出电压高，本身电容小，适用于以电压为输出信号和测量电路输入阻抗很高的场合；并联接法输出电荷大，本身电容大，时间常数大，适用于测量缓变信号，并以电荷量作为输出的场合。

压电元件在压电传感器中必须有一定的预应力，这样可以保证在作用力变化时，压电片始终受到压力，同时也保证了压电片的输出与作用力的线性关系。

2. 压电式传感器的等效电路

在压电式传感器正常工作时，如果把它与测量仪表连在一起，必定与测量电路相连接，因此必须考虑连接电缆电容 C_c、放大器的输入电阻 R_i 和输入电容 C_i 等因素的影响。压电传

感器与二次仪表连接的实际等效电路如图 3.48 所示。

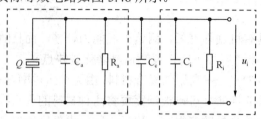

图 3.48　压电传感器的实际等效电路

由于外力作用在压电元件上产生的电荷只有在无泄漏的情况下才能保存，即需要测量回路具有无限大的输入阻抗，这实际上是不可能的，因此压电式传感器不能用于静态测量。压电元件在交变力的作用下，电荷可以不断补充，可以供给测量回路一定的电流，因此只适用于动态测量。

3. 压电式传感器的测量电路

压电传感器的内阻抗很高，而输出信号却很微弱，这就要求负载电阻 R_L 很大时，才能使测量误差减小到一定范围。因此常在压电式传感器输出端后面先接入一个高输入阻抗的前置放大器，然后再接一般的放大电路及其他电路。

压电传感器的前置放大器有两个作用。第一是把压电式传感器的微弱信号放大；第二是把传感器的高阻抗输出变为低阻抗输出。压电传感器的输出可以是电压信号，也可以是电荷信号，所以前置放大器也有两种形式，即电压放大器和电荷放大器。

实际使用中多采用性能稳定的电荷放大器，这里重点以电荷放大器为例加以说明。

电荷放大器（电荷/电压转换器）能将高内阻的电荷源转换为低内阻的电压源，而且输出电压正比于输入电荷。同时，电荷放大器兼具阻抗变换的作用，其输入阻抗高达 $10^{10} \sim 10^{12}$ Ω，输出阻抗小于 100 Ω。

电荷放大器常作为压电传感器的输入电路，由一个反馈电容 C_f 和高增益运算放大器构成，如图 3.49 所示。

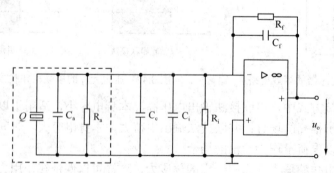

图 3.49　电荷放大器等效电路

由运算放大器基本特性可求出电荷放大器的输出电压为

$$u_o = \frac{-AQ}{C_a + C_c + C_i + (1+A)C_f} \tag{3.51}$$

由于运算放大器输入阻抗极高，放大器输入端几乎没有电流，放大倍数 $A=10^4 \sim 10^6$，因

此 $(1+A)C_f$ 远大于（$C_a + C_c + C_i$），所以 $C_c + C_i$ 的影响可忽略不计，放大器的输出电压近似为

$$u_o \approx \frac{-Q}{C_f} \tag{3.52}$$

由式（3.52）可知，电荷放大器的输出电压 u_o 仅与输入电荷和反馈电容有关，与电缆电容 C_c 无关，也就是说，电缆的长度等因素对其影响很小，这是电荷放大器的最大特点。内部包括电荷放大器的便携式测振仪，其外形如图 3.50 所示。

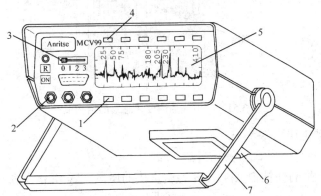

1—量程选择开关；2—压电传感器输入信号插座；3—多路选择开关；4—带宽选择开关；

5—带背光点阵液晶显示器；6—电池盒；7—可变角度支架

图 3.50　便携式测振仪外形

任务与实施
RENWU YU SHISHI

压电传感器多用于冲击力、脉动力、振动等动态参数的测量，其主要的敏感元件是由不同压电材料制作的各类压电元件。由于它们的特性不同，因此可在不同的应用场合解决不同的实际问题。

【任务1】　随着人们生活水平的提高，小轿车已进入普通百姓家庭之中。但交通拥挤极易造成交通事故，一旦发生撞车事故，及时保护乘员的安全必须放在首位。如何根据车速的变化及时判断汽车属于正常行驶还是发生撞车事故呢？

【实施方案】　当汽车在正常的高速行驶中发生撞车事故时，其加速度的变化很大，因此可以根据负向加速度的变化判断是否需要对乘员进行保护。测量加速度用压电传感器具有结构简单、体积小、质量轻、坚实牢固、振动频率高（频率范围约为 0.3～10 kHz）、加速度测量范围大（加速度为 10^{-5} g～10^{-4} g，g 为重力加速度 9.8 m/s²）和工作温度范围宽等优点，在汽车、飞机、船舶、桥梁和建筑的振动和冲击测量中获得广泛应用，特别是航空和宇航领域中更有它的特殊地位。

如图 3.51 所示为一种压电式加速度传感器的结构图，是目前应用较多的一种形式。它主要由压电元件、质量块、预压弹簧、基座及外壳等组成，整个部件装在外壳内，用螺栓与汽车紧固在一起。

测量加速度时，由于汽车与传感器固定在一起，所以当汽车做加速运动时，压电元件也就受到质量块由于加速运动而产生的、与加速度成正比的惯性力 F，压电元件由于压电效应而产生电荷 Q。

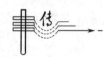

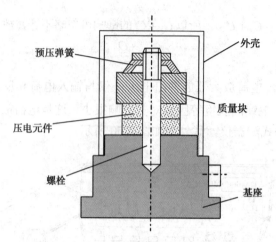

图3.51　压电式加速度传感器的结构图

由牛顿第二运动定律可知

$$F = ma \tag{3.53}$$

式中，F 为质量块产生的惯性力（N），m 为质量块的质量（kg），a 为加速度（m/s²）。

由于

$$Q = d_{ij}F \tag{3.54}$$

所以

$$Q = d_{ij}ma \tag{3.55}$$

式中，d_{ij} 为压电系数。

压电式传感器的输出电压为

$$U = \frac{Q}{C} \tag{3.56}$$

若传感器中电容量 C 不变，则有

$$U = \frac{d_{ij}ma}{C} \tag{3.57}$$

由式（3.57）可知，输出电压 U 是加速度 a 的函数，测得输出电压 U 后就可以计算出加速度 a 的大小。

当正常刹车和小事故碰擦时，传感器输出信号较小。当测得的负加速度值超过设定值时，行车计算机的 CPU 据此判断发生碰撞，于是启动轿车前部的折叠式安全气囊迅速充气而膨胀，保证乘员的人身安全。

【任务2】　在公路运输中，货车超载、肇事逃逸等现象屡屡发生，给人们的安全带来了极大的隐患。及时根据现场留下的信息进行准确判断、快速高效处理交通事故便成为交警的当务之急。现有一辆肇事车辆以较快的车速冲过测速传感器，那么如何测量车速和汽车载重、确定汽车的车型、判断汽车是否超速或超重行驶呢？

【实施方案】　将两根相距 2 m 的高分子压电电缆平行埋设于柏油公路路面下约 5 cm，当一辆肇事车辆以较快的车速冲过测速传感器时，两根 PVDF 压电电缆测速原理图如图 3.52 所示。

根据对应 A、B 压电电缆的输出信号波形和脉冲之间的间隔，首先可测出同一车轮通过 A 和 B 电缆所花时间为 2.8 格 × 25 ms/格=0.07s，估算其车速为

$v=L/t=2$ m/0.07s=28.57 m/s=28.57 × 3600/1000 km/h=102.86 km/h

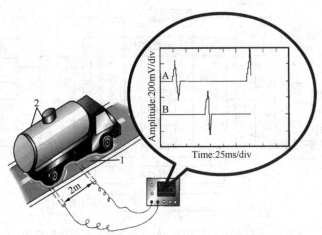

1—公路；2—PVDF 压电电缆（A、B 共两根）

图 3.52　两根 PVDF 压电电缆测速原理图

汽车的前后轮以此速度冲过同一根电缆所花时间为 4.2 格，即 4.2 格×25 ms/格=0.105s，其前后轮距大约为

$$d=vt=28.57 \text{ m/s} × 0.105\text{s}=3 \text{ m}$$

根据汽车前后轮间距及存储在计算机内部的档案数据可判定车型，由此可判断此车是否超速行驶。

根据 A、B 压电电缆输出信号波形的幅度或时间间隔之间的关系，可判断此车是否超重行驶。载重量 m 越大，A、B 压电电缆输出信号波形的幅度就越高；车速 v 越大，A、B 压电电缆输出信号的时间间隔就越小。

因此，利用两根 PVDF 压电电缆，可以获取车型分类信息（包括轴数、轴、轮距、单双轮胎）、车速监测、收费站地磅、闯红灯拍照、停车区域监控、交通数据信息采集（道路监控）及机场滑行道等，应用范围非常广泛。

知识拓展
ZHI SHI TUO ZHAN

微型传感器

1. 微机电系统

微机电系统（MEMS，Micro-electro Mechanical Systems）是当今高科技发展的热点之一，欧洲称为微系统（Microsystem），日本称为微机械（Micromachine）。MEMS 系统主要包括微型传感器、执行器和相应的处理电路三部分。如图 3.53 所示是一个典型 MEMS 系统与外部世界的相互作用示意图，作为输入信号的自然界各种信息首先通过微型传感器转换成电信号，然后进行信号处理，微执行器则根据信号处理电路发出的指令自动完成人们所需要的操作。系统还能够以光、电等形式与外界通信，输出信号以供显示，或者与其他系统协同工作，构成一个更大的系统。

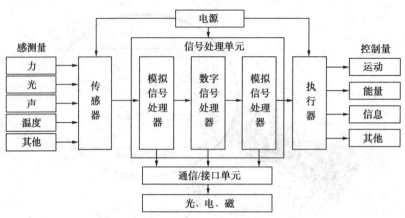

图 3-53　典型 MEMS 系统与外部世界的相互作用示意图

MEMS 系统的技术基础包括微系统设计技术、微机械材料、复杂可动结构微细加工、微装配和封装、微测量、微系统的集成与控制、微观与宏观接口等技术。微传感器、微致动器、微控制器是微系统的基础单元。

MEMS 系统的主要特征之一是它的微型化结构尺寸。因此，对系统零部件的加工通常采用微电子技术中对硅的加工工艺和精密制造与微细加工技术中对非硅材料的加工工艺，如刻蚀法、沉积法、腐蚀法、微加工法等。

MEMS DNA 探测器、测量生物细胞和大分子的微型流量计、微马达制作的直肠内窥镜、细小管道微机器人、微飞行器、掌上无人机、纳米机器人、隐性导弹等都在研制中。

2. 微型传感器

第一个硅微机械压力传感器 1962 年问世。目前已经形成产品和正在研究的微型传感器有压力、温度、湿度、加速度、微陀螺、光学、电量、磁场、质量流量、气体成分、生物浓度、触觉传感器等，主要用于汽车电子、医疗、工业控制系统和军事领域。

微型传感器（Micro Sensor）的敏感结构的尺寸非常微小，典型尺寸在微米级或亚微米级，体积只有传统传感器的几十分之一乃至几百分之一，重量也只有几十克乃至几克。但微传感器绝不是传统传感器按比例缩小的产物。这里简要介绍两种常见的微型传感器。

（1）压阻式微型压力传感器

与金属的电阻应变效应相似，当对半导体施加外力时，除产生变形外，同时也改变了其载流子的运动状态，导致材料电阻率发生变化，这种现象叫作半导体压阻效应。对照式（3.8），由半导体压阻效应引起的电阻值的变化远远大于半导体几何尺寸变化引起的电阻值的变化，在数值上大约要高 2 个数量级左右。沿不同的晶向施加压力，电阻的变化率也不同。半导体应变片的灵敏度系数一般为金属丝应变片的数十倍。

在图 3.54 所示的压阻式微型压力传感器测试单元中，硅片有压力作用时将产生弯曲，其上下表面会发生伸展和压缩现象。在这些会出现伸长和压缩的位置上通过扩散和离子植入进行掺杂，从而形成相应的电阻，这些电阻随之伸长和压缩。有时还在同一硅片上形成温度补偿电阻，与工作电阻一起接到电桥电路中，以补偿受温度影响而产生的阻值变化。图 3.54（e）

用于测量管道和容器的压力，其中硅微型传感器被置于油室中，被测压力经过一个钢弹性膜片传至内室中，由微型传感器来测试。

压阻式微型传感器还可用于测量加速度。

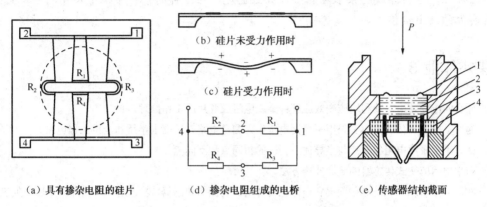

（a）具有掺杂电阻的硅片　　（d）掺杂电阻组成的电桥　　（e）传感器结构截面

1—钢膜片；　2—油室；　3—硅片；　4—电连接

图 3.54　压阻式微型压力传感器测试单元

（2）电容式微型压力传感器

电容式微型压力传感器由弹性敏感元件和电容变换器两部分组成，如图 3.55 所示。利用微机械加工工艺制作的圆形硅膜片，既是弹性敏感元件，又是电容变换器的可动极板。设圆形硅膜片的半径为 a，铝电极半径为 b，膜厚为 h，两极板初始间隙为 δ_0。

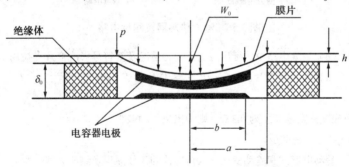

图 3.55　圆膜片电容式压力传感器示意图

零压力作用时，即 $p=0$，初始电容为

$$C_0 = \frac{\varepsilon_0 \pi b^2}{\delta_0} \tag{3.58}$$

膜片两侧压力差 $p \neq 0$ 时，膜片产生弯曲，膜片中心最大位移量为

$$W_0 = \frac{3a^4(1-\mu^2)}{16Eh^3}p \tag{3.59}$$

当 $W_0 \ll \delta_0$ 时，电容量为

$$C = C_0[1+(1-\frac{b^2}{a^2}+\frac{b^4}{3a^4})\frac{3a^4(1-\mu^2)}{16Eh^3\delta_0}p] \tag{3.60}$$

式（3.60）表明，电容量 C 与被测压力差 p 呈线性关系。

由微机械加工工艺制作的微米尺寸的电容变换器电容值很小，在压力作用下的变化更小，这时要采用集成电路工艺技术与微机械加工工艺技术，将信号调理电路与压敏电容变换器做在同一芯片上，连接导线的杂散电容小，并且稳定，在这样的条件下微小尺寸的电容变换器才具有实际的使用价值。

课外作业 3

1．什么叫应变效应？试利用应变效应解释金属电阻应变片的工作原理。

2．为什么应变片传感器大多采用不平衡电桥作为测量电路？试画出半桥和全桥工作电路。

3．试列举金属丝电阻应变片与半导体应变片的相同点和不同点。

4．列举电阻应变式传感器的温度补偿方法。

5．如图 3.56 所示为铝制等截面梁和电阻应变片构成的测力传感器，若选用特性相同的 4 片电阻应变片 $R_1 \sim R_4$，它们不受力时阻值均为 $120\,\Omega$，灵敏度 $K=2$，弹性模量 $E=0.7 \times 10^{11} \mathrm{N/m^2}$，求：

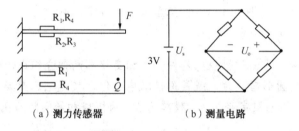

（a）测力传感器　　　　　（b）测量电路

图 3.56　测力传感器及测量电路

（1）在如图 3.56（b）测量电路中，标出应变片受力情况及其符号（应变片受拉用↑，受压用↓）。

（2）当作用力 $F=20\,\mathrm{N}$ 时，应变片 $\varepsilon=3.8 \times 10^{-5}$；若作用力 $F=80\mathrm{N}$ 时，ε 为多少？电阻应变片 R_1、R_2、R_3、R_4 为何值？

（3）若每个电阻应变片阻值变化为 $0.3\,\Omega$，则输出电压为多少？（$R_\mathrm{L}=\infty$）

（4）在 Q 点的作用力 F 是多少？

6．基本电感式、差动电感式和差动变压器式传感器的工作原理及结构有何区别？

7．什么是压电效应？什么是逆压电效应？压电传感器主要可用于测量哪些物理量？

8．常用的压电材料有哪些种类？试比较石英晶体和压电陶瓷的压电效应。

9．压电晶片有哪几种连接方式？各有什么特点？分别适用于什么场合？

10．想一想在你的生活中，是否有压电传感器的应用实例？

项目 **4**

流 量 测 量

知识目标

掌握差压式流量计的结构、流量方程和安装测试特点

掌握电磁流量计的特点与使用

掌握超声波流量计的特点与使用

掌握其他流量计的特点与使用

了解质量流量计和皮托管流量计

技能目标

能够根据不同的介质、不同的环境、不同的测量条件选择适合的流量计和安装方式

任务 1 差压式流量计测流量

知识链接
ZHISHILIANJIE

在工业生产过程中，为了指导工艺操作，提高产品质量，降低生产成本和经济核算，控制污气污水的排放以保护环境，监视设备运行，实现自动化生产，就必须使用流量传感器对管道中的各种流体进行测量。其中，差压式流量计在工业领域流量测量方面应用非常广泛，它的使用量大概占全部流量仪表的 60%～70%。

4.1.1 流量及其测量方法

1. 流量

液体和气体统称为流体。流量是指单位时间内流过管道横截面的流体的体积或质量。前

者称为体积流量，后者称为质量流量。体积流量用 q_v 表示，常用单位有 m³/s（立方米每秒）、m³/h（立方米每小时）、l/h（升每小时）等；质量流量用 q_m 表示，常用单位有 kg/s（千克每秒）、kg/h（千克每小时）、t/h（吨每小时）等。

设流体的密度为 ρ，质量流量与体积流量之间的关系为

$$q_m = q_v\rho \quad 或 \quad q_v = \frac{q_m}{\rho} \tag{4.1}$$

当流体通过管道横截面各处的流速相等时，体积流量 q_v 还可以用式（4.2）计算

$$q_v = vA \tag{4.2}$$

式中，A 为管道的横截面积；v 为流体流速。实际上，流体在管道中流动时，同一截面上各处的速度并不相等，所以流速实际是平均流速。

由于流体的密度受流体工作状态的影响，所以使用体积流量时，必须同时给出流体的压力和温度。对于液体，由于压力的变化对其密度影响较小，一般可以忽略不计，只考虑温度对密度的影响；而气体的密度受温度、压力的影响均较大，经常需要将在工作状态下测得的体积流量换算成标准状态下（温度为 20℃、压力为 1.0132×10^5 Pa）的体积流量，用符号 q_{VN} 表示，单位为 m³/s（立方米每秒）。

累计流量是指一段时间内流体的总流量，即瞬时流量对时间的累积。总流量的单位常用 m³ 或 kg 表示。在一些贸易往来、成本核算中更多的是使用累计流量。

2. 流量检测中常用的物理量

在流量检测和计算中，经常要使用一些反映流体属性的物理量（物性参数），这里简单介绍一些物性参数的基本概念和公式。

（1）密度 ρ。表示单位体积中物质的量，其数学表达式为

$$\rho = \frac{m}{V} \tag{4.3}$$

式中，m 为物体的质量，V 为物体的体积。密度 ρ 的国际单位是 kg/m³（千克每立方米），有时也用 g/cm³（克每立方厘米）。实际使用时，流体密度 ρ 可查有关图表或计算得到。

各物质的密度并不是一成不变的，而是与它的物理状态有关。对于液体，在常温常压下，压力变化对其容积影响甚微，所以工程上通常将液体视为不可压缩流体，即可不考虑压力变化对液体密度的影响，而只考虑温度对其密度的影响。对于气体，温度、压力对单位质量气体的体积影响很大，因此在表示气体密度时，必须指明气体的工作状态，即温度和压力。

（2）黏度。表征流体流动时内摩擦黏滞力大小的物理量，有动力黏度和运动黏度。

流体介质黏性的大小用动力黏度（又叫黏滞系数）η 表示，单位为 Pa·s（帕斯卡秒）或 N·s/m²（牛顿秒每平方米）；运动黏度 v 的单位为 m²/s（平方米每秒）。两者之间的关系为 $v = \eta/\rho$。

流体介质的黏度随流体温度和压力的变化而变化。液体的动力黏度主要与温度有关，而气体的黏度与压力、温度的关系十分密切。通常温度上升时，液体的黏度下降，而气体的黏度却上升。

流体的黏度对流量的测量影响很大，主要表现为阻力对流动的影响。在考虑黏度对流体的影响时，采用雷诺数 Re 这一特征数作为流动情况的判据。

（3）雷诺数 Re。表征流体情况的特征数，具体讲是流体惯性力与黏性力之比的无量纲数，计算公式为

$$Re = \frac{Dv\rho}{\eta} = \frac{Dv}{v} \tag{4.4}$$

式中，D 为管径，v 为流速，ρ 为流体密度，η 为动力黏度，v 为运动黏度。

流体处于层流状态时，黏性力占主要地位；而湍流状态时，惯性力是主要的。由层流过渡到湍流的雷诺数，称为临界雷诺数。大量试验表明，临界雷诺数不是一个固定的常数，它依赖于进行试验的外部条件，如流体在进口时的扰动大小、圆管进口的形状及管壁的粗糙度等。圆形管道的临界雷诺数在 2000～2600 的范围内。

（4）温度体积膨胀系数。当流体的温度升高时，流体所占有的体积将会增加。温度体积膨胀系数是指流体温度每变化 1℃时其体积的相对变化率。

（5）压缩系数。当作用在流体上的压力增加时，流体所占有的体积将会缩小。压缩系数是指当流体温度不变，所受压力变化时其体积的变化率。

3. 流量测量方法

由于流量检测条件的多样性和复杂性，流量检测的方法非常多，目前尚没有统一的分类方法。按测量原理将流量测量方法分为节流差压法、容积法、速度法和质量流量测量法。

（1）容积法。工作原理较简单，精确度较高，适用于测量高黏度、低雷诺数的流体，但不适于高温、高压和脏污介质的流量测量。这类流量计包括椭圆齿轮流量计、腰轮（罗茨式）流量计、刮板式流量计、活塞式流量计等。

（2）节流差压法。流体流经安装在管道中的节流件时，在节流件前后产生静压差，而静压差的大小与流过管道的流体流量有一定的函数关系，因此通过测量节流件前后的压差即可求得流量。

（3）速度法。对于给定的管道，被测流量仅与流体流速大小有关，通过测量流体的流速即可求得流量值。包括电磁式、超声波式、涡轮式、动压管式、转子式、靶式、旋涡式等流量计。

（4）质量流量测量法。分为直接式、间接式和温压补偿式三种。直接式质量流量测量是直接利用热、差压或动量来检测。间接式和温压补偿式质量流量测量是在直接测出体积流量的同时，再测出被测流体的密度或压力、温度等参数求出流体的密度，进而计算出流体的质量流量。

4.1.2　差压式流量计

差压式流量计（Differential pressure flowmeter）又叫节流式流量计，它是利用流体流经节流装置时产生压力差的原理来实现流量测量的。

差压式流量计主要由节流装置和差压计（或差压变送器）组成，如图 4.1 所示。节流装置的作用是把被测流体的流量转换成差压信号；差压计则用于测量节流元件前后的静压差并显示测量值；差压变送器能把差压信号转换为与流量对应的标准电信号或气压信号，以供显示、记录或控制用。另外，还有传输差压信号的信号管路。

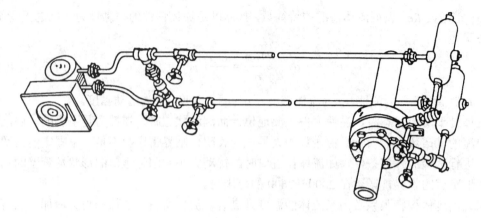

图 4.1　差压式流量计的组成

1．测量原理与流量方程

当连续流动的流体遇到安装在管道中的节流装置时，由于流体流通面积突然缩小而形成流束收缩，导致流体速度加快；在挤过节流孔后，流速又由于流通面积变大和流束扩大而降低。由能量守恒定律可知，动压能和静压能在一定条件下可以互相转换，流速加快必然导致静压力降低，于是在节流件前后产生静压差 $\Delta p = p_1 - p_2$，且 $p_1 > p_2$，此即节流现象。静压差的大小与流过的流体流量之间有一定的函数关系，因此通过测量节流件前后的静压差即可求得流量。

体积流量基本方程式

$$q_v = a\varepsilon F_0 \sqrt{\frac{2}{\rho}\Delta p} = a\varepsilon F_0 \sqrt{\frac{2}{\rho}(p_1 - p_2)} \tag{4.5}$$

质量流量基本方程式

$$q_m = a\varepsilon F_0 \sqrt{2\rho\Delta p} = a\varepsilon F_0 \sqrt{2\rho(p_1 - p_2)} \tag{4.6}$$

式（4.5）、式（4.6）中各参数的意义和单位规定如下：

q_v 为体积流量，m^3/s；q_m 为质量流量，kg/s。

a 为流量系数，可由实验确定。通常根据节流件形式、管道情况、雷诺数、流体性质、取压方式等查表得到。

ε 为流体膨胀的校正系数，通常在 0.9～1.0 之间。不可压缩流体时 $\varepsilon = 1$；可压缩性流体时 $\varepsilon < 1$。

F_0 为节流件开孔面积，m^2。当已知节流件开孔直径 d（m）时，$F_0 = \frac{\pi}{4}d^2$。

ρ 为流体密度，kg/m^3。

$\Delta p = p_1 - p_2$，为节流件前后的压力差，Pa。

流体方程式表明，可以通过测量节流件前后的压差来测量流量。流体流量与节流件前后的压力差是非线性的平方根关系，如果压差降到原压差的 1/9，则流量将减小到原流量值的 1/3。这样对于一个压差上限固定的差压变送器来说，测量精确度就会下降。这就是差压式流量计的量程比一般为 3:1、最大为 4:1 的基本原因。

2．标准节流装置

在对节流装置进行了大量研究后，对一些节流件和取压装置进行了标准化，即标准节流装置。标准节流装置由标准节流件、标准取压装置、上下游侧阻力件及它们之间的直管段组成，如图 4.2 所示。对于标准节流装置，只要严格按照规定的技术要求设计、加工、安装和使用，不必经过标定，流量测量的精确度就能得到保证。

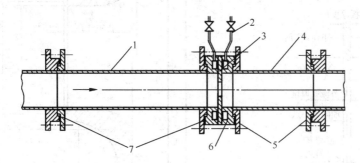

1—上游直管段；2—导压管；3—孔板；4—下游直管段；5、7—连接法兰；6—取压环室

图 4.2　标准节流装置

（1）标准节流件

依据国际标准化组织（ISO）的 ISO 5167 标准，我国于 1993 年颁布了流量测量节流装置的国家标准 GB/T2624—1993，主要规定了标准孔板、标准喷嘴、长径喷嘴和文丘里管等。

① 标准孔板。标准孔板是一块中间带圆孔的金属圆板，由圆柱形的流入面和圆锥形的流出面所构成，圆形开孔与管道轴线同心，两面平整且平行，开孔边缘非常锐利，且圆筒形柱面与孔板上游侧端面垂直。用于不同管道内径和各种取压方式的标准孔板，其几何形状都是相似的，如图 4.3 所示，其中所标注的尺寸可参阅相关标准规定。标准孔板的开孔直径 d 是一个很重要的参数，在任何情况下，孔径 d 不小于 12.5 mm，它不小于均匀分布的 4 个单测值的算术平均值，而任意单测值与平均值之差不得超过 ±0.05%d。

② 标准喷嘴。如图 4.4 所示，标准喷嘴的型线由 5 部分组成，即进口端面 A、第一圆弧曲面 c_1、第二圆弧曲面 c_2、圆筒形喉部 e 和圆筒形喉部的出口边缘保护槽 H。具体参数请参阅国标规定。

（2）标准取压装置

取压方式是指取压口位置和取压口结构。不同的取压方式，即取压口在节流件前后的位置不同，取出的差压值也不同。标准节流装置对每种节流元件的取压方式都有明确规定。标准孔板通常采用两种取压方式，即角接取压和法兰取压，如图 4.5 所示为标准孔板的取压方式示意图。标准喷嘴仅采用角接取压方式，其结构形式同标准孔板角接取压结构形式。

① 角接取压。孔板上、下游侧取压孔位于上、下游孔板前后端面处，取压口轴线与孔板各相应端面之间的间距等于取压口直径的一半或取压口环隙宽度的一半。

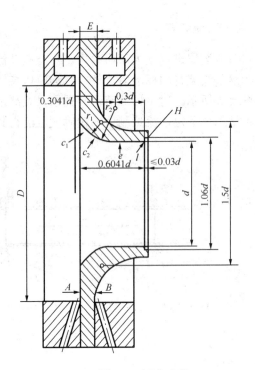

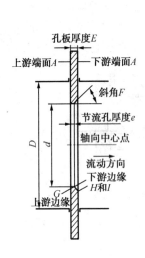

图 4.3　标准孔板

图 4.4　标准喷嘴

角接取压又分为环室取压和夹紧环（单独钻孔）取压两种。图 4.5（a）中上半部分采用环室取压，下半部分采用单独钻孔取压。

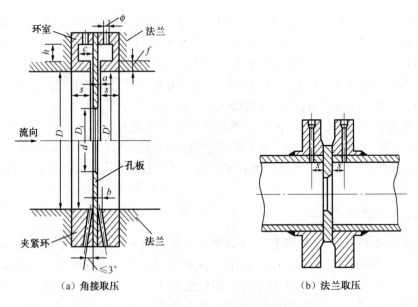

（a）角接取压

（b）法兰取压

图 4.5　标准孔板的取压方式

环室取压的前后两个环室在节流件两边，环室夹在法兰之间，法兰和环室、环室与节流件之间放有垫片并夹紧。节流件前后的压力是从前后环室和节流件前后端面之间所形成的连续环隙或等角距配置的不小于 4 个的断续环隙中取得的。采用环室取压的特点是压力取出口面积比较大，可以取出节流件前后的均衡压差，提高测量精确度，但加工制造和安装均要求较高，否则测量精度难以保证。

单独钻孔取压是在孔板的夹紧环上打孔，流体上下游压力分别从前后两个夹紧环取出。现场使用时加工、安装方便，特别是对大口径管道常采用单独钻孔取压方式。

角接取压标准孔板的适用范围为管径 D 为 50～1000 mm，直径比 $\beta=d/D$ 为 0.220～0.800，雷诺数 Re 为 5.00×10^3～10^7。国家标准推荐使用的最小雷诺数 Re_{min} 列于表 4.1 中。

② 法兰取压。如图 4.5（b）所示，标准孔板被夹持在两块特制的法兰中间，其间加两片垫片，上下游侧取压孔的轴线距孔板前后端面分别为（25.4±0.8）mm。

法兰取压标准孔板可用于管径 D 为 50～750 mm、直径比 β 为 0.100～0.750、雷诺数 Re 为 2×10^3～10^7 的范围。国家标准推荐使用的最小雷诺数 Re_{min} 列于表 4.2 中。

表 4.1 角接取压标准孔板适用的最小雷诺数推荐值

β	Re_{min}	β	Re_{min}	β	Re_{min}	β	Re_{min}
0.220	5.00×10^3	0.375	2.00×10^4	0.525	3.75×10^4	0.675	8.21×10^4
0.250	8.00×10^3	0.400	2.00×10^4	0.550	4.27×10^4	0.700	9.48×10^4
0.275	9.00×10^3	0.425	2.13×10^4	0.575	4.85×10^4	0.725	1.11×10^5
0.300	1.30×10^4	0.450	2.49×10^4	0.600	5.51×10^4	0.750	1.32×10^5
0.325	1.70×10^4	0.475	2.87×10^4	0.625	6.27×10^4	0.775	1.59×10^5
0.350	1.90×10^4	0.500	3.29×10^4	0.650	7.16×10^4	0.800	1.98×10^5

表 4.2 法兰取压标准孔板适用的最小雷诺数推荐值

β	D (mm)															
	50		75		100		150		200		250		375		750	
	min	max	min	max	min	max	min	max	min	max	min	max	min	max	min	max
0.100	8 000	10^6	12 000	10^6	16 000	10^6	24 000	10^7	32 000	10^7	40 000	10^7	60 000	10^7	120 000	10^7
0.150	8 000	10^6	12 000	10^6	16 000	10^6	24 000	10^7	32 000	10^7	40 000	10^7	60 000	10^7	120 000	10^7
0.200	8 000	10^6	12 000	10^6	16 000	10^6	24 000	10^6	32 000	10^7	40 000	10^7	60 000	10^7	120 000	10^7
0.250	8 000	10^6	12 000	10^6	16 000	10^6	24 000	10^7	32 000	10^7	40 000	10^7	60 000	10^7	120 000	10^7
0.300	8 000	10^6	12 000	10^6	16 000	10^6	24 000	10^6	32 000	10^7	40 000	10^7	60 000	10^7	120 000	10^7
0.350	8 000	10^6	12 000	10^6	16 000	10^6	24 000	10^6	32 000	10^7	40 000	10^7	60 000	10^7	120 000	10^7
0.400	8 000	10^6	12 000	10^6	16 000	10^6	30 000	10^7	40 000	10^7	40 000	10^7	60 000	10^7	120 000	10^7
0.450	8 000	10^6	15 000	10^6	20 000	10^6	30 000	10^7	50 000	10^7	40 000	10^7	75 000	10^7	150 000	10^7
0.500	8 000	10^6	20 000	10^6	30 000	10^6	50 000	10^7	75 000	10^7	75 000	10^7	100 000	10^7	200 000	10^7
0.550	10 000	10^6	20 000	10^6	30 000	10^6	50 000	10^7	75 000	10^7	75 000	10^7	100 000	10^7	200 000	10^7
0.600	20 000	10^6	30 000	10^6	40 000	10^6	50 000	10^7	75 000	10^7	100 000	10^7	200 000	10^7	300 000	10^7
0.625	20 000	10^6	30 000	10^6	40 000	10^6	100 000	10^7	100 000	10^7	100 000	10^7	200 000	10^7	300 000	10^7
0.650	30 000	10^6	30 000	10^6	50 000	10^6	100 000	10^7	100 000	10^7	100 000	10^7	200 000	10^7	300 000	10^7

β	D（mm）															
	50		75		100		150		200		250		375		750	
	min	max	min	max	min	max	min	max	min	max	min	max	min	max	min	max
0.675	30 000	10^6	40 000	10^6	50 000	10^6	100 000	10^7	100 000	10^7	100 000	10^7	200 000	10^7	300 000	10^7
0.700	50 000	10^6	40 000	10^6	50 000	10^6	100 000	10^7	100 000	10^7	200 000	10^7	200 000	10^7	400 000	10^7
0.725			40 000	10^6	50 000	10^6	100 000	10^7	100 000	10^7	200 000	10^7	500 000	10^7	400 000	10^7
0.750			40 000	10^6	50 000	10^6	100 000	10^7	500 000	10^7	200 000	10^7	500 000	10^7	400 000	10^7

3．标准节流装置的使用条件与管道条件

标准节流装置的流量系数都是在一定条件下取得的，因此除对节流件、取压方式有严格的规定外，对管道及其安装和使用条件也有明确规定。

（1）使用条件

① 被测流体应充满圆管并连续地流动。

② 管道内的流束（流动状态）是稳定的，测量时流体流量不随时间变化或变化非常缓慢。

③ 流体必须是牛顿流体，在物理学和热力学上是单相的、均匀的，或者可认为是单相的，且流体流经节流件时不发生相变。

④ 流体在进入节流件之前，其流束必须与管道轴线平行，不得有旋转流。

⑤ 标准节流装置不适用于脉动流和临界流的流量测量。

（2）管道条件

① 安装节流装置的管道应该是直的圆形管道，管道直度用目测法测量。上下游直管段的圆度按流量测量节流装置的国家标准规定进行检验，管道的圆度要求是在节流件上游至少 $2D$（实际测量）长度范围内，管道应是圆的。在离节流件上游端面至少 $2D$ 范围内的下游直管段上，管道内径与节流件上游的管道平均直径 D 相比，其偏差应在±3%之内。

② 管道内表面上不能有凸出物和明显的粗糙不平现象，至少在节流件上游 $10D$ 和下游 $4D$ 的范围内应清洁、无积垢和其他杂质，并满足有关粗糙度的规定。

③ 节流件前后应有足够长的直管段，在不同局部阻力情况下所需要的最小直管段长度如表 4.3 所示。

表 4.3　节流件上、下游侧的最小直管段长度

β	节流件上游侧局部阻力件形式和最小直管段长度 l_1						节流件下游侧最小直管段长度 l_2（左面局部阻力件形式）
	一个 90° 弯头或只有一个支管流动的三通	在同一平面内有多个 90° 弯头	空间弯头（在不同平面内有多个 90° 弯头）	异径管（大变小 $3D→2D$，长度≥ $3D$；小变大 1/2D →D，长度≥1/2D）	全开截止阀	全开闸阀	
≤0.20	10（6）	14（7）	34（17）	16（8）	18（9）	12（6）	4（2）
0.25	10（6）	14（7）	34（17）	16（8）	18（9）	12（6）	4（2）

β	节流件上游侧局部阻力件形式和最小直管段长度 l_1						节流件下游侧最小直管段长度 l_2（左面局部阻力件形式）
	一个 90° 弯头或只有一个支管流动的三通	在同一平面内有多个 90° 弯头	空间弯头（在不同平面内有多个 90° 弯头）	异径管（大变小 3D→2D，长度≥3D；小变大 1/2D→D，长度≥1/2D）	全开截止阀	全开闸阀	
0.30	10（6）	16（8）	34（17）	16（8）	18（9）	12（6）	5（2.5）
0.35	12（6）	16（8）	36（18）	16（8）	18（9）	12（6）	5（2.5）
0.40	14（7）	18（9）	36（18）	16（8）	20（10）	12（6）	6（3）
0.45	14（7）	18（9）	38（19）	18（9）	20（10）	12（6）	6（3）
0.50	14（7）	20（10）	40（20）	20（10）	22（11）	12（6）	6（3）
0.55	16（8）	22（11）	44（22）	20（10）	24（12）	14（7）	6（3）
0.60	18（9）	26（13）	48（24）	22（11）	26（13）	14（7）	7（3.5）
0.65	22（11）	32（16）	54（27）	24（12）	28（14）	16（8）	7（3.5）
0.70	28（14）	36（18）	62（31）	26（13）	32（16）	20（10）	7（3.5）
0.75	36（18）	42（21）	70（35）	28（14）	36（18）	24（12）	8（4）
0.80	46（23）	50（25）	80（40）	30（15）	44（22）	30（15）	8（4）

在工业生产中的少数特殊场合，由于条件限制而不能满足标准节流装置要求的条件时，需要采用一些非标准型节流装置即特殊节流装置，如 1/4 圆喷嘴、双重孔板、圆缺孔板等，可以用于测量小流量、低流速、大黏度和脏污介质的流体流量，相关数据可查找有关资料。

4.1.3 差压计

节流装置前后的压差是通过各种差压计或差压变送器测量的。工业上常用的差压计很多，例如双波纹管差压计、膜片式差压计、电动差压变送器、气动差压变送器等。

1. 双波纹管差压计

双波纹管差压计（Double bellows differential manometer）是由测量部分和显示部分构成的基地式仪表，主要包括两个波纹管、量程弹簧、扭力管及外壳等部分，其结构原理图如图 4.6 所示。

当被测流体流经节流装置时，节流元件前、后的压力分别经导压管引入差压计的高、低压室，由于作用在高、低压波纹管上的差压 $\Delta p = p_1 - p_2 > 0$，于是产生向右方向的测量力，高压波纹管被压缩，内部填充的不可压缩液体由于受压，通过中心基座上阻尼阀周围的间隙流向低压波纹管，于是连接轴自左向右位移，一方面使量程弹簧拉伸，另一方面通过推板推动摆杆，从而带动扭管逆时针转动 α 角度，直至量程弹簧和扭管在推板上产生一反作用力与测量力平衡为止，与差压 Δp 成正比的扭管转角 α 则通过主动杆传给显示部分指示差压值。

2. 膜片式差压计

膜片式差压计（Diaphragm type differential pressure gauge）由差压变送器和显示仪表两部分组成，如图 4.7 所示。差压变送器主要由差压测量室（高压室和低压室）、三通阀和差动变压器构成，显示仪表可装在远离生产现场的控制室内，进行流量的指示和记录等。

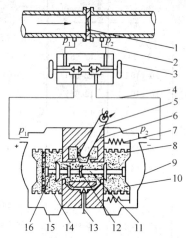

1—节流装置；2、4—导压管；3—阀；5—扭管；6—中心基座；7—量程弹簧；8—低压波纹管；9—低压外壳；10—填充液；11—摆杆；12—推板；13—阻尼阀；14—高压波纹管；15—高压外壳；16—连接轴

图 4.6 双波纹管差压计结构原理图

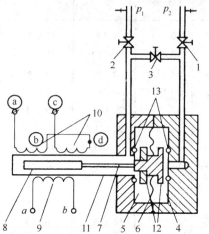

1—高压端切断阀；2—低压端切断阀；3—平衡阀；4—高压室；5—低压室；6—膜片；7—非磁性杆；8—铁芯；9、10—差动变压器的初级和次级线圈；11—非磁性材料的密封套管；12—保护用挡板阀；13—保护用密封环

图 4.7 膜片式差压计结构原理图

当节流元件前、后的压力分别引入高、低压室后，膜片在差压作用下产生位移，通过连杆使差动变压器的铁芯在线圈中移动，由于差动变压器的初级线圈与次级线圈的耦合程度随铁芯位置的变动而变化，因此这时次级线圈 a、b 间电压 U_{ab} 大于 c、d 间电压 U_{cd}，于是总输出电压 $U_{ac} = U_{ab} - U_{cd} > 0$，并且与被测差压成正比关系。

任务与实施
REN WU YU SHI SHI

【任务】 差压式流量计在工业领域流量测量方面应用非常广泛，它的使用量大概占全部流量仪表的 60%～70%。当被测介质不同时，在安装方面应注意哪些问题？差压式流量测量元件应如何校验？如何减小测量误差？

【实施方案】 差压式流量计主要由节流装置、传送差压信号的引压管路及差压计组成。各部分是否可靠正确地安装，将直接影响测量精确度，因此必须十分重视安装工作。

1. 节流装置的安装

① 孔板的圆柱形锐孔和喷嘴的喇叭形曲面部分应对着流体的流向。

② 根据不同的被测介质，节流装置取压口的方位应在所规定的范围内，如图 4.8 所示箭头所指的范围。

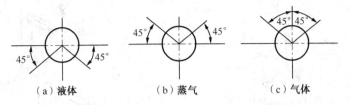

（a）液体　　　　　　（b）蒸气　　　　　　（c）气体

图 4.8　测量不同介质时取压口方位规定示意图

③ 必须保证节流件中心与管道同心，其端面与管道轴线垂直。节流件上、下游必须配有足够长度的直管段。

④ 在靠近节流装置的引压导管上，必须安装切断阀。

2．引压导管的安装

① 引压导管是直径为 10～12 mm 的铜、铝或钢管，依据尽量按最短距离敷设的原则，长度在 3～50 m 之间。管线弯曲处应是均匀的圆角，曲率半径应大于管外径的 10 倍。

② 引压导管尽可能垂直安装，以避免管路中积聚气体和水分；必须水平安装时，倾斜度不小于 1:10；应加装气体、凝液、微粒的收集器和沉降器，并定期排除。

③ 全部引压导管应保证密闭，无渗漏，注意保温、防冻及防热。

④ 引压管路上应安装必要的切断、冲洗、排污阀等；测量蒸气或腐蚀性介质时，应加装冷凝器或充有中性隔离液的隔离罐。

3．差压计的安装

安装差压计时，要注意其使用时规定的工作条件与现场周围条件（如温度、湿度、腐蚀性、震动等）是否相吻合，若差别明显则应考虑采取预防措施或更改安装地点。

差压式流量计结构简单、制造方便、工作可靠、使用寿命较长、适应性强、价格较低，几乎可以测量各种工况下的介质的流量，应用非常普遍。但也存在测量精度偏低、现场安装要求高、压力损失大、测量范围窄等缺点。

4．不同被测介质的流量测量

（1）液体流量的测量

建议将差压计装在节流装置的下方，防止液体中的气体积存在引压管路内，如图 4.9（a）所示。如果差压计必须装在上方，应注意从节流装置引出的导压管先向下面而后再弯向上面，以便形成 U 形液封，如图 4.9（b）所示。测量黏性大、腐蚀性强或易燃的液体时，应在靠近差压计侧的引压管路上分别安装一个充有隔离液的隔离罐，差压计同时充灌隔离液，以保护差压计。

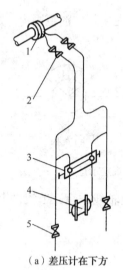

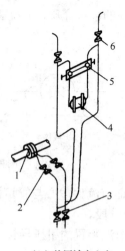

（a）差压计在下方　　　　　　　　　　　（b）差压计在上方

1—节流装置；2—导压阀；3—三阀组；　　　1—节流装置；2—导压阀；3—排污阀；

4—差压计；5—排放阀　　　　　　　　　　4—差压计；5—三阀组；6—排气阀

图 4.9　测量液体时差压流量计安装示意图

（2）气体流量的测量

建议将差压计装在节流装置的上方，如图 4.10（a）所示，防止液体污物和灰尘等进入导压管；必须装在下方时，在最低处应加装沉降器，如图 4.10（b）所示。

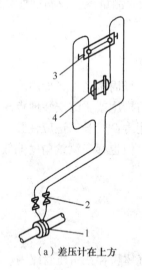

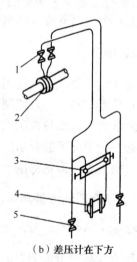

（a）差压计在上方　　　　　　　　　　　（b）差压计在下方

1—节流装置；2—导压阀；3—三阀组；　　　1—导压阀；2—节流装置；3—三阀组；

4—差压计　　　　　　　　　　　　　　　4—差压计；5—排放阀

图 4.10　测量气体时差压流量计安装示意图

（3）蒸气流量的测量

方案与测量液体时大体相同，不同的是在靠近节流装置截止阀后面的导压管路上，应分别装设冷凝器，以保持两根引压管内的冷凝液柱高度相等，并防止高温蒸气与差压计直接接触，如图 4.11 所示。

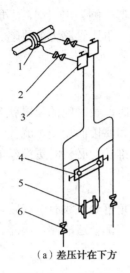 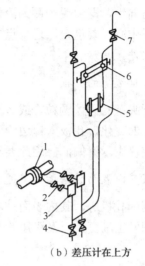

（a）差压计在下方　　　　　　　　　　（b）差压计在上方

1—节流装置；2—导压阀；3—冷凝器；　　　1—节流装置；2—导压阀；3—冷凝器；4—排污阀；

4—三阀组；5—差压计；6—排放阀　　　　　5—差压计；6—三阀组；7—排气阀

图 4.11　测量蒸气时差压流量计安装示意图

5. 差压式流量测量元件应如何校验

将变送器按要求接好电源和电流表，选择合适的台式标准压力表，把变送器的正压测量室装上一个接头与标准台式压力表的输出端连接，负压室通大气。用一微型气泵打压，气泵的输出与标准台式压力表的输入端连接，打压检查无泄漏后开始校验。当无输出压力时，变送器输出为 4 mA，否则应调整零位；当输出为测量上限时，变送器输出为 20 mA，否则应调整量程。降压至零观察输出是否为 4 mA，不是应调整；然后升压至上限观察输出是否为 20 mA，不是应调整。反复升降直至零位和量程合适。调整好零位和量程后，再按变送器的输出 4 mA、8 mA、12 mA、16 mA、20 mA 逐点校验。每检定一点，都应该把标准表对准实际差压值，读取电流表的输出，然后再从 20 mA、16 mA、12 mA、8 mA、4 mA 降压逐点检定一次。每点上升和下降时的读数之差为变差，校验完后按要求填写校验报告。

其他流量测量元件需使用特殊校验仪器和校验室校验。

6. 差压式流量计使用中的测量误差

实际应用中，差压式流量计的测量误差往往超过 2%，甚至达到 10% 左右。因此使用时不仅需要合理选型、准确的设计计算和加工制造，更要注意进行正确安装、维护和符合使用条件，才能保证差压式流量计有足够的测量精度。

（1）被测流体工作状态的变动

被测流体的工作状态是指其温度、压力、湿度、密度、黏度等参数，而节流件开孔尺寸等参数是根据流体的工作状态预先设计计算的，因此当流体的实际工作状态发生变化后，需要按照有关公式进行修正。

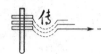
（2）节流装置安装不正确

孔板具有方向性，即尖锐一侧为流体入口端，喇叭形一侧为出口端，不能装反。孔板开孔中心线与管道中心线要重合，这一点非常关键。另外，引压管路上的缺陷、突出的垫片等也会引起测量误差。

（3）孔板入口边缘的磨损

当被测介质夹杂有固体颗粒，或者流体具有腐蚀性时，长时间的使用就会引起节流装置几何形状和尺寸的变化，孔板入口边缘受到冲击、磨损和腐蚀而变钝，流体经过时所产生的差压将变小，使仪表示值偏低。因此要经常进行检查和维护，必要时更换新的孔板。

（4）节流装置内表面的结垢和流通面积的变化

长时间使用的孔板等，其内表面结垢和节流件前后角落处沉积有沉淀物，或者管道被腐蚀引起流通面积发生渐变，以及引压管路的泄漏和脏污，都会造成测量误差。

任务 2　容积式流量计测流量

知识链接

容积法测流量具有悠久的历史，其工作原理与日常生活中用容器计量体积的方法类似，是根据一定时间内排出的体积确定流体的体积流量或总流量。常见的有椭圆齿轮流量计、腰轮（罗茨式）流量计、刮板式流量计、活塞式流量计、湿式流量计及皮囊式流量计，其中腰轮（罗茨式）、湿式及皮囊式流量计可以测量气体流量。

4.2.1　椭圆齿轮流量计

椭圆齿轮流量计（Oval wheel flowmeter）的工作原理图如图 4.12 所示，传感器的活动壁是一对互相啮合的椭圆齿轮，它们在被测流体压差的推动下产生旋转运动。图 4.12（a）所示为流体从入口侧流过时，入口侧压力 p_1 大于出口侧压力 p_2，齿轮 A 在流体的进出口差压作用下，顺时针旋转并将其与外壳之间的初月形容积内的介质排至出口，同时带动齿轮 B 做逆时针旋转。此时齿轮 A 是主动轮，齿轮 B 是从动轮。在图 4.12（b）所示位置时，由于两个齿轮同时受到进出口差压作用而产生转矩，使它们继续沿原来方向转动。在图 4.12（c）所示位置时，齿轮 B 是主动轮，带动齿轮 A 一起转动，同时又把齿轮 B 与外壳之间空腔内的介质排出。这样，两个齿轮交替或同时受差压作用并保持不断地旋转，被测介质以初月形空腔为单位一次又一次地经过椭圆齿轮被排至出口。显然，椭圆齿轮每转动一周，排出 4 个初月形体积的流量，所以体积流量 q_v 为

$$q_v=4nV_0 \tag{4.7}$$

式中，V_0 为初月形空腔的容积，n 为椭圆齿轮转动次数。只要测出齿轮的转速，就可知道累计总流量。

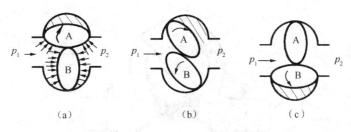

(a)　　　　　　　　(b)　　　　　　　　(c)

图 4.12　椭圆齿轮流量计的工作原理图

被测流量黏度越大，齿轮间的泄漏量越小，测量误差也越小，因此椭圆齿轮流量计特别适用于高黏度介质的流量测量，主要适用于油品的流量计量，有的也可用于气体测量。它的测量精确度高，一般可达 0.2～1 级。但要注意被测介质应清洁，其中不能含有固体颗粒，以免齿轮被卡死。

4.2.2　腰轮流量计

腰轮流量计（Roots flowmeter）又叫罗茨式流量计，其测量原理与椭圆齿轮流量计相同，区别仅在于它的运动部件是一对表面无齿而光滑的腰轮，如图 4.13 所示。两个腰轮的相互啮合是靠安装在壳体外与腰轮同轴的驱动齿轮实现的。

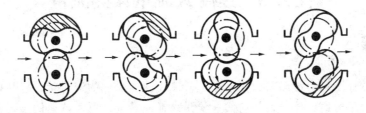

图 4.13　腰轮流量计的工作原理图

由于两个腰轮实现了无齿啮合，大大减小了轮间及轮与外壳间的泄漏，测量精度提高，可作为标准传感器使用。腰轮流量计不仅可测量液体介质，还可测量气体介质。

4.2.3　刮板式流量计

刮板式流量计（Silding vane rotary flowmeter）的运动部件是两对刮板，分为凸轮式和凹线式两种。如图 4.14 所示的凸轮式刮板式流量计的壳体内腔是圆形空筒，转子是一个空心圆筒，筒边开有相互成 90°角的 4 个槽，4 个刮板分别放置在槽中，并由在空间交叉互成 90°角的两根连杆连接，在每个刮板的一端有一小转子分别在一个固定的凸轮上滚动，刮板在与转子一起运动的过程中，始终按照凸轮外廓曲线形状从转子中时而伸出、时而缩进。计量空间是由相邻的两块刮板、壳体内壁和圆筒外壁所形成的空间。与椭圆齿轮流量计一样，转子每转动一周，便排出 4 个计量室容积的流体，只要测量转子的转动次数，就可得到通过流量计的流体总量。

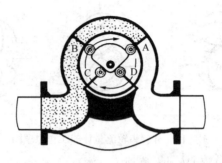

图 4.14　凸轮式刮板式流量计的工作原理图

容积式流量计测量精度高；测量范围较宽，典型的流量范围为 5:1～10:1，特殊的可达 30:1；安装方便，流量计前不需要直管段；一般不受流动状态的影响和雷诺数大小的限制；可测量高黏度、洁净单相流体的流量。但应注意，测量含有颗粒、脏污物的流体时，需在传感器前安装过滤器，以防止被卡或损坏。容积式流量计的缺点是机械结构较复杂，体积庞大笨重，测量过程中有时会产生较大噪声，甚至使管道产生震动，一般只适用于中小口径管道的流量测量。

任务 3　速度式流量计测流量

知识链接
ZHISHILIANJIE

> 速度式流量计是以直接测量封闭管道满管流流速为原理的流量计，包括电磁式、超声波式、涡轮式、动压管式、转子式、靶式、旋涡式等流量计。所测流速的准确性不仅与流量计本身的精度有关，还与其安装位置有关。理想的安装位置是其上、下游流体的流动状态为单相稳定流，且有一定长度的直管段。

4.3.1　电磁流量计

电磁流量计（Electromagnetic flowmeter）是根据法拉第电磁感应定律工作的，主要用于测量导电液体的体积流量，应用领域涉及工业、农业、医学等，在市场上的占有率仅次于差压式流量计。

1. 测量原理

电磁流量计由变送器和转换器两部分组成，被测流体的流量经变送器后变换成相应的感应电动势，再由转换器将感应电动势转换成标准的直流电信号，送至调节器或指示器进行控制或显示。

当导体在磁场中做切割磁力线的运动时，在导体两端便会产生感应电动势，其大小与磁场的磁感应强度、切割磁力线的导体有效长度及导体的运动速度成正比。当导电的流体介质在磁场中做切割磁力线流动时，如图 4.15 所示，也会在管道两边的电极上产生感应电动势，

其方向由右手定则确定，数值大小为

$$E=BDv \qquad (4.8)$$

式中，E 为感应电动势；B 为磁场的磁感应强度；D 为管道直径，即导电液体垂直切割磁力线的长度；v 为垂直于磁场方向流体的运动速度。

根据体积流量与流体速度间的关系式（4.2）及式（4.8），可知

$$q_V = v\frac{\pi D^2}{4} = \frac{\pi D}{4B}E = KE \qquad (4.9)$$

式中，K 为仪表常数，当管道直径确定并维持磁感应强度不变时，K 是一个常数，即流体的体积流量与感应电动势具有线性关系。

2. 结构

电磁流量计主要由测量管、励磁系统、电极、衬里、外壳及转换器等组成，其结构如图 4.16 所示。

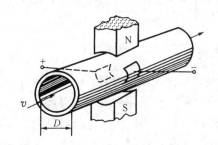

图 4.15　电磁流量计测量原理

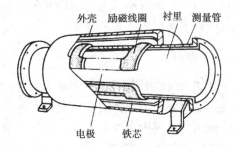

图 4.16　电磁流量计结构示意图

（1）测量管

一般选用不锈钢、玻璃钢、铝及其他高强度塑料等高阻抗、非磁性材料制成的直管段，内部衬有绝缘衬里。采用非导磁材料是为了使磁力线能进入被测介质，采用高阻抗材料减少了电涡流带来的损耗，内部衬有绝缘材料（绝缘衬里），可以防止流体中的电流被管壁短路。

（2）低频矩形波励磁

低频矩形波励磁是目前采用的主要励磁方式。在半个周期内磁场是一恒稳的直流磁场，从整个时间过程来看，矩形信号又是一个交变信号。低频矩形波励磁技术结合了直流与交流励磁方式的优点，具有功耗小、零点稳定、电极污染影响小、抗干扰能力强等优点，提高了电磁流量计的整体性能。

（3）电极

一般由非导磁的不锈钢材料制成，把被测介质切割磁力线所产生的感应电动势信号引出。电极安装在与磁场垂直的测量管两侧管壁的水平方向上，以防止沉淀物沉积在电极上而影响测量精确度，还要与衬里齐平，以使流体通过时不受阻碍。

（4）衬里

指在测量管内侧及法兰密封面上的一层完整的电绝缘耐腐蚀材料。绝缘衬里直接接触被

测介质，主要是增加测量导管的耐磨性和耐蚀性，防止感应电动势被金属测量导管管壁短路。常用的衬里材料有聚氨酯橡胶、陶瓷等。

（5）外壳

一般用铁磁材料制成，既起保护传感器的作用（励磁线圈的外罩），又起密封作用。

（6）转换器

将变送器产生的微弱感应电动势信号放大，转换成与被测介质体积流量成正比的标准电流、电压或频率信号输出，同时补偿或消除干扰的影响。

4.3.2 涡轮流量计

涡轮流量计（Turbine flowmeter）是以动量矩守恒原理为基础，利用置于流体中的涡轮的旋转速度与流体速度成比例的关系来反映通过管道的体积流量的。它在石油、化工、国防和计量等部门中获得了广泛的应用。

1．测量原理

如图 4.17 所示，流体经过导流体沿着管道的轴线方向冲击涡轮叶片，由于涡轮叶片与流体流向之间有一倾角，流体的冲击力对涡轮产生转动力矩，使涡轮克服轴承摩擦阻力、电磁阻力、流体黏性摩擦阻力等阻碍旋转的各种阻力矩开始旋转，当转动力矩与各种阻力矩相平衡时，涡轮恒速旋转。实践证明，在一定的流体介质黏度和一定的流量范围内，涡轮的旋转角速度与通过涡轮的流体流量成正比，通过测量涡轮的旋转角速度可以确定流体的体积流量。

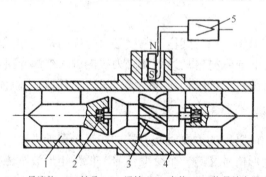

1—导流体；2—轴承；3—涡轮；4—壳体；5—信号放大器

图 4.17　涡轮流量计的工作原理图

涡轮旋转角速度一般是根据电磁感应原理，通过安装在传感器壳体外部的信号放大器来测量转换的。涡轮转动时，由磁性材料制成的螺旋形叶片轮流接近和离开固定在壳体上方的永久磁钢外部的磁电感应线圈，周期性地改变了感应线圈磁电回路的磁阻，使通过线圈的磁通量形成周期性的变化，从而产生与流量成正比的交流电脉冲信号。此脉冲信号经信号放大器进一步放大整形后，被送至显示仪表或计算机显示流体瞬时流量或总流量。

$$q_v = \frac{2\pi rA}{z\tan\beta} f = \frac{f}{K} \tag{4.10}$$

式中，r 为涡轮叶片的平均半径，z 为涡轮上的叶片数，β 为叶片对涡轮轴线的倾角，f 为磁电感应线圈输出的交流电脉冲信号的频率，K 为涡轮流量计的仪表系数。

在涡轮流量计的使用范围内，仪表系数 K 应为一常数，其数值由实验标定得到。但实际中，由于各种阻力矩的存在，K 并不严格保持常数，特别在流量很小的情况下，由于阻力矩的影响相对比较大，K 值也不稳定，所以涡轮流量计最好在量程上限 5% 以上的测量区域内使用。

2. 结构

涡轮流量计主要由涡轮及轴承、导流体、磁电转换装置、外壳和信号放大器等部分组成。

（1）涡轮

涡轮是传感器的测量部件，一般用高导磁性能的不锈钢材料制成。涡轮与壳体同轴，由支架中的轴承支承，叶轮心上装有螺旋形叶片，流体作用于叶片上时涡轮旋转，叶片数视口径大小而定。涡轮的几何形状及尺寸对传感器的性能有较大影响，应根据流体性质、流量范围和使用要求等设计。

（2）导流体

对流体起导向和整流作用，同时用于支承涡轮。安装在传感器进出口处，避免了流体由于自旋而改变流体对涡轮叶片的作用角度，保证了仪表的测量精度。

（3）磁电转换装置

一般采用变磁阻式，由永久磁钢、导磁棒（铁芯）、磁电感应线圈等组成。涡轮转动时，线圈上感应出脉动电信号。

（4）轴和轴承

轴和轴承组成一对运动副，支承和保证涡轮自由旋转。它必须有足够的刚度、强度、硬度、耐磨性及耐腐性等，对传感器的可靠性和使用寿命起决定作用。

（5）外壳

一般用非导磁材料制造，用以固定和保护内部各部件，并与流体管道相连。壳体外壁安装有信号放大器。

（6）信号放大器

将磁电转换装置输出的微弱脉动电信号进行放大和整形，然后输出幅值较大的电脉冲信号。

4.3.3　超声波流量计

超声波流量计（Ultrasonic flowmeter）是一种非接触式流量测量仪表，它是利用超声波在流体顺流方向与逆流方向中传播速度的差异来测量流量的。利用传播时间之差与被测流速之间的关系求取流体流量的方法叫作传播时间法。传播时间法又分为时差法、相位差法和频率差法。

1．时差法

在管道中安装两对声波传播方向相反的超声波换能器，如图4.18（a）所示。设声波在静止流体中的传播速度为c，流体流速为v，超声波发射器到接收器之间的距离为L。当声波的传播方向与流体的流动方向相同时，传播速度为$c+v$；当两者方向相反时，传播速度为$c-v$。因此，声波从超声波发射器T_1、T_2到接收器R_1、R_2所需要的时间分别为

$$t_1 = \frac{L}{c+v} \tag{4.11}$$

$$t_2 = \frac{L}{c-v} \tag{4.12}$$

两束波传播的时间差（考虑到$c \gg v$）为

$$\Delta t = t_2 - t_1 = \frac{2Lv}{c^2-v^2} \approx \frac{2Lv}{c^2} \tag{4.13}$$

于是流体的流速v为

$$v \approx \frac{c^2}{2L}\Delta t \tag{4.14}$$

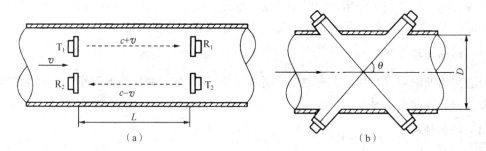

图4.18　时差法测量原理

当管道直径为D，超声波传播方向与管道轴线成θ角时，如图4.18（b）所示，声波从超声波发射器T_1、T_2到接收器R_1、R_2所需要的时间分别为

$$t_1 = \frac{D/\sin\theta}{c+v\cos\theta} \tag{4.15}$$

$$t_2 = \frac{D/\sin\theta}{c-v\cos\theta} \tag{4.16}$$

同理，流速v与时差Δt之间的关系为

$$v = \frac{c^2\tan\theta}{2D}\Delta t \tag{4.17}$$

流体的体积流量为

$$q_V = \frac{\pi D c^2 \tan\theta}{8}\Delta t \tag{4.18}$$

显然，当声速c已知时，只需测出时差Δt就可以求出流体的体积流量。但由于声速c受温度影响比较大，时间差Δt的数量级别又很小，一般小于$1\,\mu s$，所以超声波流量测量对电子线路要求较高，这给测量带来了困难。

2．相位差法

如果换能器发射连续的超声波脉冲或者周期较长的脉冲波列，则在顺流和逆流发射时所接收到的信号之间便要产生相位差$\Delta\varphi=\omega\Delta t$，代入式（4.17）可得流速$v$与相位差$\Delta\varphi$之间的关系为

$$v=\frac{c^2\tan\theta}{2D\omega}\Delta\varphi \tag{4.19}$$

式中，ω为超声波的角频率，测出相位差即可知道流体流速和流量大小。

与时差法相比，这种测量方法避免了测量微小时差Δt，取而代之的是测量数值相对较大的相位差$\Delta\varphi$，有利于提高测量精确度。但由于流速仍与声速c有关，因此无法克服声速受温度影响而造成的测量误差。

3．频率差法

它是通过测量顺流和逆流时超声波脉冲的重复频率来测量流量的。超声波发射器向被测介质发射一个超声波脉冲，经过流体后由接收换能器接收此信号，进行放大后再送到发射换能器产生第二个脉冲。这样，顺流和逆流时脉冲信号的循环频率分别为

$$f_1=\frac{c+v\cos\theta}{D/\sin\theta} \tag{4.20}$$

$$f_2=\frac{c-v\cos\theta}{D/\sin\theta} \tag{4.21}$$

则频率差为

$$\Delta f=f_1-f_2=\frac{\sin 2\theta}{D}v \tag{4.22}$$

由此可得流体的体积流量为

$$q_V=\frac{\pi D^2}{4}v=\frac{\pi D^3}{4\sin 2\theta}\Delta f \tag{4.23}$$

因此，只需测出频率差Δf，就可求出流体流量。在式（4.23）中没有包括声速c，即使超声波换能器斜置在管壁外部，声速变化所产生的误差影响也是很小的。所以，目前的超声波流量计多采用频率差法。

超声波除用来测量流量外，在很多场合还可以测量液位、物位或进行超声波探伤。

4.3.4　流体振动式流量计

振动式流量计是一种新型的流量计，它是利用流体振动原理测量流量的，即在特定的流动条件下，一部分流体动能转化为流体振动，其振动频率与流速（流量）成一定比例关系。目前已经应用的有两种，一种是应用自然振荡的卡曼旋涡列原理，另一种是应用强迫振荡的旋涡旋进原理。因其具有许多优点，在某些领域已部分取代了差压式流量计或其他类型的流量计。

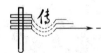
1. 涡街流量计

（1）测量原理与结构

涡街流量计（Vortex shedding flowmeter）的测量原理是在流体中垂直放置一个如圆柱体、棱柱体等有对称形状的非流线型阻流体，流体绕过阻流体流动时，产生附面层分离现象，从阻流体下游两侧就会交替产生两列旋转方向相反的旋涡，如图 4.19 所示，这种旋涡称为卡曼涡街或卡曼涡列，产生旋涡的非流线形体称为旋涡发生体。由于旋涡列之间的相互作用，旋涡列一般是不稳定的，但卡曼从理论上证明，当两旋涡列之间的距离 h 与同列相邻的两个旋涡之间的距离 l 满足公式：$h/l=0.281$ 时，非对称的旋涡列就能保持稳定。此时单列旋涡的频率与旋涡发生体附近的流体流速成正比，与旋涡发生体的宽度成反比。即

$$f = S_t \frac{v}{d} \tag{4.24}$$

式中，S_t 称为斯特劳哈尔数，主要与旋涡发生体的形状及流体的雷诺数有关，对于一定形状的旋涡发生体，在非常宽的雷诺数范围内，S_t 基本上是一个常数，如图 4.20 所示，而对于一般工业检测中的流体，其雷诺数几乎都符合要求。

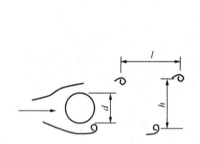

图 4.19 卡曼涡列形成原理

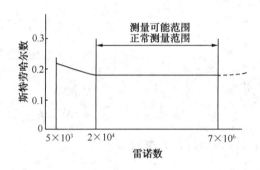

图 4.20 斯特劳哈尔数与雷诺数的关系

假设旋涡发生体处流体的流通面积为 A_0，则流体的体积流量为

$$q_V = v A_0 = \frac{A_0 d}{S_t} f = \frac{f}{K} \tag{4.25}$$

式中，K 定义为传感器的结构常数。在一定雷诺数范围内（斯特劳哈尔数为常数），体积流量与旋涡频率成正比，只要测出旋涡发生的频率就能求出流过管道的流体流量。

涡街流量计由传感器和转换器两部分组成，传感器包括旋涡发生体（阻流体）、旋涡频率检测元件、仪表表体、安装架和法兰等；转换器包括前置放大器、滤波整形电路、接线端子、支架和防护罩等。

（2）旋涡频率的检测

它是通过旋涡频率检测元件实现测量的。检测元件可以附在旋涡发生体上或者放在发生体之后。圆柱形旋涡发生体常用铂热电阻丝检测频率；三棱柱形旋涡发生体则采用热敏电阻或压电晶体检测频率。

如图 4.21（a）所示，在管道中放置圆柱形旋涡发生体，这是一根中空的长管，管中空腔由隔板分开，隔板中间开孔处张有铂热电阻丝，铂丝通常被通电加热到比流体温度高出某一

温度值。当旋涡发生体右下侧有旋涡时，下部压力高于上部，这时部分流体从圆柱体下方导压孔吸入，从上方导压孔吹出，流体通过铂热电阻丝时将带走其部分热量，于是电阻丝的阻值发生变化，通过转换电路产生与旋涡的频率相对应的电压脉冲信号，由此便可检测出与流量呈比例关系的旋涡频率。

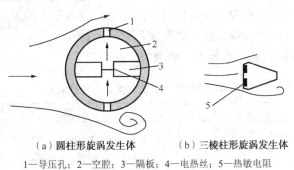

（a）圆柱形旋涡发生体　　　（b）三棱柱形旋涡发生体

1—导压孔；2—空腔；3—隔板；4—电热丝；5—热敏电阻

图 4.21　旋涡频率检测原理

如图 4.21（b）所示，在三棱柱形旋涡发生体的迎流面中间对称地嵌入两只热敏电阻，两只热敏电阻组成电桥的两臂，并供以微弱电流进行加热。当流体静止或未发生旋涡时，两只热敏电阻温度一致，阻值相等，电桥平衡。当两侧交替出现旋涡时，产生旋涡的一侧流体流速变小，被带走的热量减少，使热敏电阻温度升高。由于热敏电阻阻值减小导致电桥失去平衡，于是有不平衡电压输出，电桥将输出一系列与旋涡发生频率相对应的电压脉冲，经放大整形后的脉冲信号送至累计器即可用于流体流量的显示。

2. 旋进式旋涡流量计

如图 4.22 所示，流体在旋进式旋涡流量计（Vortex precession flowmeter）入口被旋涡发生器强制旋转，出现了一股中心流速很高、绕流动轴线旋转的旋涡，旋涡进入先收后扩的管段后，旋涡流中心的轴向前进速度被加速到几乎与流体的流动速度一致。流体进入扩张段后，旋涡流中心开始做螺旋状的旋进运动，旋涡中心绕传感器轴线旋转的半径越来越大，旋进频率与流体的体积流量呈线性关系。在扩张段的起始处安装有频率检测器探头，探头内装有珠状热敏电阻，用恒流源加热热敏电阻，其温度通常高于被测介质温度某一定值。当旋涡进动时扫过频率检测器探头，带走一部分热量并使

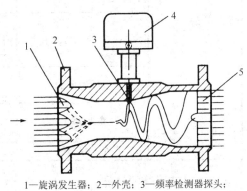

1—旋涡发生器；2—外壳；3—频率检测器探头；

4—放大器；5—导流叶片

图 4.22　旋进式旋涡流量计

热敏电阻冷却，显然，旋涡进动频率与热敏电阻阻值交替变化的频率相等。通常将热敏电阻作为电桥的一个桥臂，这样进动频率就转变成电桥不平衡输出电压脉冲，再经放大整形后送至累计器即可用于流体流量的显示，最后旋涡流被装在出口处的导流叶片整流后离开传感器。

任务与实施
REN WU YU SHI SHI

【任务】 工业现场有很多场合需要进行流量的测量与控制，如高炉炼铁生产的热风炉燃烧系统中高炉煤气（或混合煤气）与助燃空气量、石化工业的常压蒸馏塔原油流量、各组分及重油流量、城市污水的排放量、液态食品的计量、导电液体的流量、强腐蚀性液体的计量等，各种不同类型、原理和特点的传感器如何进行选择呢？

【实施方案】 各种流量计的分类、原理和特点见表4.4。

表4.4 各种流量计的分类、原理和特点

种 类	典型产品	工作原理	主要特点
差压式流量计	双波纹管差压计 膜片式差压计 差压变送器（配二次仪表） 电子开方器 比例积算器 ST-3000型变送器 电容式变送器	1. 流体通过节流装置时，其流量与节流装置前后的差压有一定关系。 2. 对差压变送器输出进行开方运算，使输出和流量呈线性比例关系。 3. 对瞬时流量进行积算，求累计流量	比较成熟，应用广泛，仪表出厂时不用标定
容积式流量计	椭圆齿轮流量计 罗茨流量计	椭圆形齿轮或转子被流体冲转，每转一周便有定量的流体通过	精确灵敏，但结构复杂，成本高
速度式流量计	叶轮式流量计（水表）	叶轮或涡轮被流体冲转，其转速与流体的流速成正比	简单可靠
	涡轮流量计		精确度高，测量范围大，灵敏，耐压高，信号能远传，但寿命短
	电磁流量计	导电性液体在磁场中运动，产生感应电动势，其值与流量成正比	适用于导电液体
	超声波流量计	利用超声波在流体中传播声速与接收声速的差值，流体的平均流速成正比的关系进行测量	适用于任何液体
	转子流量计	转子上下压降一定时，它们被流体冲起的高度与流量大小成正比	简单、廉价、灵敏
	靶式流量计	流体流动时对靶产生作用力，使靶产生微小的位移，从而反映流量的大小	适用于高黏度、低雷诺数的流体
	毕托管（动压测定管）	流体的动压力与流速的平方成比例	简单，但不太准确

1. 电磁流量计的特点

① 动态响应快。可以测量瞬时脉动流量，并具有良好的线性，精度一般为1.5级和1级，可以测量正反两个方向的流量。

② 传感器结构简单。测量管内没有任何阻碍流体流动的阻力件和可动的部件，不会产生任何附加的压力损失，属于节能型流量计。

③ 应用范围广。除了可测量具有一定电导率的酸、碱、盐溶液以外，还可测量泥浆、矿浆、污水、化学纤维等介质的流量。

④ 电磁流量计输出的感应电动势信号与体积流量呈线性关系，且不受被测流体的温度、

压力、密度、黏度等参数的影响，不需要进行参数补偿。电磁流量计只需经水标定后，就可以用于测量其他导电性流体的流量。

⑤ 电磁流量计的量程比一般为 10:1，最高可达 100:1。测量口径范围为 2～3 m。

电磁流量计也有一定的局限性和不足之处。

① 不能测量气体、蒸气及含有大量气泡的液体的流量，也不能测量电导率很低的液体（如石油制品、有机溶剂等）的流量。

② 受测量管衬里材料和绝缘材料的限制，电磁流量计不宜测量高温、高压介质的流量，使用温度一般在 200℃以下，工作压力一般为 0.16～0.25 MPa。此外，电磁流量计易受外界电磁干扰的影响。

2．涡轮流量计的特点

① 测量准确度高，可达 0.5 级以上。

② 测量范围宽。量程比通常为 6:1～10:1，有的甚至可达 40:1，适用于流量大幅度变化的场合。

③ 反应迅速，可测脉动流。

④ 重复性好，压力损失小，耐高压、耐腐蚀，结构简单，安装使用方便。

⑤ 数字信号输出，便于远距离传输和计算机数据处理，无零点漂移，抗干扰能力强。

使用涡轮流量计测量时，必须注意以下几点。

① 对被测介质清洁度要求较高，以减少对轴承的磨损，故应用领域受到一定限制。

② 受来流流速分布畸变和旋转流等影响较大，传感器前后应有较长的直管段。

③ 流体密度、黏度对流量特性的影响较大；传感器仪表系数 K 一般是在常温下用水标定的，所以当流体密度、黏度发生变化时，需要重新标定或者进行补偿。

3．超声波流量计的特点

① 超声波流量测量属于非接触式测量，夹装式换能器的超声波流量计安装时，无须进行停流截管的安装，只要在管道外部安装换能器即可，不会给管内流体的流动带来影响。

② 适用范围广，可以测量各种流体和中低压气体的流量，包括一般其他流量计难以解决的强腐蚀性、非导电性、放射性流体的流量。

③ 管道内无阻流件，无压力损失。

④ 量程范围宽，量程比一般可达 1:20。

⑤ 管道直径一般为 DN15～6000 mm，根据管道直径需设置足够长的直管段。

⑥ 流速沿管道的分布情况会影响测量结果，超声波流量计测得的流速与实际平均流速之间存在一定差异，而且与雷诺数有关，需要进行修正。

⑦ 传播时间差法只能用于清洁液体和气体；多普勒法不能测量悬浮颗粒和气泡超过某一范围的液体。

⑧ 声速是温度的函数，流体的温度变化会引起测量误差。

⑨ 管道衬里或结垢太厚，以及衬里与内管壁剥离、锈蚀严重时，测量精度难以保证。

4. 涡街流量计的特点

① 管道内无可动部件，可靠性高，压损小，使用寿命长。

② 测量精确度较高，一般可达±0.5%～±1%。

③ 测量范围宽，量程比可达 10∶1，最高可达 30∶1。

④ 结构简单、牢固，安装、维护方便，费用较低。

⑤ 输出为脉冲频率，其频率与被测流体的实际体积流量成正比，适用于总流量计量，尤其适用于大口径管道的流量测量。

⑥ 一定雷诺数范围内，输出频率信号不受流体的压力、温度、密度、黏度、组分的影响，因此用水或空气标定后可适用于其他各种介质的流量测量，不需要重新标定。

⑦ 旋涡分离的稳定性受流速分布畸变及旋转的影响，应根据上游侧不同形式的旋涡发生体配置足够长的直管段（上游侧不小于 $20D$、下游侧不小于 $5D$）或装设整流器，旋涡发生体的轴线应与管道轴线垂直。

⑧ 在低雷诺数的情况下，斯特劳哈尔数变化比较大，因此在高黏度、低流速、小口径情况下应用时受到限制。

知识拓展
ZHI SHI TUO ZHAN

质量流量计和皮托管流量计

1. 质量流量计

在实际生产过程中，由于检测与控制、工艺物料平衡、企业经济核算等原因，常需要知道流体的质量流量，而被测介质的密度通常受工作温度和压力的影响而变化，这时采用质量流量计（Mass flowmeter）测量质量流量，避免了体积流量和质量流量相互换算的麻烦。

目前，质量流量的测量方法主要有 3 大类：直接法、间接法和补偿法。

直接法：测量元件的输出信号可直接反映被测流体的质量流量值。

间接法：同时测量出被测流体的体积流量和流体密度，或同时用两个测量元件分别测出两个与体积流量和密度有关的信号，通过运算得到反映质量流量的信号。

补偿法：同时测量出被测流体的体积流量和温度、压力，应用有关公式求出流体的密度或将被测流体的体积流量换算成标准状态下的体积流量，从而间接确定其质量流量。

（1）科氏质量流量计

流体在振动管中流动时产生与质量流量成正比的科里奥利力。根据物理学中的科里奥利力的原理而制成的质量流量计称为科里奥利力质量流量计，简称科氏质量流量计。

如图 4.23 所示为科氏力的演示实验。将充水橡胶管（水不流动）两端悬挂，使中段下垂成 U 形，静止时垂直于地面，侧面看时 U 形的两股处于同一平面，左右摆动时两股同时弯曲，仍在同一曲面内，如图 4.23（a）所示。

将软管的一端与水源相接，使水从一端流入，从另一端流出，如图 4.23（b）和（c）所示的箭头方向，当软管受外力左右摆动时，它将发生扭曲，扭曲方向总是出水侧的摆动早于入水侧。改变水流方向，如图 4.23（d）和（e）所示，左右摆动时，仍是出水侧摆动早于入水侧。这种现象说明出水侧的摆动相位超前于入水侧的摆动相位。当流体流量越大时，这种现象越明显，科氏质量流量计正是利用 U 形管两侧管摆动的相位差来反映质量流量的。

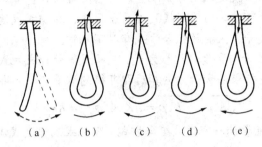

图 4.23　科氏力的演示实验

科氏质量流量计的结构有直管、弯管、单管、双管等多种形式。但最容易也是目前应用最广的是双弯管型，其结构如图 4.24 所示。

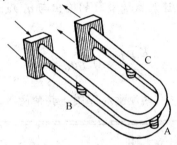

图 4.24　双弯管型科氏质量流量计

它由两根金属 U 形管组成，其端部连通并与被测管路相连，这样流体可以同时在两个 U 形管内流动。在两管的中间 A、B、C 三处各装一组压电换能器，换能器 A 在外加交变电压的作用下产生交变力，使两根 U 形管彼此一开一合地振动，相当于两根软管按相反方向不停摆动；换能器 B 处于进口侧，C 处于出口侧，用于检测两管的振动情况。当有流体通过测量管时，根据出口侧振动相位超前于进口侧的规律，换能器 C 输出的交变信号的相位就会超前于 B，此相位差的大小与流体的质量流量成正比。其特点为：

① 科氏质量流量计测量精确度高。

② 可以测量黏度和密度相对较大的单相流体和混相流体的质量流量，常用于测量液体流量。

③ 不受管内流动状态的影响，对上下游直管段要求不高。

④ 测量范围大，量程比可达 10:1，最大可达 50:1。

⑤ 在测量质量流量的同时，可同时测量介质密度、体积流量、温度等参数，实现了多参数测量。

⑥ 压力损失大，与容积式传感器相当甚至更大。

由于结构等原因，科氏质量流量计只适用于中小管径的管道测量。它对外界的振动干扰较为敏感，为防止管道振动的影响，对安装、固定的要求较高。零点漂移将会影响测量精确度的进一步提高。

（2）间接式质量流量计

间接式质量测量实际上就是采用体积流量计与密度计组合，并加以运算后间接得到流体的质量流量。体积流量计可以是前面所提到过的差压式、容积式或速度式传感器，密度计可选用核辐射式或超声波式等。主要的组合方式有以下几种。

① 差压（靶）式流量计与密度计组合方式。差压式流量计或靶式流量计的输出值正比于 ρq_V^2，若配上密度计，进行乘法和开方运算后即可得到质量流量。即

$$\sqrt{K_1 \rho q_\mathrm{V}^2 \cdot K_2 \rho} = \sqrt{K_1 K_2}\, \rho q_\mathrm{V} = K q_\mathrm{m} \tag{4.26}$$

② 容积（速度）式流量计与密度计组合方式。容积式或速度式流量计测量体积流量 q_V，若配上密度计，进行乘法运算后可得到质量流量。即

$$K_1 q_\mathrm{V} \cdot K_2 \rho = K q_\mathrm{m} \tag{4.27}$$

③ 差压（靶）式流量计与容积（速度）式流量计组合方式。差压式流量计或靶式流量计的输出值正比于 ρq_V^2，容积式或速度式流量计的输出与 q_V 成正比，将这两个信号进行除法运算即可得到质量流量。即

$$\frac{K_1 \rho q_\mathrm{V}^2}{K_2 q_\mathrm{V}} = K \rho q_\mathrm{V} = K q_\mathrm{m} \tag{4.28}$$

图 4.25 所示为第 3 种组合方式的测量原理图，其余两种方式的实现与此类似。

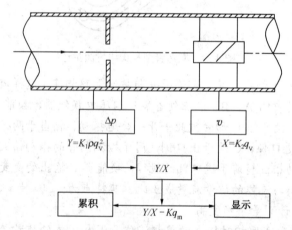

图 4.25 差压式流量计与容积式流量计组合方式的测量原理图

（3）温度、压力补偿式质量流量计

温度、压力补偿式质量流量计是在测量流体体积流量的同时，测量出流体的温度和压力值，根据已知的被测流体密度与温度、压力之间的关系，求出流体在该温度、压力工作状态下的密度，并对流量进行补偿计算后得到质量流量。由于在实际使用时，连续测量温度和压力比连续测量密度容易且成本低，因此工业上测量质量流量时较多地采用这种方法。

对于不可压缩液体，其密度的变化主要受温度的影响，受压力的影响较小，一般可忽略不计。工作温度变化范围不大时，密度与温度的关系为

$$\rho = \rho_\mathrm{N}[1 - \beta(t - 20)] \tag{4.29}$$

式中，ρ、ρ_N 分别为工作状态温度 t、标准状态温度 $t_N = 20℃$ 时的流体密度；β 为被测流体的温度体积膨胀系数。

对于低压气体，可认为符合理想气体状态方程，推导后得出气体在工作状态下的密度计算公式为

$$\rho = \rho_N \frac{pT_N}{p_N TZ} \tag{4.30}$$

式中，ρ、ρ_N 分别为工作状态（压力 p、热力学温度为 T）和标准状态（压力 p_N、热力学温度为 T_N）时的流体密度；Z 为气体的压缩系数。

式（4.29）和式（4.30）用一般的函数关系式表示时，可写成

$$\rho = f(t, \ p) \tag{4.31}$$

使用速度式或容积式流量计测量时，质量流量可计算为

$$q_m = \rho q_V = f(t, \ p)q_V \tag{4.32}$$

使用差压式流量计时，质量流量则为

$$q_m = K\sqrt{\rho \Delta p} = K\sqrt{f(t,p)}\Delta p \tag{4.33}$$

2. 皮托管流量计

皮托管（Pitot Tubes）是一根弯曲成直角的小管子，由法国工程师皮托发明，可以测量流体的总压，如图 4.26 所示。目前常用的皮托管除了静压孔外，在管子头部还开有一个测量总压的孔。通过皮托管测得流体的总压和静压，根据伯努利方程就可以得到流体在皮托管头部的流速。计算公式为

$$v = \alpha(1-\varepsilon)\sqrt{\frac{2}{\rho}(p_0 - p)} \tag{4.34}$$

式中，α 是皮托管系数，用于修正由于总压孔和静压孔位置不一致带来的差异，以及弥补流体流动时由于流滞带来的能量损失，通过试验标定得到；$(1-\varepsilon)$ 为压缩性影响系数；p_0、p 分别是流体的总压和静压。

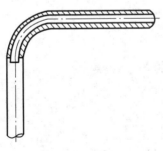

图 4.26 皮托管结构

3. 均速管流量计

均速管流量计又称阿牛巴流量计，属于差压式流量计。它采用皮托管测量原理测量挡体上游动压力与下游静压力之间形成的压差，从而达到测量流量的目的。工作原理是当流体流过探头时，在其前部产生一个高压分布区，高压分布区的压力略高于管道的静

压。根据伯努利方程原理，流体流过探头时速度加快，在探头后部产生一个低压分布区，低压分布区的压力略低于管道的静压，流体从探头流过后在探头后部产生部分真空，并在探头的两侧出现旋涡。均速流量探头的截面形状、表面粗糙状况和低压取压孔的位置是决定探头性能的关键因素，低压信号的稳定和准确对均速探头的精度和性能起决定性作用。流量探头在高、低压区有按一定准则排布的多对取压孔，能精确地检测到由流体的平均速度所产生的平均差压。

阿牛巴流量计安装简便，压损小，强度高，不受磨损影响，无泄漏，具有较高的稳定性和重复性，可以替代孔板进行流量测量，广泛用于工矿企业的高炉煤气、压缩空气、蒸气和其他液体、气体的流量测量。

近年来出现的一体化流量计把流量计、温度传感器及压力传感器集成在一起，构成一个统一的整体，不仅可输出流量值，而且能输出介质的温度、压力等相关参数的测量值。使用时只需整体安装，不仅提高了测量的精度，而且节省了许多费用。

课外作业 4

1. 什么叫流量？流量有哪几种表示方法？它们之间有什么关系？

2. 试分析椭圆齿轮流量计的工作原理。它适合在什么场合使用？

3. 什么是标准节流装置？使用标准节流装置进行流量测量时，流体需满足什么条件？

4. 用节流装置测流量，配接一差压变送器，设其测量范围为 $0\sim10\,000\,Pa$，对应的输出信号为 $4\sim20\,mA\,DC$，相应的流量为 $0\sim320\,m^3/h$，求输出信号为 $16\,mA\,DC$ 时差压是多少？相应的流量是多少？

5. 简述电磁流量计的工作原理和使用特点。

6. 从涡轮流量计的基本原理分析其结构特点和使用要求。

7. 超声波流量计是如何检测流量的？它有哪些特点？

8. 涡街流量计是怎样工作的？使用时有何限制？

项目 5

速度与位移测量

知识目标

理解光电元件的分类和工作原理

掌握光电传感器的应用电路

理解和掌握霍尔传感器的工作原理、温度补偿方法和应用

掌握电涡流式传感器的工作原理、测量电路和应用

技能目标

能利用简单的光敏电阻、光敏三极管等元件，完成光照度的测

量和画出继电器的控制电路

能利用霍尔传感器完成相应参数的测量

能利用电涡流式传感器完成相应参数的测量

任务 1　光电传感器测量转速

知识链接

ZHISHILIANJIE

光电传感器（Photo-electric transducer）是一种将被测的非电量转换为光信号的变化、进而再将光信号转换为电信号的传感器，其理论基础是光电效应（Photo-electric effect）。光电传感器属于非接触式测量，反应快速，应用广泛，可用来测量转速、位移、温度、表面粗糙度等参数。

5.1.1　光电效应

用光照射某一物体，可以看作物体受到一连串能量为 E 的光子的轰击，组成这种物体的

材料吸收光子能量而发生相应电效应的物理现象称为光电效应。通常把光线照射到物体表面后产生的光电效应分为三类。

（1）外光电效应

在光线作用下，能使电子逸出物体表面的现象称为外光电效应。基于该效应的光电器件有光电管、光电倍增管、光电摄像管等，属于玻璃真空管光电器件。

（2）内光电效应

在光线作用下能使物体电阻率改变的现象称为内光电效应。基于该效应的光电器件有光敏电阻、光敏二极管、光敏三极管等，属于半导体光电器件。

（3）光生伏特效应

在光线作用下能使物体产生一定方向电动势的现象称为光生伏特效应，也称阻挡层光电效应。基于该效应的光电器件有光电池等，属于半导体光电器件。

5.1.2 光电器件

1. 光电管

光电管的外形和结构如图 5.1 所示，它由一个阴极和一个阳极构成，并密封在一支真空玻璃管内。阳极通常用金属丝弯曲成矩形或圆形，置于玻璃管中央；阴极装在玻璃管内壁上并涂有光电发射材料。光电管的特性主要取决于光电管的阴极材料。

由于材料的逸出功不同，所以不同材料的光电阴极对不同频率的入射光有不同的灵敏度，人们可以根据检测对象是可见光或紫外光而选择不同阴极材料的光电管。光电管的结构图及原理图如图 5.2 所示。目前紫外光电管在工业检测中多用于紫外线测量、火焰监测等，可见光较难引起光电子的发射。

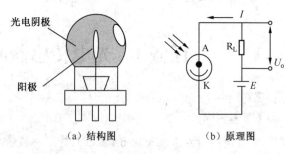

光电阴极

阳极

（a）结构图　　　　（b）原理图

图 5.1　光电管的外形和结构　　　　图 5.2　光电管的结构图和原理图

当光照射在阴极上时，阴极发射出光电子，被具有一定电位的中央阳极所吸引，在光电管内形成空间电子流。在外电场作用下将形成电流 I，称为光电流。光电流的大小与光电子数成正比，而光电子数又与光照度成正比。

（1）伏安特性

在一定的光照下，对光电管阴极所加的电压与阳极所产生的电流之间的关系称为光电管的伏安特性。真空光电管和充气光电管的伏安特性如图 5.3 所示，它们是光电传感器的主要参数依据，显然，充气光电管的灵敏度更高。

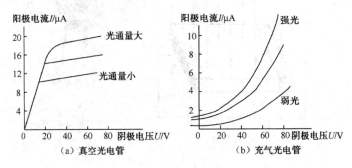

图 5.3 光电管的伏安特性

（2）光照特性

当光电管的阴极与阳极之间所加电压一定时，光通量与光电流之间的关系称为光照特性，如图 5.4 所示。其中，曲线 1 是氧铯阴极光电管的光照特性，光电流 I 与光通量呈线性关系；曲线 2 是锑铯阴极光电管的光照特性，光电流 I 和光通量呈非线性关系。

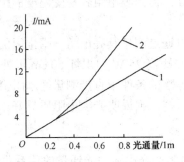

图 5.4 光电管的光照特性

（3）光谱特性

光电管的光谱特性通常指阳极与阴极之间所加电压不变时，入射光的波长（或频率）与其相对灵敏度之间的关系，它主要取决于阴极材料。阴极材料不同的光电管适用于不同的光谱范围。另外，同一光电管对于不同频率（即使光强度相同）的入射光，其灵敏度也不同。

2．光敏电阻

光敏电阻是由具有内光电效应的光导材料制成的，为纯电阻器件，如图 5.5 所示。光敏电阻具有很高的灵敏度，光谱响应的范围宽，体积小、质量轻、性能稳定、机械强度高、寿命长、价格低，被广泛应用于自动检测系统中。

光敏电阻的材料一般由金属的硫化物、硒化物、碲化物等半导体组成，由于所用材料和工艺不同，它们的光电性能也相差很大。

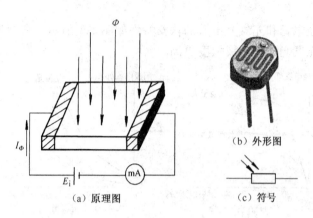

（a）原理图   （b）外形图   （c）符号

图 5.5   光敏电阻

（1）光电流

　　光敏电阻在室温或全暗条件下测得的阻值称为暗电阻（暗阻），通常超过 1 MΩ，此时流过光敏电阻的电流称为暗电流。光敏电阻在受光照射时的阻值称为亮电阻（亮阻），一般在几千欧以下，此时流过光敏电阻的电流称为亮电流。亮电流与暗电流之差称为光电流。光电流越大，光敏电阻的灵敏度就越高。但光敏电阻容易受温度的影响，温度升高，暗电阻减小，暗电流增加，灵敏度就要下降。

　　光敏电阻质量的好坏，可以通过测量其亮电阻与暗电阻的阻值来衡量。方法是将万用表置于 R×1k 挡，把光敏电阻放在距离 25 W 白炽灯 50 cm 远处（其照度约为 100 lx），可测得光敏电阻的亮阻值；再在完全黑暗的条件下直接测量其暗阻值，如果亮阻值为几千到几十千欧姆，暗阻值为几兆到几十兆欧姆，则说明光敏电阻质量好。

（2）光照特性

　　在一定外加电压下，光敏电阻的光电流与光通量的关系曲线，称为光敏电阻的光照特性，如图 5.6 所示。光通量是光源在单位时间内发出的光量总和，单位是流明（lm）。

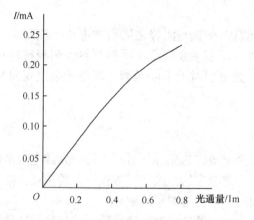

图 5.6   光敏电阻的光照特性曲线

　　不同光敏电阻的光照特性是不同的，但多数情况下曲线是非线性的，所以光敏电阻不宜用作定量检测元件，而常在自动控制中用作光电开关。

（3）光电特性

在光敏电阻两极电压固定不变时，光照度与电阻、电流间的关系称为光电特性，如图 5.7 所示。照度是光源照射在被照物体单位面积上的光通量，即 $E=\mathrm{d}\Phi/\mathrm{d}A$，单位是勒克斯（lx）。当光照大于 100 lx 时，它的光电特性非线性就十分严重了。

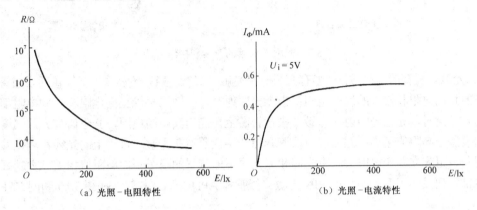

（a）光照－电阻特性　　　　（b）光照－电流特性

图 5.7　某型号光敏电阻的光电特性

（4）时延特性

当光敏电阻受到光照时，光电流要经过一段时间才能达到稳态值，而在停止光照后，光电流也要经过一定时间才能恢复暗电流值，这是光敏电阻的时延特性。不同光敏电阻的时延特性不同，因此它们的频率特性也不同。由于光敏电阻的时延比较大，所以它不能用在要求快速响应的场合。

3．光敏晶体管

（1）光敏二极管

① 原理。光敏二极管是基于内光电效应的原理制成的光敏元件。光敏二极管的结构与一般二极管类似，它的 PN 结装在透明管壳的顶部，可以直接受到光照射，如图 5.8 所示。光敏二极管在电路中一般处于反向工作状态，其符号与接线方法如图 5.9 所示。光敏二极管在没有光照射时反向电阻很大，暗电流很小；当有光照射时，在 PN 结附近产生光生电子－空穴对，在内电场作用下定向运动形成光电流，且随着光照度的增强，光电流变大。所以，光敏二极管在不受光照射时处于截止状态；受光照射时处于导通状态。它主要用于光控开关电路和光耦合器中。

图 5.8　常见的光敏二极管

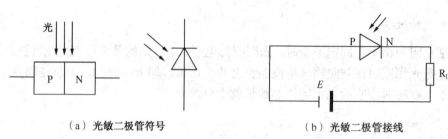

（a）光敏二极管符号　　　　　　　　　（b）光敏二极管接线

图 5.9　光敏二极管的符号和接线方法

② 光敏二极管的检测方法。当有光照射在光敏二极管上时，光敏二极管与普通二极管一样，有较小的正向电阻和较大的反向电阻；当无光照射时，光敏二极管正向电阻和反向电阻都很大。用欧姆表检测时，先让光照射在光敏二极管管芯上，测出其正向电阻，其阻值与光照强度有关，光照越强，正向阻值越小；然后用一块遮光黑布挡住照射在光敏二极管上的光线，测量其阻值，这时正向电阻应立即变得很大。有光照和无光照下所测得的两个正向电阻值相差越大越好。

目前还研发出了几种新型的 PIN 光敏二极管和 APD 光敏二极管，如图 5.10 和图 5.11 所示。

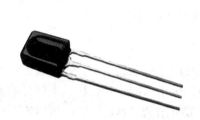

图 5.10　PIN 光敏二极管

图 5.11　APD 光敏二极管

PIN 光敏二极管的工作电压高达 100 V 左右，比普通的光电二极管光电转换效率高、灵敏度高、响应频率高，可用作光盘的读出光敏元件。特殊结构的 PIN 光敏二极管还可以用于测量紫外线、λ 射线及短距离光纤通信用。

APD 光敏二极管，又称雪崩光敏二极管，具有内部倍增放大作用，工作电压高达上百伏，工作频率达几千兆赫，非常适用于微光信号检测和长距离光纤通信等。

（2）光敏三极管

光敏三极管也是基于内光电效应制成的光敏元件。光敏三极管的结构与一般的三极管不同，通常只有两个 PN 结，但只有正负（C、E）两个引脚。它的外形与光敏二极管相似，从外观上很难区别，其符号与结构如图 5.12 和图 5.13 所示。

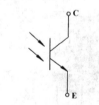　　　　

（a）光敏三极管图形符号　　（b）光敏达林顿三极管图形符号　　（c）光敏三极管

图 5.12　光敏三极管符号

光线通过透明窗口落在基区及集电结上，使 PN 结产生光生电子—空穴对，在内电场作用下做定向运动，形成光电流，因此 PN 结的反向电流大大增加。由于光照射发射结产生的光电流相当于三极管的基极电流，集电极电流是光电流的 β 倍，因此光敏三极管比光敏二极管的灵敏度高得多，但光敏三极管的频率特性比二极管差，暗电流也大。

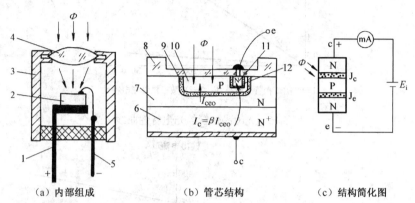

（a）内部组成　　　　　（b）管芯结构　　　　　（c）结构简化图

1—集电极引脚；2—管芯；3—外壳；4—玻璃聚光镜；5—发射极引脚；6—N⁺衬底；
7—N 型集电区；8—SiO₂ 保护圈；9—集电结；10—P 型基区；11—N 型发射区；12—发射结

图 5.13　光敏三极管结构示意图

① 光谱特性。光敏三极管对于不同波长的入射光，其相对灵敏度 K_r 是不同的。如图 5.14 所示为光敏三极管在三种波长下的光所对应的光谱特性曲线，由于锗管的暗电流比硅管大，故一般锗管的性能比较差。所以在探测可见光或炽热状态物体时，都采用硅管；而当探测红外光时，锗管比较适合。

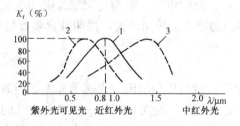

图 5.14　光敏三极管的光谱特性曲线

② 伏安特性。光敏三极管在不同照度 E_e 下的伏安特性与一般三极管在不同的基极电流时的输出特性一样，只要将入射光在发射极与基极之间的 PN 结附近所产生的光电流看作基极电流，就可将光敏三极管看作是一般的三极管。

③ 光电特性。如图 5.15 所示为光敏晶体管的光电特性曲线，其输出电流 I_Φ 与照度 E 之间的关系可近似看作是线性关系。显然，光敏三极管的灵敏度高于光敏二极管。

④ 温度特性。温度特性是指温度与暗电流及温度与输出电流之间的关系。如图 5.16 所示为锗管的温度特性曲线。由图 5.16 可见，温度变化对输出电流的影响较小，主要由光照度所决定；而暗电流随温度变化很大，所以应用时应在线路上采取温度补偿措施。

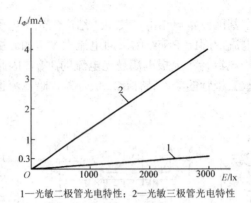

1—光敏二极管光电特性；2—光敏三极管光电特性

图 5.15 光敏晶体管的光电特性曲线

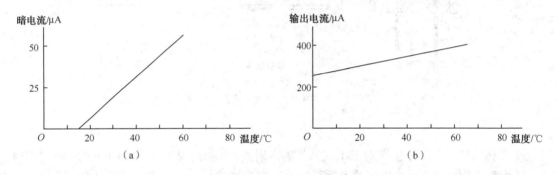

图 5.16 光敏三极管的温度特性曲线

⑤ 光敏三极管的检测方法。用一块黑布遮住照射光敏三极管的光，选用万用表的 R ×1 k 挡，测量其两引脚引线间的正、反向电阻，若均为无限大则为光敏三极管；拿走黑布，则万用表指针向右偏转到 15～30 kΩ 处，偏转角越大，说明其灵敏度越高。

4．光电池

光电池能将入射光能量转换成电压和电流，它属于光生伏特效应元件，是自发电式有源器件。它既可以作为输出电能的器件，也可以作为一种自发电式的光电传感器，用于检测光的强弱及能引起光强变化的其他非电量。光电池的种类很多，其中应用最多的是硅光电池、硒光电池、砷化钾光电池和锗光电池等，具有性能稳定、频率特性好、光谱范围宽和耐高温辐射等优点。

在大面积的 N 型衬底上制造一 P 型薄层作为光照敏感面，就构成了最简单的光电池。

当光照射在 PN 结上时，P 型区每吸收一个光子就产生一对光生电子—空穴对，它的内电场（N 区带正电，P 区带负电）使扩散到 PN 结附近的电子—空穴对分离，电子通过漂移运动被拉到 N 型区，空穴留在 P 区，所以 N 区带负电，P 区带正电。如果光照是连续的，经短暂的时间，PN 结两侧就有一个稳定的光生电动势输出。

（1）光谱特性

光电池的相对灵敏度 K_r 与入射光波长 λ 之间的关系称为光谱特性。如图 5.17 所示为硒光电池和硅光电池的光谱特性曲线。由图 5.17 可知，不同材料光电池的光谱峰值位置是不同的，硅光电池的在 0.45~1.1 μm 范围内，而硒光电池的在 0.34~0.57 μm 范围内。在实际使用时，可根据光源性质选择光电池。但要注意，光电池的峰值不仅与制造光电池的材料有关，也与使用温度有关。

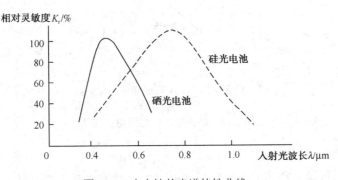

图 5.17　光电池的光谱特性曲线

（2）光电特性

硅光电池的负载电阻不同，输出的电压和电流也不同。图 5.18 中的曲线 1 是某光电池负载的开路电压特性曲线，曲线 2 是负载的短路电流特性曲线。开路电压与光照度之间呈近似于对数的非线性关系。由实验测得，负载电阻越小，光电流与照度之间的线性关系越好。当负载短路时，光电流在很大程度上与照度呈线性关系，因此当测量与光照度成正比的其他非电量时，应把光电池作为电流源使用；当被测非电量是开关量时，可以把光电池作为电压源使用。

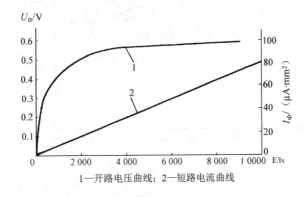

1—开路电压曲线；2—短路电流曲线

图 5.18　某系列硅光电池的光电特性

（3）光照特性

光生电动势 U 与照度 E_e 之间的特性曲线称为开路电压曲线；光电流密度 J_e 与照度 E_e 之间的特性曲线称为短路电流曲线。如图 5.19 所示为硅光电池的光照特性曲线。由图 5.19 可知，短路电流在很大范围内与光照度呈线性关系，这是光电池的主要优点之一。开路电压与光照度之间的关系是非线性的，并且在照度为 2 000 lx 的照射下就趋于饱和了。因此把光电池作为敏感元件时，应该把它当作电流源使用，也就是利用短路电流与光照度呈线性关系的特点。由实验可知，负载电阻越小，光电流与照度之间的线性关系越好，线性范围越宽。对于不同的负载电阻，可以在不同的照度范围内使光电流与光照度保持线性关系，所以应用光电池作为敏感器件时，所用负载电阻的大小应根据光照的具体情况而定。

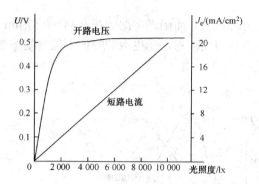

图 5.19　硅光电池的光照特性曲线

（4）温度特性

光电池的温度特性是描述光电池的开路电压 U、短路电流 I 随温度 t 变化的曲线，是光电池的重要特性之一，如图 5.20 所示。由图 5.20 可以看出，开路电压随温度增加而下降得较快，而短路电流随温度上升而增加得很缓慢。因此，用光电池作为敏感器件时，在自动检测系统设计时就应考虑到温度的漂移而需要采取相应的补偿措施。

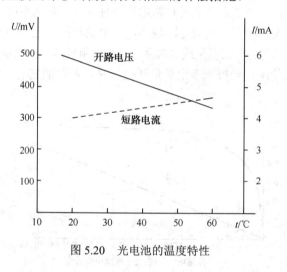

图 5.20　光电池的温度特性

5.1.3　光电式传感器

光电式传感器是将光量的变化转变为电量变化的一种变换器，属于非接触式测量，其理论基础是光电效应，目前广泛应用于生产的各个领域。依据被测物、光源、光电元件三者之间的关系，可以将光电传感器分为下述 4 种类型。

① 光源本身是被测物，被测物发出的光投射到光电元件上，光电元件的输出反映了光源的某些物理参数，如图 5.21（a）所示。典型的例子有光电高温比色温度计、光照度计、照相机曝光量控制等。

② 恒光源发射的光通量穿过被测物，一部分由被测物吸收，剩余部分投射到光电元件上，吸收量决定于被测物的某些参数，如图 5.21（b）所示。典型的例子如透明度计、浊度计等。

③ 恒光源发出的光通量投射到被测物上，然后从被测物表面反射到光电元件上，光电元件的输出反映了被测物的某些参数，如图5.21（c）所示。典型的例子如用反射式光电法测转速、测量工件表面粗糙度、纸张的白度等。

④ 恒光源发出的光通量在到达光电元件的途中遇到被测物，照射到光电元件上的光通量被遮蔽掉一部分，光电元件的输出反映了被测物的尺寸，如图5.21（d）所示。典型的例子如振动测量、工件尺寸测量等。

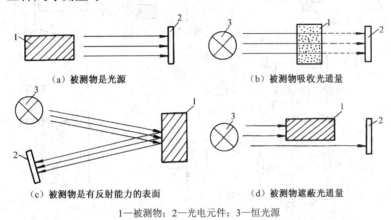

（a）被测物是光源　　　　　　　　（b）被测物吸收光通量

（c）被测物是有反射能力的表面　　　（d）被测物遮蔽光通量

1—被测物；2—光电元件；3—恒光源

图5.21　光电式传感器的几种形式

任务与实施
REN WU YU SHI SHI

【任务1】　在冷轧带钢厂中，带钢在某些工艺如连续酸洗、退火、镀锡等过程中易产生走偏。在其他工业部门如印染、造纸、胶片、磁带等生产过程中也会发生类似的问题。带材走偏时，边缘经常与传送机械发生碰撞，易出现卷边，造成次品。实际中如何克服此种现象以提高产品的质量呢？

【实施方案】　带材跑偏检测器用来检测带型材料在加工过程中偏离正确位置的大小及方向，从而为纠偏控制电路提供纠偏信号。如图5.22所示为带材跑偏检测装置的工作原理图和测量电路图。

光源8（可以是聚光灯泡，也可以是LED或激光）发出的光经透镜9汇聚为平行光束后，再经透镜10汇聚入射到光敏电阻R_1上。透镜9、10分别安置在带材合适位置的上、下方，在平行光束到达透镜10途中，将有部分光线受到被测带材的遮挡，从而使光敏电阻受照的光通量减小。R_1、R_2是同型号的光敏电阻，R_1作为测量元件安置在带料下方，R_2作为温度补偿元件用遮光罩覆盖。$R_1 \sim R_4$组成一个电桥电路，当带材处于正确位置（中间位置）时，通过预调电桥平衡，使放大器输出电压U_o为0。如果带材在移动过程中左偏时，遮光面积减小，光敏电阻的光照面积增加，阻值变小，电桥失衡，放大器输出$-U_o$；若带材右偏，则遮光面积增大，光敏电阻的光照减弱，阻值变大，电桥失衡，放大器输出$+U_o$。输出电压U_o的正负及大小反映了带材走偏的方向及大小。输出电压U_o一方面由显示器显示出来，另一方面被送到纠偏控制系统，作为驱动执行机构产生纠偏动作的控制信号。

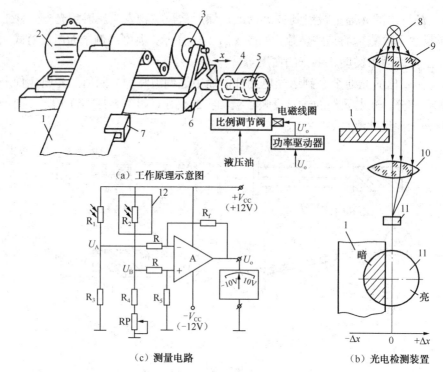

（a）工作原理示意图

（c）测量电路　　　　　　（b）光电检测装置

1—被测带材；2—卷取电动机；3—卷取辊；4—液压缸；5—活塞；6—滑台；

7—光电检测装置；8—光源；9、10—透镜；11—光敏电阻 R_1；12—遮光罩

图 5.22　带材跑偏检测纠偏装置

【思考】　将上述装置略加改动，还可以制成什么仪器？

【任务 2】　在转速测量过程中，传统的机械式转速表和接触式电子转速表均会影响被测物的旋转速度，且被测旋转速度的大小也有一定的限制，不能很好地满足自动化的要求。如何在不干扰被测物体转动的前提下实现高转速测量呢？

【实施方案】　转速是指每分钟内旋转物体转动的圈数，单位是 r/min。光电式转速表属于反射式光电传感器，它可以在距被测物数十毫米外非接触地测量转速。由于光电器件的动态特性较好，所以可以用于高转速的测量而又不干扰被测物的转动，如图 5.23 所示。图 5.23（a）所示为透光式，在待测转速轴上固定一带孔的调制盘，调制盘一侧由白炽灯产生恒定光，透过盘上小孔到达光敏二极管或光敏三极管组成的光电转换器上，并转换成相应的电脉冲信号，该脉冲信号经过放大整形电路输出整齐的脉冲信号，转速通过该脉冲频率测定。图 5.23（b）所示为反射式，在待测转速的盘上固定一个涂有黑白相间条纹的圆盘，它们具有不同的反射信号，并可转换成电脉冲信号。

转速 n 与脉冲频率 f 的关系式为

$$n = 60\,f/N$$

式中，N 为孔数或黑白条纹数目。

频率可用一般的频率计测量。光电器件多采用光电池、光敏二极管和光敏三极管，以提高寿命，减小体积，减小功耗和提高可靠性。

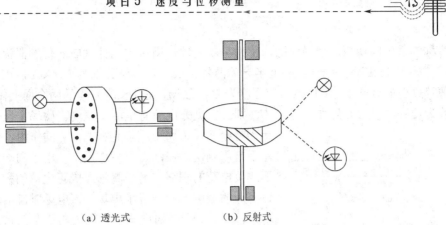

（a）透光式　　　　　　　（b）反射式

图 5.23　光电转速表原理图

光电脉冲转换电路如图 5.24 所示。BG_1 为光敏三极管，当光线照射 BG_1 时，产生光电流，使 R_1 上压降增大，导致晶体管 BG_2 导通，触发由晶体管 BG_3 和 BG_4 组成的射极耦合触发器，使 U_o 为高电位；反之，U_o 为低电位。脉冲信号 U_o 可送到计数电路计数。

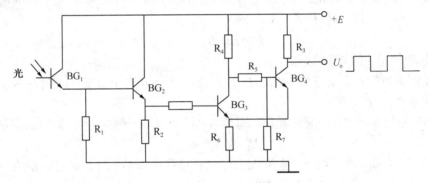

图 5.24　光电脉冲转换电路

任务 2　霍尔式传感器测量位移

知识链接
ZHI SHI LIAN JIE

用半导体材料制成的薄片叫作霍尔元件，会产生较明显的霍尔效应（Hall effect），这是由美国物理学家霍尔经过大量实验发现的，霍尔传感器（Hall type transducer）就是基于霍尔效应工作的。它可以用来直接测量磁场、微位移量和速度，也可以间接测量液位、压力等工业生产过程参数。

5.2.1　霍尔元件工作原理

金属或半导体薄片置于磁感应强度为 B 的磁场中，磁场方向垂直于薄片，当有电流 I 流过薄片时，在垂直于电流和磁场的方向上将产生电动势 E_H，这种现象称为霍尔效应，该电动势称为霍尔电动势，半导体薄片称为霍尔元件，用霍尔元件做成的传感器称为霍尔传感器。

如图 5.25 所示为一个 N 型半导体薄片。长、宽、厚分别为 L、l、d，在垂直于该半导体薄片平面的方向上，施加磁感应强度为 B 的磁场，在其长度方向的两个面上做两个金属电极，称为控制电极，并外加一电压 U，则在长度方向就有电流 I 流动。磁场中自由电子与电流的运动方向相反，将受到洛仑兹力 F_L 的作用，受力的方向可由左手定则判定。在洛仑兹力作用下，电子向一侧偏转，使该侧形成负电荷的积累，另一侧则形成正电荷的积累，所以在半导体薄片的宽度方向形成了电场。该电场对自由电子产生电场力 F_E，该电场力 F_E 对电子的作用力与洛仑兹力的方向相反，即阻止自由电子的继续偏转。当电场力与洛仑兹力相等时，自由电子的积累便达到了动态平衡。把这时在半导体薄片的宽度方向所建立的电场称为霍尔电场，在此方向两个端面之间形成的稳定电势称为霍尔电势 U_H。

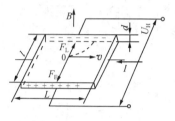

图 5.25　霍尔效应原理图

由实验可知，流入激励电流端的电流 I 越大，作用在薄片上的磁场强度 B 越强，霍尔电势也就越高。霍尔电势 U_H 可用式（5.1）表示

$$U_H = K_H IB \qquad (5.1)$$

式中，K_H 为霍尔元件的灵敏度。

由式（5.1）可知，霍尔电势与 K_H、I、B 有关。当 I、B 大小一定时，K_H 越大，U_H 越大。显然，一般希望 K_H 越大越好。

若磁感应强度 B 不垂直于霍尔元件，而是与其法线成某一角度 θ 时，此时的霍尔电势为

$$U_H = K_H IB\cos\theta \qquad (5.2)$$

由式（5.2）可知，霍尔电势与输入电流 I、磁感应强度 B 成正比，且当 B 的方向改变时，霍尔电势的方向也随之改变。如果所施加的磁场为交变磁场，则霍尔电势为同频率的交变电动势。

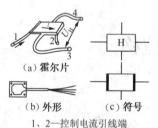

（a）霍尔片

（b）外形　　　（c）符号

1、2—控制电流引线端

3、4—霍尔电势输出端

图 5.26　霍尔元件结构图

由于灵敏度 K_H 与半导体的电子浓度和霍尔元件厚度成反比，一般都是选择半导体材料做霍尔元件，且厚度选择得越小，K_H 越高，但霍尔元件的机械强度将有所下降，且输入、输出电阻增加，因此，霍尔元件不能做得太薄。霍尔元件的壳体可用塑料、环氧树脂等制造，封装后的外形如图 5.26 所示。霍尔元件为一四端子器件。

目前常用的霍尔元件材料是 N 型硅，它的灵敏度、温度特性、线性度均较好。近年来，采用新工艺制作的性能好、尺寸小的薄膜型霍尔元件在灵敏度、稳定性以及对称性等方面大大超过了老工艺制作的元件，应用越来越广泛。

5.2.2　霍尔元件的主要特性参数

（1）输入电阻 R_i 和输出电阻 R_o

霍尔元件两激励电流端的直流电阻称为输入电阻 R_i，两个霍尔电势输出端之间的电阻称

为输出电阻 R_o。R_i 和 R_o 是纯电阻，可用直流电桥或欧姆表直接测量。R_i 和 R_o 均随温度改变而改变，一般为几欧姆到几百欧姆。

（2）额定激励电流 I

霍尔元件在空气中产生 10℃ 的温升时所施加的激励电流值称为额定激励电流 I。

（3）最大激励电流 I_M

由于霍尔电势随激励电流的增加而增大，故在应用中，总希望选用较大的激励电流。但激励电流增大，霍尔元件的功耗增大，元件的温度升高，从而引起霍尔电势的温漂增大，因此每种型号的元件均规定了相应的最大激励电流，它的数值从几毫安到几十毫安。

（4）灵敏度 K_H

K_H 反映了霍尔元件本身所具有的磁电转换能力，单位为 mV/（mA·T）。

（5）不等位电势 U_M

在额定激励电流下，当外加磁场为零时，霍尔元件输出端之间的开路电压为不等位电势。一般要求霍尔元件的 $U_M < 1\,mV$，优质的霍尔元件的 U_M 可以小于 $0.1\,mV$。在实际应用中多采用电桥法来补偿不等位电势引起的误差。

（6）霍尔电势温度系数 α

在一定磁感应强度和激励电流的作用下，温度每变化 1℃ 时霍尔电势变化的百分数称为霍尔电势温度系数 α，它与霍尔元件的材料有关，一般为 0.1%/℃ 左右，在要求较高的场合，应选择低温漂的霍尔元件。

5.2.3　霍尔元件的测量电路及补偿

1. 基本测量电路

霍尔元件的基本测量电路如图 5.27 所示，激励电流由电源 E 供给，调节可变电阻可以改变激励电流 I，R_L 为输出的霍尔电势的负载电阻，它一般是显示仪表、记录装置、放大器电路的输入电阻。由于霍尔电势建立所需的时间极短，约为 $10^{-14} \sim 10^{-12}\,s$，因此其频率响应范围较宽，可达 $10^9\,Hz$ 以上。

霍尔元件属于半导体材料元件，它必然对温度比较敏感，温度的变化对霍尔元件的输入、输出电阻以及霍尔电势都有明显的影响，因此实际应用中必须进行温度补偿。

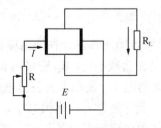

图 5.27　霍尔元件的基本测量电路

2. 温度补偿的方法

霍尔元件的温度补偿通常采用以下几种方法。

① 恒流源补偿法。温度的变化会引起内阻的变化，而内阻的变化又使激励电流发生变化以致影响到霍尔电势的输出，采用恒流源可以补偿这种影响。

② 选择合理的负载电阻进行补偿。在图 5.27 所示的电路中，当温度为 T 时，负载电阻 R_L 上的电压为

$$U_L = \frac{R_L}{R_L + R_O} U_H$$

式中，R_o 为霍尔元件的输出电阻。

当温度变化时，由于受霍尔电势的温度系数 α、霍尔元件输出电阻的温度系数 β 的影响，霍尔元件的输出电阻 R_o 及霍尔电势 U_H 均受到影响，使得负载电阻 R_L 上的电压 U_L 产生变化。要使 U_L 不受温度变化的影响，通过推导可知，R_L、α、β 必须满足下式：

$$R_L = \frac{\beta - \alpha}{\alpha} R_O$$

对一个确定的霍尔元件，可查表得到 α、β 和 R_O 值，再求得 R_L 值，即只要合理选择 R_L 使温度变化时 R_L 上的电压 U_L 维持不变，这样在输出回路就实现了对温度误差的补偿。

③ 利用霍尔元件输入回路的串联电阻或并联电阻进行补偿的方法。霍尔元件在输入回路中采用恒压源供电工作，并使霍尔电势输出端处于开路工作状态，此时可以利用在输入回路串入电阻的方式进行温度补偿，如图 5.28 所示。

经分析可知，当串联电阻取 $R = \frac{\beta - \alpha}{\alpha} R_{i0}$ 时，可以补偿因温度变化而带来的霍尔电势的变化，其中 R_{i0} 为霍尔元件在 0℃时的输入电阻。

霍尔元件在输入回路中采用恒流源供电工作，并使霍尔电势输出端处于开路工作状态，此时可以利用在输入回路并入电阻的方式进行温度补偿，具体如图 5.29 所示。

经分析可知，当并联电阻 $R = \frac{\beta - \alpha}{\alpha} R_{i0}$ 时，可以补偿因温度变化而带来的霍尔电势变化。

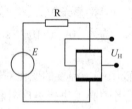
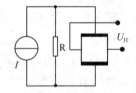

图 5.28　串联输入电阻补偿原理　　　　图 5.29　并联输入电阻补偿原理

④ 热敏电阻补偿法。采用热敏电阻对霍尔元件的温度特性进行补偿，如图 5.30 所示。

当输出的霍尔电势随温度的增加而减小时，R_{t1} 应采用负温度系数的热敏电阻，它随温度的升高而阻值减小，从而增加了激励电流，使输出的霍尔电势增加从而起到补偿作用；而 R_{t2} 也应采用负温度系数的热敏电阻，因它随温升而阻值减小，使负载上的霍尔电势输出增加，同样能起到补偿作用。在使用热敏电阻进行温度补偿时，要求热敏电阻和霍尔元件封装在一

起，或者使两者之间的位置靠得很近，这样才能使补偿效果显著。

3．不等位电势的补偿

在无磁场的情况下，当霍尔元件通过一定的控制电流 I 时，在两输出端产生的电压称为不等位电势，用 U_M 表示。

不等位电势是由于元件输出极焊接不对称、厚薄不均匀或两个输出极接触不良等原因造成的。在使用中为了克服不等位电势，可以应用桥路原理对不等位电势进行补偿，图 5.31 给出了几种常用的补偿电路。

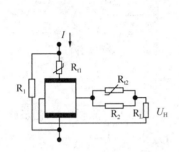

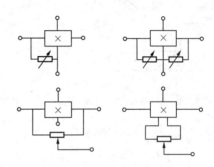

图 5.30　热敏电阻温度补偿电路　　图 5.31　不等位电势的桥式补偿电路

5.2.4　霍尔传感器的应用

根据公式 $U_H=K_HIB\cos\theta$ 可知，霍尔电势 U_H 是 I、B、θ 三个变量的函数。只要固定其中的一个或两个变量，就可以测得另外的变量或因素。其主要用途如下所述。

① 当控制电流 I、磁场强度 B 保持不变时，$U_H=f(\theta)$，主要应用于角位移测量仪等。

② 当控制电流 I、θ 保持不变时，霍尔电势与磁感应强度成正比，主要应用于高斯计、霍尔转速表、磁性产品计数器、霍尔角编码器及基于微小位移测量原理的霍尔加速度计、微压力计等。

③ 当 θ 保持不变时，传感器的输出正比于另外两个变量的乘积，主要应用于模拟乘法器、霍尔功率计、混频器等。

这里仅列举霍尔传感器测量位移和速度的例子。

1．角位移测量仪

角位移测量仪的结构示意图如图 5.32 所示。霍尔器件与被测物连动，而霍尔器件又在一个恒定的磁场中转动，于是霍尔电势 U_H 就反映了转角 θ 的变化。

2．霍尔转速表

如图 5.33 所示为霍尔转速表的示意图。在被测转速的转轴上安装一个齿盘，也可选取机械系统中的一个齿轮，将线性霍尔器件及磁路系统靠近齿盘，随着齿盘的转动，磁路的磁阻也发生周期性的变化，测量霍尔器件输出的脉动频率，该脉动频率经隔直、放大、整形后，就可以确定被测物的转速。

霍尔传感器的其他用途还有霍尔电压传感器、霍尔电流传感器、霍尔电能表、霍尔高斯计、霍尔液位计及霍尔加速度计等。

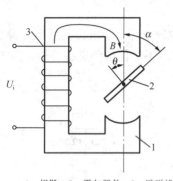

1—极靴；2—霍尔器件；3—励磁线圈

图 5.32　角位移测量仪的结构示意图

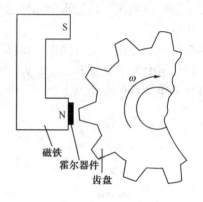

图 5.33　霍尔转速表的示意图

任务 3　电涡流传感器测量位移

知识链接

　　电涡流传感器（Eddy current transducer）具有结构简单、频率响应范围宽、灵敏度高、测量范围大、抗干扰能力强等优点，特别是它可以实现非接触式测量，因此在工业生产和科学技术领域得到了广泛的应用，可实现位移、振动、厚度、转速、应力、硬度等多种物理量的测量，也可用于无损探伤。

5.3.1　电涡流传感器的工作原理

金属导体被置于变化的磁场中，或在固定磁场中运动时，导体内会产生感应电流，该感应电流被称为电涡流或涡流，这种现象被称为涡流效应（Eddy current effect）。电涡流传感器就建立在这种涡流效应的基础上。

如图 5.34 所示为电涡流传感器的工作原理图。在传感器线圈 L 内通以一交变电流 $\dot{i}_1$，由于 $\dot{i}_1$ 是交变电流，因此可在线圈周围产生一个交变的磁场 H_1。被测导体置于该磁场范围时，导体内便产生电涡流 $\dot{i}_2$，此时 $\dot{i}_2$ 将产生一个新的磁场 H_2。根据楞次定律，H_2 与 H_1 方向相反，削弱原磁场 H_1，从而导致线圈的电感量、阻抗和品质因数发生变化。

一般来说，线圈电感量的变化与导体的电导率、磁导率、几何形状、线圈的几何参数、激励电流频率和线圈与被测导体之间的距离等有关。如果控制上述参数中的一个参数改变，而其余参数恒定不变，则电感量就成为此参数的单值函数。如只改变线圈与金属导体间的距离，则电感量的变化即可反映出这两者之间距离的变化量。

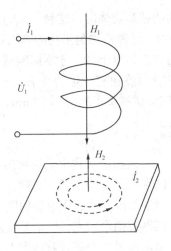

图 5.34　电涡流传感器的工作原理图

5.3.2　电涡流传感器的种类

在电涡流传感器中，磁场变化频率越高，则涡流集肤效应越显著，即涡流穿透深度越小。所以，电涡流传感器根据激励频率高低，可以分为高频反射式和低频透射式两大类。

1．高频反射式电涡流传感器

目前，高频反射式电涡流传感器应用十分广泛。如图 5.35 所示，它由一个扁平线圈固定在框架上构成。线圈用高强度漆包铜线或银线、铼钨合金绕制而成，用胶黏剂粘在框架端部或绕制在框架内。

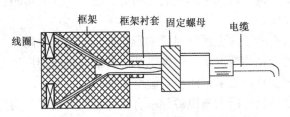

图 5.35　高频反射式电涡流传感器

线圈框架常采用高频陶瓷、聚酰亚胺、环氧玻璃纤维、氮化硼和聚四氟乙烯等损耗小、电性能好、热膨胀系数小的材料。由于激励频率较高，故对所用电缆与插头要充分重视。

电涡流传感器的线圈与被测金属导体间是磁性耦合，电涡流传感器是利用这种耦合程度的变化来进行测量的。因此，被测物体的物理性质及它的尺寸和形状都与总的测量装置有关。一般被测物体的电导率越高，灵敏度也越高。磁导率则相反，当被测物体为磁性体时，灵敏度较非磁性体低，而且被测物体若有剩磁，将影响测量结果，因此应予消磁。

被测物体的大小和形状也与灵敏度密切相关。若被测物体为平面，被测物体的直径应不小于线圈直径的 1.8 倍。当被测物体的直径为线圈直径的一半时，灵敏度将减小一半；若直径更小，则灵敏度下降得更严重。若被测物体表面有镀层，镀层的性质和厚度不均匀也将影响测量精度。当测量转动或移动的被测物体时，这种不均匀将形成干扰信号。尤其当激励频率较高、电涡流的贯穿深度减小时，这种不均匀干扰的影响更加突出。当被测物为圆柱形时，只有当圆柱形直径为线圈直径的 3.5 倍以上时，才不影响测量结果；两者相等时，灵敏度降低为 70%左右。同样，对被测物体厚度也有一定的要求。一般厚度大于 0.2 mm 即不影响测量结果（视激励频率而定）。铜铝等材料更可减薄到 70 μm。

2. 低频透射式电涡流传感器

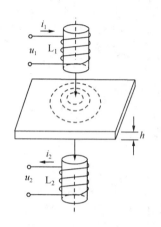

图 5.36 低频透射式电涡流传感器

低频透射式电涡流传感器与高频反射式电涡流传感器的区别在于它采用低频激励，贯穿深度大，适用于测量金属材料的厚度。其工作原理如图 5.36 所示。低频透射式电涡流传感器有两个线圈，一个是发射线圈 L_1，在其上加入电压产生磁场；另一个是接收线圈 L_2，用以产生感应电动势。

发射线圈 L_1 和接收线圈 L_2 分别位于被测材料的上下方。由振荡器产生的高频电压 u_1 加到 L_1 的两端后，线圈中即流过一个同频交变电流，并在其周围产生一交变磁场。如果两线圈间不存在被测金属材料，线圈 L_1 的磁场就能直接贯穿线圈 L_2，于是 L_2 的两端会产生一交变电动势 E。

在 L_1 与 L_2 之间放置一金属板后，L_1 产生的磁力线经过金属板，且在金属板中产生涡流，该涡流削弱了 L_1 产生的磁力线，使达到接收线圈的磁力线减少，从而使 L_2 两端的感应电动势 E 减小。

由于金属板中产生涡流的大小与金属板的厚度有关，金属板越厚，则板内产生的涡流越大，削弱的磁力线越多，接收线圈中产生的电动势就越小，因此可根据接收线圈输出电压的大小，确定金属板的厚度。

金属板中涡流的大小除了受金属板厚度的影响外，还与其电阻率有关，而电阻率又与温度有关，因此，在温度变化的情况下，根据电动势判断金属板的厚度会产生误差。为此，在用涡流法测量金属板厚度时，要求被测材料温度恒定。

由于磁力线贯穿金属板的能力与电源频率有关，频率升高时，磁力线贯穿深度减小，当贯穿深度小于被测金属厚度时，不利于厚度测量。一般地，当测薄金属板时，频率应略高些，而当测厚金属板时，频率应低些。在测量电阻率较小的材料时，应选 500 Hz 左右较低的频率；测量电阻率较大的材料时，则应选用 2 kHz 左右较高的频率，这样可保证在测量不同材料时能得到较好的线性度和灵敏度。

5.3.3 测量电路

由电涡流传感器的基本原理可知，被测量的变化被传感器转化为等效阻抗 Z 的变化，而测量电路是把线圈阻抗 Z 的变化转换为电压或电流输出。

1．调频调幅式测量电路

如图 5.37 所示为调频调幅式测量电路，由电容三点式振荡器、检波器和射极跟随器 3 部分组成。

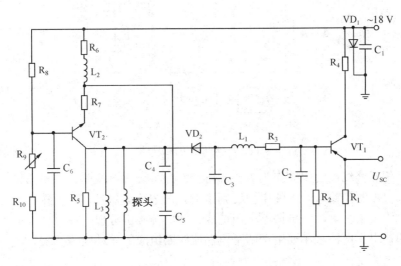

图 5.37　调频调幅式测量电路

电容三点式振荡器的作用是将由位移变化引起的振荡回路 Q 值变化，转换为高频载波信号的幅值变化；检波器由检波二极管和 π 形滤波器组成，其作用是将高频载波中的测量信号不失真地取出；射极跟随器可以获得尽可能大的不失真输出幅度值。

2．调频式测量电路

如图 5.38 所示，调频电路与变频调幅电路一样，将传感器线圈接入电容三点式振荡回路，所不同的是，它以振荡频率的变化作为输出信号。如欲以电压作为输出信号，则应后接鉴频器。

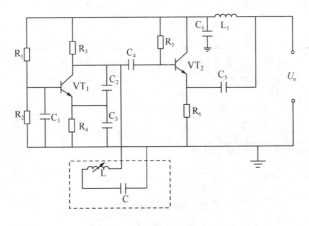

图 5.38　调频式测量电路

电路的关键是提高振荡器的频率稳定性。通常可以从环境温度变化、电缆电容变化及负载影响三方面考虑。另外，提高谐振回路元件本身的稳定性也是提高频率稳定性的一个途径。

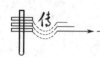
3. 电桥电路

如图5.39所示为电桥法的原理图，其中线圈A和B为传感器线圈。

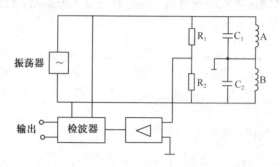

图5.39　电桥法的原理图

电桥法把传感器线圈的阻抗作为电桥的桥臂，并将传感器线圈的阻抗变化转换为电压或电流的变化。无被测量输入时，使电桥达到平衡。在进行测量时，由于传感器线圈的阻抗发生变化，使电桥失去平衡，将电桥不平衡造成的输出信号进行放大并检波，就可以得到与被测量成正比的输出。电桥法主要用于两个电涡流线圈组成的差动式传感器。

5.3.4　典型应用

1. 测量位移和厚度

电涡流传感器可以无接触地测量金属板厚度和废金属板的镀层厚度，如图5.40（a）所示，当金属板的厚度变化时，传感器与金属板间距离改变，从而引起输出电压的变化。由于在工作过程中金属板会上下波动，这将影响其测量精度，因此常用比较的方法测量，在板的上下各安装一个电涡流式传感器，如图5.40（b）所示，其距离为D，而它们与板的上下表面分别相距为d_1和d_2，这样板厚h为

$$h = D - (d_1 + d_2)$$

两个传感器在工作时分别测得d_1和d_2，转换成电压值后送入加法器，相加后的电压值再与两传感器间距离D相应的设定电压相减，就可得到与板厚相对应的电压值。

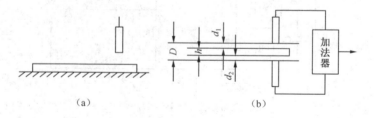

（a）　　　　　　　　　　　　（b）

图5.40　板厚度检测

2. 电涡流式通道安全检查门

如图5.41所示是大家熟知的安全检查门，广泛应用于机场、海关、监狱、造币厂等重要

场所，可以有效地探测出枪支、匕首等金属武器及其他大件金属物品。安检门的密封门框内装有相互垂直的发射线圈和接收线圈，10 kHz 音频信号通过两支发射线圈产生交变磁场，6 支接收线圈分布在门两侧的上、中、下部位，形成 6 个探测区。一旦有金属物品通过，就会在接收线圈中感应出电压，计算机根据感应电压的大小和相位来判断金属物品的大小。

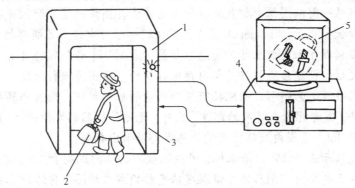

1—指示灯；2—隐蔽的金属物体；3—内藏式电涡流线圈；4—X 光及中子探测器图像处理系统；5—显示器

图 5.41　电涡流式通道安全检查门

知识拓展
ZHI SHI TUO ZHAN

视觉传感器

随着计算机技术、人工智能、光电检测、图像处理及模式识别等各学科的不断发展和相互渗透，视觉检测技术作为一种多领域、多学科交叉的技术已取得了突飞猛进的发展。它是以机器视觉为基础的新型测试技术，具有测量时非接触、速度快、信息量大、应用领域广等特点。视觉检测技术广泛用于产品质量的在线监测，自动巡视商店、银行或其他重要场所的安防监视，产品的标签文字标志检查，纺织印染业中的自动分色、配色，大型物体三维结构尺寸的测量，各种复杂三维表面形状的检测、恢复重构以及逆向工程等领域。视觉检测系统通常由计算机、视觉传感器（Vision sensor）和控制系统三大模块组成。

视觉传感器的优势是在可用的检验备选方案中（即视觉系统、光电传感器、人工检验以及视觉传感器），视觉传感器通常因其精确性、易用性、功能丰富及成本合理而成为最佳选择。

视觉传感器于 20 世纪 50 年代后期出现，发展十分迅速，是机器人中最重要的传感器之一。机器人视觉从 20 世纪 60 年代开始首先处理积木世界，后来发展到处理桌子、椅子、台灯等室内景物，进而处理室外的现实世界。70 年代后，有些实用性的视觉系统出现了，如应用于集成电路生产、精密电子产品装配、饮料罐装箱场合的检验、定位等。另外，随着这门学科的发展，一些先进的思想在人工智能、心理学、计算机图形学、图形处理等领域产生出来。

机器人视觉的作用是从三维环境图像中获得所需的信息并构造出观察对象的明确而有意义的描述，视觉包括三个过程：图像获取、图像处理和图像理解。图像获取即通过视觉传感器将三维环境图像转换为电信号；图像处理是指图像到图像的一种变换，如特征提取；图像理解则在处理的基础上给出环境描述。视觉传感器的核心器件是摄像管或 CCD，摄像管是早期产品，CCD 是后发展起来的。目前的 CCD 已能做到自动聚焦。

1. 视觉传感器的基本原理

视觉传感器能从一整幅图像中捕获数以千计的像素。图像的清晰和细腻程度通常用分辨率来衡量，以像素数量表示。Banner 工程公司提供的部分视觉传感器能够捕获 130 万像素。因此，无论距离目标数厘米或数米远，传感器都能"看到"十分细腻的目标图像。

在捕获图像之后，视觉传感器将其与内存中存储的基准图像进行比较，以做出分析。例如，若视觉传感器被设定为辨别正确地插有 8 颗螺栓的机器部件，则传感器知道应该拒收只有 7 颗螺栓的部件，或者螺栓未对准的部件。此外，无论该机器部件位于视场中的哪个位置，无论该部件是否在 360° 范围内旋转，视觉传感器都能做出判断。

视觉检测一般基于三角法，由摄像机、光源跟被测物体构成测量三角，CCD 相机把光源投射到被测物体表面的经过调制后的三维深度信息转换成二维图像传给计算机，再经由图像处理、特征提取等恢复解调出被测物体的三维形貌信息。简单的结构光视觉传感器可由一个平面结构光投射器 L 与一个 CCD 摄像机 A 组成，但当被测物体表面曲率变化较大时，有时会出现死区现象，即光平面与物体表面的交线被旁边的曲面遮挡，使摄像机无法看到该交线，以致测量信号消失。为避免在测量复杂表面物体时产生的死区现象，可用两个相机 A 和 B 对称分布于光平面两侧，接收光条的漫反射光。

2. 视觉传感器的检测系统组成

视觉传感器的控制电路（MCU）主要包括视频切换、电源供给和 CAN 通信接口三个模块。电源供给电路模块提供 CCD 摄像机、激光投射器与 MCU 的电源，并且由 MCU 控制单元控制着它们的开启与关闭。为了避免激光投射器使用时间过长导致激光器（或普通照明光源）发热，引起光能分布不稳或视觉传感器受热变形，从而影响测量精度，以及延长投射器的使用寿命，当传感器开始测量时，先上电初始化，再打开激光器，测量完毕后即关闭光源电源。由于每个传感器里面含有 1～2 个 CCD 相机，而任一时刻传感器只能输出一路视频信号，因此需要视频切换开关对二路视频信号进行自动分时切换。

3. 视觉传感器的实现方式

视觉传感器是非接触型的，它是电视摄像机等技术的综合，是机器人众多传感器中最稳定的传感器。机器人的视觉传感器有以下三种测量方式。

① 直接处理电视摄像机所摄取的深浅图像亮度信息的处理方式。即把原图像处理成微分图像的深浅图像处理方式。把亮度信息数字化，通常为 4～10 bit，作为 64×64～1 024×1 024 个像素输出处理部分。然后，利用种种已知算法，为线条进行解释，识别被加工物。这种图像处理法的困难是需要处理庞大的输出数据，费时太多。作为机器人的视觉，往往简化成双值，再利用专用处理装置快速处理。

② 把深浅图像双值化再处理的方式。

③ 根据距离信息测量物体的开关和位置的方式。该方法采用的方案有三角测量法和利用两台电视摄像机的立体视觉法等。

4. 视觉传感器的应用

视觉传感器的应用很多,如监视机器人作业、精密地确定位置以便在集成电路芯片上进行焊接、引导机器人的移动、检查药片的缺陷等,这些都是典型的实用例子。机器人视觉在装配工作中的重要程度近似为 30%(包括搬运、进给、组装等),在自动检测中超过 50%,在柔性制造系统中,机器人视觉在监控及柔性定向装置的支撑和插入控制中起到极其重要的作用。

在过去的几年中,机器人视觉的学术研究没有与其实际应用结合起来。当科学工作者努力研究能够识别多物体有阴影的景物,用人工智能技术来识别图像,开发类似人眼的机器人视觉时,产品工程师正在努力研制特定用途的硬件、二进制图像、扫描光和部分物体识别。因此,一些简单的设备用于被观察物体(待装配零件)的进给和预定位,以及被观察物体上的一些重要标记被用于装配系统的识别,而装夹和搬运任意放置的工件还无法实现。

近年来,随着传感器技术的发展,视觉传感器已用于多个领域中,其典型应用领域为组装、自主式智能系统和导航。在组装过程中,局部和整体需求都要用到计算机视觉。元件的定向和定位,或机器人手腕或手爪的一个零件,以及元件的检验或工具放在夹具中都被认为是局部需求。元件的位置或用于安装工艺的机器人工作空间的一个零件被认为是全局需求。机器人视觉主要被用于全局需求,安装过程中组装件的定位。

课外作业 5

1. 什么是光电效应?根据光电效应现象的不同可将光电效应分为哪几类?各举例说明。

2. 光电传感器可分为哪几类?请分别举出几个例子加以说明。

3. 光敏二极管和普通二极管有什么区别?如何鉴别光敏二极管的好坏?

4. 如何检测光敏电阻和光敏三极管的好坏?

5. 什么是霍尔效应?霍尔元件存在不等位电势的主要原因有哪些?

6. 为什么要对霍尔元件进行温度补偿?主要有哪些补偿方法?补偿的原理是什么?

7. 为测量某霍尔元件的乘积灵敏度 K_H,构成如图 5.42 所示的实验线路。现施加 $B=0.1T$ 的外磁场,方向如图 5.42 所示。调节 R 使 $I_C=60$ mA,测量输出电压 $U_H=30$ mV(设表头内阻为无穷大)。试求霍尔元件的乘积灵敏度,并判断其所用材料的类型。

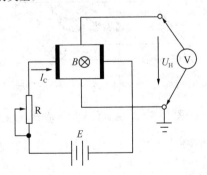

图 5.42　测量霍尔元件乘积灵敏度的实验线路

8. 如图 5.43 所示为一个霍尔式转速测量仪的结构原理图。调制盘上固定有 $P=200$ 对永久磁极，N、S 极交替放置，调制盘与被测转轴刚性连接。在非常接近调制盘面的某位置固定一个霍尔元件，调制盘上每有一对磁极从霍尔元件下面转过，霍尔元件就会产生一个方脉冲，并将其发送到频率计。假定在 $t=5\ \mathrm{min}$ 的采样时间内，频率计共接收到 $N=30$ 万个脉冲，求被测转轴的转速 n 为多少 r/min？

9. 如图 5.44 所示为一个交直流钳形数字电流表的结构原理图。环形磁集束器的作用是将载流导线中被测电流产生的磁场集中到霍尔元件上，以提高灵敏度。设霍尔元件的乘积灵敏度为 K_H，通入的控制电流为 I_C，作用于霍尔元件的磁感应强度 B 与被测电流 I_x 成正比，比例系数为 K_B，现通过测量电路求得霍尔输出电势为 U_H，求被测电流 I_x。

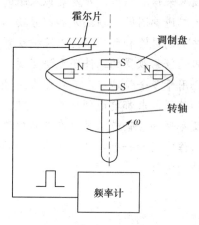

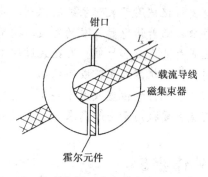

图 5.43　霍尔式转速测量仪的结构原理图　　图 5.44　交直流钳形数字电流表的结构原理图

10. 如图 5.45 所示为光电识别系统示意图。问：

（1）该光电识别装置的工作原理。

（2）各举三个不同类型的例子，简要说明如何将该系统用于诸如邮政，机场安检通道，印制电路板装配，电子元件型号检验，被测物尺寸、形状、面积、颜色等方面的检测。

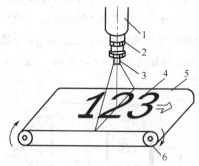

1—光电识别装置；2—焦距调节装置；3—光学镜头；4—被识别图形；5—传送带；6—传动轴

图 5.45　光电识别系统示意图

11. 涡流传感器测量位移与其他位移传感器比较，其主要优点是什么？涡流传感器能否测量大位移量？为什么？

12. 电涡流传感器除了能测量位移外，还能测量哪些非电量？

液位与厚度测量

知识目标

理解光的传输原理和光导纤维传感器的类型
掌握光纤传感器的工作原理、分类和应用
掌握电容传感器的测量电路与应用
理解电容传感器差动结构的优点和测量中存在的问题及解决办法
了解微波传感器的工作原理

技能目标

能利用光纤传感器进行相应物理量的测量
能利用电容传感器实现位移、压力、液位等信号的检测

任务 1　光纤传感器测量液位

知识链接
ZHI SHI LIAN JIE

　　光纤传感器（Fibre optical sensor）是 20 世纪 70 年代中期迅速发展起来的一种新型传感器，是光纤和光通信技术迅速发展的产物。它以光学测量为基础，把被测量的变量状态转换为可测的光信号，可广泛应用于位移、速度、加速度、压力、温度、液位、流量、水声、电声、磁场、放射性射线等的测量。

6.1.1　光纤的结构及种类

　　光导纤维简称光纤，是一种经过特别工艺拉制的、能传输光信息的导光纤维，它主要由高强度石英玻璃、常规玻璃和塑料制成。光纤透明、纤细，具有把光封闭其中，并沿轴向进

行传播的特征。光纤的基本结构如图 6.1 所示，它的结构很简单，由导光的芯体玻璃（简称纤芯）、包层及外护套组成，纤芯位于光纤的中心部位，其直径为 5～100 μm，包层可用玻璃或塑料制成，两层之间形成良好的光学界面，包层外面常有 PVC 外套，可保护纤芯和包层并使光纤具有一定的机械强度。

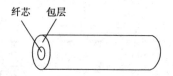

图 6.1　光纤的基本结构

光主要在纤芯中传输，光纤的导光能力主要取决于纤芯和包层的性质，即它们的折射率。纤芯的折射率大于包层的折射率，而且纤芯和包层构成一个同心圆双层结构，所以，可以保证入射到光纤内的光波集中在纤芯内传输。

如图 6.2 所示，按折射率的分布分类，光纤主要有三种类型。

（1）阶跃型

如图 6.2（a）所示，阶跃型多模光纤的折射率不随半径变化，各点分布均匀一致。

（2）梯度型

如图 6.2（b）所示，梯度型多模光纤的纤芯折射率近似呈平方分布，在轴线上折射率最大，离开轴线则逐步降低，又称自聚焦光纤。

（3）单孔型

如图 6.2（c）所示，由于单孔型光纤的纤芯直径较小，光以电磁场模的原理传导，能量损失小，适宜于远距离传输，又称单模光纤。

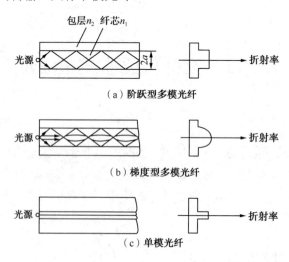

图 6.2　光纤的种类

此外，光纤按纤芯和包层材料性质分类，有玻璃光纤和塑料光纤两类；光纤还可按传输模式分类，有单模光纤和多模光纤两类。

6.1.2 光纤的传输原理

1. 光的全反射定律

光的全反射现象是研究光纤传光原理的基础。在几何光学中，大家知道，当光线以较小的入射角 φ_1（$\varphi_1 < \varphi_c$，φ_c 为临界角）由光密媒质（折射率为 n_1）射入光疏媒质（折射率为 n_2）时，一部分光线被反射，另一部分光线折射入光疏媒质，如图 6.3（a）所示。折射角满足斯乃尔法则，即

$$n_1 \sin\varphi_1 = n_2 \sin\varphi_2 \tag{6.1}$$

根据能量守恒定律，反射光与折射光的能量之和等于入射光的能量。

当逐渐加大入射角 φ_1，一直到 φ_c 时，折射光就会沿着界面传播，此时折射角 $\varphi_2 = 90°$，如图 6.3（b）所示，这时的入射角 $\varphi_1 = \varphi_c$，称为临界角，由式（6.2）决定。

$$\sin\varphi_c = \frac{n_2}{n_1} \tag{6.2}$$

当继续加大入射角 φ_1（即 $\varphi_1 > \varphi_c$）时，光不再产生折射，只有反射，形成光的全反射现象，如图 6.3（c）所示。

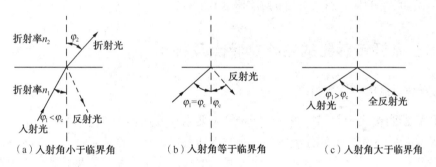

图 6.3 光线在临界面上发生的内反射示意图

2. 光纤的传光原理

下面以阶跃型多模光纤为例来说明光纤的传光原理。

阶跃型多模光纤中子午光线的传播如图 6.4 所示。设纤芯的折射率为 n_1，包层的折射率为 n_2（$n_1 > n_2$）。当光线从空气（折射率 n_0）中射入光纤的一个端面，并与其轴线的夹角为 θ_0 时，如图 6.4（a）所示，在光纤内折成 θ_1 角，然后以 φ_1（$\varphi_1 = 90° - \theta_1$）角入射到纤芯与包层的界面上。若入射角 φ_1 大于临界角 φ_c，则入射的光线就能在界面上产生全反射，并在光纤内部以同样的角度反复逐次全反射地向前传播，直至从光纤的另一端射出。因光纤两端都处于同一媒质（空气）之中，所以出射角也为 θ_0。光纤即便弯曲，光也能沿着光纤传播，但是光纤过分弯曲，以致使光射至界面的入射角小于临界角时，则大部分光将透过包层损失掉，从而不能在纤芯内部传播，如图 6.4（b）所示。

从空气中射入光纤的光并不一定都在光纤中产生全反射。图 6.4（a）中所示的虚线表示入射角 θ_0' 过大，光线不能满足临界角要求（即 $\varphi_1 < \varphi_c$），这部分光线将穿透包层而逸出，称为漏光。即使有少量光被反射回光纤内部，但经过多次这样的反射后，能量已基本上损耗掉，

以致几乎没有光通过光纤传播出去。因此，只有在光纤端面一定入射角范围内的光线才能在光纤内部产生全反射而传播出去，能产生全反射的最大入射角可以通过临界角定义求得。

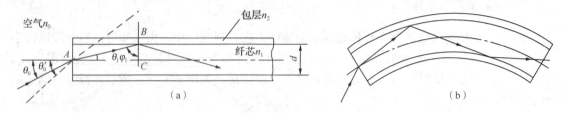

图 6.4　阶跃型多模光纤中子午光线的传播

引入光纤的数值孔径（N_A）这个概念，则

$$\sin \theta_c = \frac{1}{n_0}\sqrt{n_1^2 - n_2^2} = N_A \qquad (6.3)$$

数值孔径是衡量光纤集光性能的一个主要参数，它决定了能被传播的光束的半孔径角的最大值 θ_c，反映了光纤的集光能力。它表示无论光源发射功率多大，只有 $2\theta_c$ 张角的光才能被光纤接收和传播（全反射）。N_A 数值越大，光纤的集光能力越强。光纤产品通常不给出折射率，而只给出 N_A 的值。石英光纤的 N_A 值为 0.2～0.4。

6.1.3　光纤传感器的结构、特点及种类

1. 光纤传感器的结构与特点

光纤传感器的构成示意图如图 6.5 所示，主要由光发送器、敏感元件、光接收器、信号处理系统及光导纤维等主要部分组成。由光发送器发出的光，经光纤引导到调制区，被测参数通过敏感元件的作用，使光学性质（如光强、波长、频率、相位、偏振态等）发生变化而成为被调制光，再经光纤送到光接收器，经过信号处理系统处理而获得测量结果。在检测过程中，用光作为敏感信息的载体，用光导纤维作为传输光信息的媒质，通过检测光纤中光波参数的变化以达到检测外界被测物理量的目的。

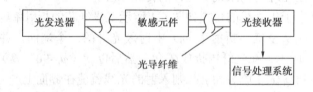

图 6.5　光纤传感器的构成示意图

光纤传感器与常规的传感器相比，具有以下特点。

① 抗电磁干扰能力强。当光信息在光纤中传输时，它不会与电磁场产生作用，因而信息在传输过程中抗电磁干扰能力很强，特别适用于电力系统。

② 电绝缘性能好。光纤一般用石英玻璃制作，是不导电的非金属材料，其外层的涂覆材料硅胶也不导电，因而光纤的绝缘性能高，便于测量带高压电设备的各种参数。

③ 防爆性能好，耐腐蚀，耐高温。由于在光纤内部传输的是能量很小的光信息，不会

产生火花、高温、漏电等不安全现象，因此安全性能好。光纤传感器适合于有强腐蚀性对象的参数测量。

④ 光纤细且柔软，直径仅有几十微米至几百微米，可制成非常小巧的光纤传感器，用于测量特殊对象及场合的参数。例如可深入机器内部或人体弯曲的内脏进行检测，也能使光沿需要的路径传输。

⑤ 可利用现有的光能技术组成遥测网。

2．光纤传感器的分类

光纤传感器种类繁多，应用范围极广，发展也极为迅速。从广义上讲，凡是采用光导纤维的传感器均可称为光纤传感器，其分类方法如下。

（1）按测量对象分类

按测量对象的不同，光纤传感器可以分为光纤温度传感器、光纤浓度传感器、光纤电流传感器、光纤流速传感器等。

（2）按光纤在传感器中的作用分类

按光纤在传感器中所起的作用不同，可分为 FF 型（Function Fiber，功能型光纤传感器）和 NFF 型（Non Function Fider，非功能型光纤传感器）两类。

（3）按光纤中光波调制的原理分类

光波在光纤中传输光信息，把被测物理量的变化转变为调制的光波，即可检测出被测物理量的变化。光波在本质上是一种电磁波，因此它具有光的强度、频率、相位、波长和偏振态 5 个参数。相应地，根据被调制参数的不同，光纤传感器可分为 5 类，即强度调制型光纤传感器、相位调制型光纤传感器、偏振调制型光纤传感器、频率调制型光纤传感器和波长调制型光纤传感器。下面主要介绍强度调制型光纤传感器和相位调制型光纤传感器。

3．光纤传感器的功能

（1）强度调制型光纤传感器

强度调制型光纤传感器是应用较多的光纤传感器，它的结构比较简单，可靠性高，但灵敏度稍低。强度调制型光纤传感器的几种形式如图 6.6 所示。

① 反射式。如图 6.6（a）所示，当被测表面前后移动时引起反射光强发生变化，利用该原理可进行位移、振动、压力等参数的测量。

② 遮光式。如图 6.6（b）所示，不透光的被测物部分遮挡在两根传感臂光纤的聚焦透镜之间，当被测物上下移动时，引起另一根传感臂光纤接收到的光强发生变化。利用该原理可进行位移、振动、压力等参数的测量。

③ 吸收式。如图 6.6（c）所示，透光的吸收体遮挡在两根光纤之间，当被测物理量引起吸收体对光的吸收量改变时，引起光纤接收到的光强发生变化。利用该原理可进行温度等参数的测量。

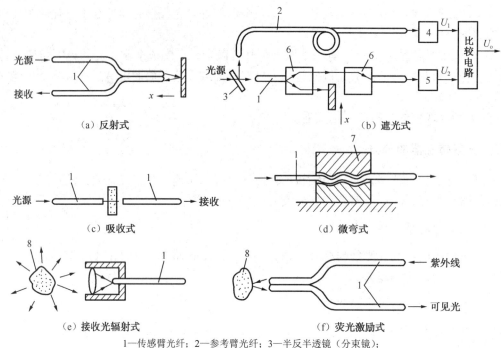

（a）反射式　　　　　　　　　　　　（b）遮光式

（c）吸收式　　　　　　　　　　　　（d）微弯式

（e）接收光辐射式　　　　　　　　　　（f）荧光激励式

1—传感臂光纤；2—参考臂光纤；3—半反半透镜（分束镜）；

4—光电探测器A；5—光电探测器B；6—透镜；7—变形器；8—荧光体

图6.6　强度调制型光纤传感器的形式

④　微弯式。如图 6.6（d）所示，将光纤放在两块齿形变形器之间，当变形器受力时，将引起光纤发生弯曲变形，使光纤损耗增大，光电检测器接收到的光强变小。利用该原理可进行压力、力、质量、振动等参数的测量。

⑤　接收光辐射式。如图 6.6（e）所示，被测体本身为光源，传感器本身不设置光源。根据光纤接收到的光辐射强度来检测与辐射有关的被测量。其典型应用是利用黑体受热发出红外辐射来检测温度，还可用于检测放射线等。

⑥　荧光激励式。如图 6.6（f）所示，传感器的光源为紫外线，紫外线照射到某些荧光物质上时，就会激励出荧光，荧光的强度与材料自身的各种参数有关。利用这种原理可进行温度、化学成分等参数的测量。

大部分强度调制型光纤传感器都属于传光型，对光纤的要求不高，但希望耦合进入光纤的光强尽量大些，所以一般选用较粗芯径的多模光纤，甚至可以使用塑料光纤。另外，强度调制型光纤传感器的信号检测电路比较简单。

（2）相位调制型光纤传感器

某些被测量作用于光纤时，将引起光纤中光的相位发生变化。由于光的相位变化难以用光电元件直接检测出来，因此通常要利用光的干涉效应，将光相位的变化量转换成光干涉条纹的变化来检测，所以相位调制型光纤传感器有时又称为干涉型光纤传感器。

相位调制型光纤传感器的灵敏度极高，并具有大的动态范围。一个好的光纤干涉系统可以检测出 10^{-4} 弧度的微小相位变化。例如在相位调制型光纤温度传感器中，温度每变化 $1\,℃$，就可使 $1\,m$ 长的光纤中光的相位变化 100 弧度，所以该系统理论上可以达到 $10^{-6}\,℃$ 的分辨力，这样的分辨力是其他传感器所难以达到的。当然，环境参数的变化也必然对这样灵敏的系统造成干扰，因此系统必须考虑适当的补偿措施，如采用差动结构。相位调制型光纤传感器的结构比较复杂，且需要使用激光（ILD）及单模光纤。如图6.7所示给出了双路光纤干涉仪的原理图。

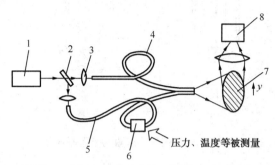

1—ILD；2—分束镜；3—透镜；4—参考光纤（参考臂）；5—传感光纤（测量臂）；

6—敏感头；7—干涉条纹；8—光电读出器

图6.7　双路光纤干涉仪的原理图

将光纤测量臂输出的光与不受被测量影响的另一根光纤（也称作参考臂）的参考光做比较，根据比较结果可以计算出被测量。

双路光纤干涉仪必须设置两条光路，一束光通过敏感头感受被测量影响，另一束光通过参考光纤，它的光程是固定的。在两束光的汇合投影处，测量臂传输的光与参考臂传输的光将因相位不同而产生明暗相间的干涉条纹。当外界因素使传感光纤中的光产生光程差Δl时，干涉条纹将发生移动，移动的数目$m = \Delta l / \lambda$（λ为光的波长）。外界因素可以是被测的压力、温度、磁致伸缩、应变等物理量。根据干涉条纹的变化量，就可检测出被测量的变化，常见的检测方法有条纹计数法等。

任务与实施
REN WU YU SHI SHI

【任务1】　在工厂车间里，有许多大功率电动机、交流接触器、晶闸管调压设备和感应电炉等，在防爆场合采用电气测量时，就会遇到电磁感应引起的噪声问题，在可能产生化学泄漏或可燃性气体溢出的场合，就会遇到腐蚀和防爆的问题。在这些环境恶劣的场合，要求对高压变压器冷却油液位进行检测，采用何种传感器较合适？如何测量？

【实施方案】　光纤液位传感器利用强度调制型光纤反射式原理制成，其工作原理图如图6.8所示。LED发出的红光被聚焦射入到入射光纤中，经在光纤中长距离全反射到达球形端部。一部分光线透过端面；另一部分经端面反射回到出射光纤，被另一根接收光纤末端的光敏二极管VD接收（图中未画出）。

液体的折射率比空气大，当球形端面与液体接触时，通过球形端面的光透射量增加而反射量减少，由后续电路判断反光量是否小于阈值，就可判断传感器是否与液体接触。该液位传感器的缺点是液体在透明球形端面的黏附现象会造成误判；另外，不同液体的折射率不同，对反射光的衰减量也不同。因此，必须根据不同的被测液体调整相应的阈值。

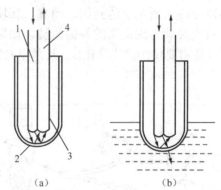

（a）　　　　　　　（b）

1—入射光纤；2—透明球形端面；3—包层；4—出射光纤

图6.8　光纤液位传感器的工作原理图

光纤液位传感器用于高压变压器冷却油的液位检测报警电路如图6.9所示。

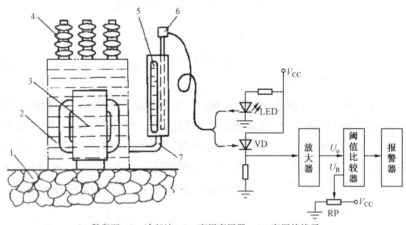

1—鹅卵石；2—冷却油；3—高压变压器；4—高压绝缘子；
5—冷却油液位指示窗口；6—光纤液位传感器；7—连通器

图6.9　光纤液位传感器用于高压变压器冷却油的液位检测报警电路

当变压器冷却油液位低于光纤液位传感器的球形端面时，出射光纤的接收光敏二极管接收到的光量减少。当 U_o 小于阈值 U_R 时，报警器报警。因为光纤传感器不会将高电压引入到计算机控制系统，所以绝缘问题较易解决。

如果要检测上、下限油位，可设置两个光纤液位传感器。

【任务2】　在一些易燃、易爆的化工车间进行温度测量时，就会遇到防爆问题。选用何种传感器适合于远距离防爆场所的温度检测呢？

【实施方案】　光纤温度传感器是一种适合于远距离防爆场所的环境温度检测的传感器。光纤温度传感器是利用了强度调制型光纤荧光激励式原理制成的，如图6.10所示。

LED 将 0.64 μm 的可见光耦合投射到入射光纤中，感温壳体左端的空腔中充满彩色液晶，入射光经液晶散射后耦合到出射光纤中。当被测温度 t 升高时，液晶的颜色变暗，出射光纤得到的光强变弱，经光敏三极管和放大器后得到的输出电压 U_o 与被测温度 t 呈某一函数关系。

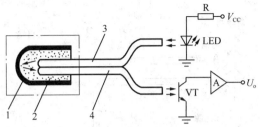

1—感温黑色壳体；2—液晶；3—入射光纤；4—出射光纤

图 6.10 光纤温度传感器

对于被测温度较高的情况可利用光纤高温传感器测量。光纤高温传感器包括端部掺杂质的高温蓝宝石单晶光纤探头、光电探测器和辐射信号处理系统，如图 6.11 所示。

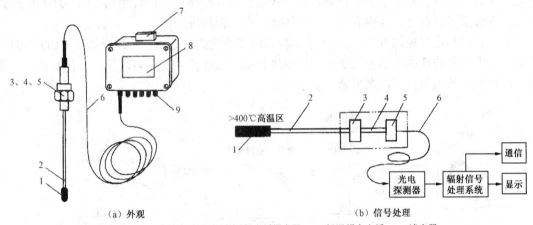

（a）外观　　　　　　　　　　（b）信号处理

1—黑体腔；2—蓝宝石高温光纤；3—光纤耦合器；4—低温耦合光纤；5—滤光器；

6—传导光纤；7—通信接口；8—辐射信号处理系统及显示器；9—多路输入端子

图 6.11 光纤高温传感器

当光纤温度传感器端部达到 400℃以上时，由于黑体腔被加热而引起热辐射（红外光），蓝宝石高温光纤收集黑体腔的红外热辐射，红外线经蓝宝石高温光纤传输并耦合进入低温光纤，然后射入末端的光敏二极管（两者轴线对准）。光电二极管接收到的红外信号经过光电转换、信号放大、线性化处理、A/D 转换、计算机处理后给出待测温度。为实现多点测量，加入多路开关，通过微机控制选择测点顺序。

该光纤高温传感器的测温上限可达 1 800℃。在 800℃以上时，灵敏度优于 1℃；在 1 000℃以上时，可分辨温度优于 0.1℃。因此，在现代的质量控制及工艺过程控制中具有广泛的应用。

【任务3】 在工业生产的某些过程中，经常需要检查系统内部结构状况，而这种结构由于各种原因不能打开或靠近观察。在这种情况下，采用何种仪器和原理来检查系统内部结构情况呢？

【实施方案】 采用光纤图像传感器可解决这一难题。将探头事先放入系统内部，通过传像束的传输可以在系统外部观察并监视系统内部情况，工业用内窥镜的工作原理图如图 6.12 所示。

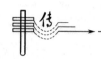

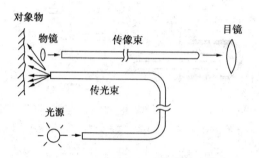

图 6.12　工业用内窥镜的工作原理图

　　该传感器主要由物镜、传像束、传光束、目镜或图像显示器等组成，光源发出的光通过传光束照射到待测物体上，照明视场，再由物镜成像，经传像束把待测物体的各像素传送到目镜或图像显示设备上，观察者便可对该图像进行分析处理。

　　另一种结构形式如图 6.13 所示。被测物体内部结构的图像通过传像束送到 CCD 器件，这样把图像信号转换成电信号，送入计算机进行处理，计算机输出可以控制一伺服装置，实现跟踪扫描，其结果也可以在屏幕上显示和打印。

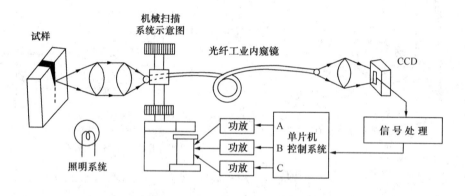

图 6.13　计算机控制的工业内窥镜

任务 2　电容传感器测量液位和厚度

📖 知识链接

　　电容式传感器（Capacitance-type sensor）是利用各种电容器将被测物理量转换成电容量的变化，再经测量转换电路转换为电压、电流或频率信号。它具有结构简单、分辨率高、动态响应快、工作可靠等特点，能在高温、辐射和强烈震动等恶劣条件下实现对液位、物位、厚度、加速度、湿度、压力、位移等多种参数的检测。

6.2.1 变间隙式电容传感器

如图 6.14 所示，平行板电容器是由绝缘介质分开的两个平行金属板组成的，当忽略边缘效应影响时，其电容量为

$$C = \frac{\varepsilon S}{d} = \frac{\varepsilon_0 \varepsilon_r S}{d} \tag{6.4}$$

式中，S 是极板的有效面积，d 是两极板间的距离（又称极距），ε 是绝缘介质的介电常数，ε_r 是绝缘介质的相对介电常数，ε_0 是真空的介电常数（$\varepsilon_0 = 8.85 \times 10^{-12}$ F/m）。

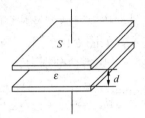

图 6.14　平行板电容器

若被测量的变化使电容的 d、S、ε 三个参量中的一个参量改变，则电容量就将发生变化。如果变化的参量与被测量之间存在一定的函数关系，那么被测量的变化就可以直接由电容量的变化反映出来。所以，电容式传感器可以分为改变极板面积的变面积式、改变极板距离的变间隙式和改变介电常数的变介电常数式三种类型。

1. 工作原理

基本的变间隙式电容传感器有一个定极板和一个动极板，如图 6.15 所示，当动极板随被测量变化而移动时，两极板的间距 d 就发生了变化，从而也就改变了两极板间的电容量 C。

设动极板在初始位置时与定极板的间距为 d_0，此时的初始电容量为 $C_0 = \frac{\varepsilon S}{d_0}$，当可动极板向上移动 Δd 时，电容的增加量为

$$\Delta C = \frac{\varepsilon S}{d_0 - \Delta d} - \frac{\varepsilon S}{d_0} = \frac{\varepsilon S}{d_0} \cdot \frac{\Delta d}{d_0 - \Delta d} = C_0 \cdot \frac{\Delta d}{d_0 - \Delta d} \tag{6.5}$$

式（6.5）说明，ΔC 与 Δd 不是线性关系。但当 $\Delta d \ll d_0$（即量程远小于极板间初始距离）时，可以认为 ΔC 与 Δd 是线性的。即

$$\Delta C = \frac{\Delta d}{d_0} C_0 \tag{6.6}$$

则有

$$\frac{\Delta C}{C_0} = \frac{\Delta d}{d_0} \tag{6.7}$$

传感器被近似看作是线性时，其灵敏度为

$$K = \frac{\Delta C}{\Delta d} = \frac{C_0}{d_0} = \frac{\varepsilon S}{d_0^2} \tag{6.8}$$

由式（6.8）可见，增大 S 和减小 d_0 均可提高传感器的灵敏度，但要受到传感器体积和击穿电压的限制。此外，对于同样大小的 Δd，d_0 越小，则 $\Delta d/d_0$ 越大，由此造成的非线性误差也越大。因此，这种类型的传感器一般用于测量微小的变化量。

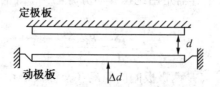

图 6.15　基本的变间隙式电容传感器

在实际应用中，为了改善非线性、提高灵敏度及减少电源电压、环境温度等外界因素的影响，电容传感器也常做成差动形式，如图 6.16 所示。当动极板向上移动 Δd 时，上电容 C_1 电容量增加，下电容 C_2 电容量减少，其电容值分别为

$$C_1 = C_0 + \Delta C_1 = \frac{\varepsilon S}{d_0 - \Delta d} = \frac{\varepsilon S}{d_0} \times \frac{1}{1 - \dfrac{\Delta d}{d_0}} = \frac{C_0}{1 - \dfrac{\Delta d}{d_0}} \tag{6.9}$$

$$C_2 = C_0 - \Delta C_2 = \frac{\varepsilon S}{d_0 + \Delta d} = \frac{\varepsilon S}{d_0} \times \frac{1}{1 + \dfrac{\Delta d}{d_0}} = \frac{C_0}{1 + \dfrac{\Delta d}{d_0}} \tag{6.10}$$

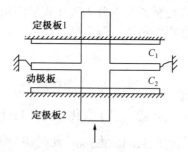

图 6.16　差动结构的变间隙式电容传感器

把式（6.9）、式（6.10）用级数展开，可得

$$C_1 = C_0 \left[1 + \frac{\Delta d}{d_0} + \left(\frac{\Delta d}{d_0} \right)^2 + \left(\frac{\Delta d}{d_0} \right)^3 + \cdots \right] \tag{6.11}$$

$$C_2 = C_0 \left[1 - \frac{\Delta d}{d_0} + \left(\frac{\Delta d}{d_0} \right)^2 - \left(\frac{\Delta d}{d_0} \right)^3 + \cdots \right] \tag{6.12}$$

用式（6.11）减去式（6.12），可得

$$\Delta C = C_1 - C_2 = C_0 \left[2 \frac{\Delta d}{d_0} + 2 \left(\frac{\Delta d}{d_0} \right)^3 + \cdots \right] \tag{6.13}$$

当 $\Delta d \ll d_0$ 时，ΔC 与 Δd 近似呈线性，即

$$\frac{\Delta C}{C_0} = 2\frac{\Delta d}{d_0} \tag{6.14}$$

此时传感器的灵敏度为

$$K = \frac{\Delta C}{\Delta d} = 2\frac{C_0}{d_0} = \frac{2\varepsilon S}{d_0^2} \tag{6.15}$$

与基本的变间隙式传感器相比，差动式传感器的非线性误差减少了一个数量级，而且提高了测量灵敏度，所以在实际应用中被较多采用。

2. 测量电路

电容传感器的输出电容值一般十分微小，几乎都在几皮法至几十皮法之间，如此小的电容量不便于直接测量和显示，因而必须借助于一些测量电路，将微小的电容值成比例地换算为电压、电流或频率信号。

根据电路输出量的不同，可分为调幅型电路、差动脉宽调制型电路和调频型电路。

（1）调幅型电路

这种测量电路输出的是幅值正比于或近似正比于被测信号的电压信号，以下两种是常见的电路形式。

① 差动交流电桥电路。差动接法的变压器交流电桥电路如图 6.17 所示，其中相邻两臂接入差动结构的电容传感器。

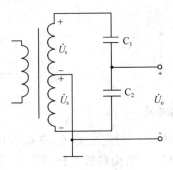

图 6.17 差动接法的变压器交流电桥电路

电容传感器未工作时，$C_1 = C_2 = C_0$，电路输出 $\dot{U}_o = 0$。

当被测参数变化时，电容传感器 C_1 变大，C_2 变小，即 $C_1 = C_0 + \Delta C$，$C_2 = C_0 - \Delta C$，则输出电压 $\dot{U}_o$ 与 ΔC 之间的关系可表示为

$$\frac{\dot{U}_s - \dot{U}_o}{\dfrac{1}{j\omega(C_0 + \Delta C)}} = \frac{\dot{U}_s + \dot{U}_o}{\dfrac{1}{j\omega(C_0 - \Delta C)}}$$

整理可得

$$\dot{U}_o = \frac{(C_0 + \Delta C) - (C_0 - \Delta C)}{(C_0 + \Delta C) + (C_0 - \Delta C)}\dot{U}_s = \frac{\Delta C}{C_0}\dot{U}_s \tag{6.16}$$

式（6.16）表明，差动接法的交流电桥电路的输出电压 $\dot{U}_o$ 与被测电容 ΔC 之间呈线性关系。

② 运算放大器式测量电路。电路如图 6.18 所示，图中运放为理想运算放大器，其输出电压与输入电压之间的关系为

$$u_o = -u_i \frac{C_0}{C_x} \tag{6.17}$$

式中，C_0 为固定电容，C_x 为电容传感器。

将 $C_x = \dfrac{\varepsilon S}{d}$ 代入式（6.17）中，可得

$$u_o = -u_i \frac{C_0}{\varepsilon S} \cdot d \tag{6.18}$$

由式（6.18）可见，采用基本运算放大器的最大特点是电路输出电压与电容传感器的极距成正比，使基本变间隙式电容传感器的输出特性具有线性特性。

在该运算放大电路中，选择输入阻抗和放大增益足够大的运算放大器，以及具有一定精度的输入电源、固定电容，则可使用基本变间隙式电容传感器测出 0.1 μm 的微小位移。该运算放大器电路在初始状态时，有时输出电压不为零，这是电路存在的缺点。因此，在测量中常用如图 6.19 所示的调零电路。

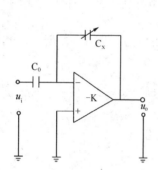

图 6.18　运算放大器式测量电路

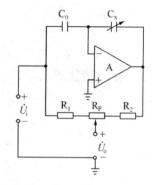

图 6.19　调零电路

在上述运算放大器式测量电路中，固定电容 C_0 在电容传感器 C_x 的检测过程中还起到了参比测量的作用。因而当 C_0 和 C_x 结构参数及材料完全相同时，环境温度对测量的影响可以得到补偿。

（2）差动脉宽调制型电路

如图 6.20 所示，图中 A_1、A_2 为理想运算放大器，F 为双稳态基本 RS 触发器，电阻与电容 R_1、C_1 和 R_2、C_2 分别构成充电回路。VD_1、C_1 和 VD_2、C_2 分别构成放电回路，u_r 为标准输入电源，而将双稳态触发器的输出作为电路脉冲输出。

电路的工作原理是，通过传感器电容充放电，使电路输出脉冲的占空比随电容传感器的电容量变化而变化，再通过低频滤波器得到对应于被测量变化的直流信号。过程分析如下所述。

$Q = 1$，$\bar{Q} = 0$ 时，A 点通过 R_1 对 C_1 充电，同时电容 C_2 通过 VD_2 迅速放电，使 N 点电压钳位在低电平。A_2 输出为"＋"，即 $\bar{S}_D = 1$。R_1、C_1 回路充电，在充电过程中，M 点对地电位不断升高，当 $u_M < u_r$（u_r 为标准参考电压）时，A_1 输出为"＋"，即 $\bar{R}_D = 1$，$Q = 1$，$\bar{Q} = 0$ 的状态保持。当 $u_M > u_r$ 时，A_1 输出为"－"，即 $\bar{R}_D = 0$，此时，双稳态触发器翻转，使 $Q = 0$，$\bar{Q} = 1$。

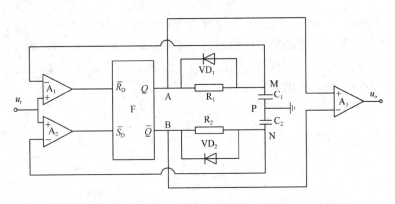

图 6.20　差动脉宽调制型电路

$Q=0$，$\bar{Q}=1$ 时，N 点通过 R_2 对 C_2 充电，同时电容 C_1 通过 VD_1 迅速放电，使 M 点电压钳位在低电平。A_1 输出为 "+"，即 $\bar{R}_D=1$。R_2、C_2 回路充电，在充电过程中，N 点对地电位不断升高，当 $u_N < u_r$ 时，A_2 输出为 "+"，即 $\bar{S}_D=1$，$Q=0$，$\bar{Q}=1$ 的状态保持。当 $u_N > u_r$ 时，A_2 输出为 "–"，即 $\bar{S}_D=0$，此时，双稳态触发器翻转，使 $Q=1$，$\bar{Q}=0$。此过程周而复始。

电路输出脉冲由 A、B 两点电平决定，高电平电压为 U_H，低电平为 0。波形如图 6.21 所示。

当 $C_1=C_2$，$R_1=R_2$ 时，A 点脉冲与 B 点脉冲宽度相同，方向相反，波形如图 6.21（a）所示。

当 C_1 增大，C_2 减小时，R_1、C_1 充电时间变长，$Q=1$ 的时间延长，u_A 的脉宽变宽；而 R_2、C_2 充电时间变短，$Q=0$ 的时间缩短，u_B 的脉宽变窄。把 A、B 接到低通滤波器，得到与电容变化相应的电压输出，即 u_o 脉冲变宽。波形如图 6.21（b）所示。

当 C_1 减小，C_2 增大时，R_1、C_1 充电时间变短，$Q=1$ 的时间缩短，u_A 的脉宽变窄；而 R_2、C_2 充电时间变长，$Q=0$ 的时间延长，u_B 的脉宽变宽。同样，把 A、B 接到低通滤波器，得到与电容变化相应的电压输出，即 u_o 脉冲变窄。

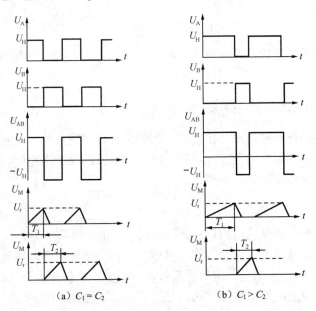

（a）$C_1=C_2$ 　　　　　（b）$C_1>C_2$

图 6.21　电路各点的充放电波形

由以上分析可知，当 $C_1 = C_2$ 时，两个电容充电时间常数相等，两个输出脉冲宽度相等，输出电压的平均值为零。当差动电容传感器处于工作状态，即 $C_1 \neq C_2$ 时，两个电容的充电时间常数发生变化，R_1、C_1 充电时间 T_1 正比于 C_1，而 R_2、C_2 充电时间 T_2 正比于 C_2，这时输出电压的平均值不等于零。输出电压为

$$U_o = \frac{T_1}{T_1 + T_2}U_H - \frac{T_2}{T_1 + T_2}U_H = \frac{T_1 - T_2}{T_1 + T_2}U_H \tag{6.19}$$

当电阻 $R_1 = R_2 = R$ 时，则有

$$U_o = \frac{C_1 - C_2}{C_1 + C_2}U_H \tag{6.20}$$

由此可知，差动脉宽调制型电路的输出电压与电容变化呈线性关系。

（3）调频型电路

如图 6.22 所示为调频—鉴频电路的原理图。振荡器谐振电路由电容式传感器与电感元件构成，当传感器工作时，电容量发生变化，导致振荡频率产生相应的变化，再经过鉴频电路将频率的变化转换为振幅的变化，经放大器放大后即可显示，这种方法称为调频法。调频振荡器的振荡频率由下式决定

$$f = \frac{1}{2\pi\sqrt{LC}} \tag{6.21}$$

式中，L 为振荡回路电感，C 为振荡回路总电容。

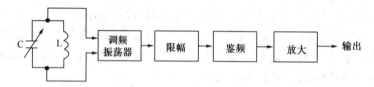

图 6.22　调频—鉴频电路原理图

调频型测量电路的主要优点是抗外来干扰能力强，特性稳定，且能取得较高的直流输出信号。

3. 测量中存在的问题及解决办法

前面对各类电容传感器的原理分析，均是在理想条件下进行的。实际上，由于温度、电场边缘效应、寄生电容等因素的存在，可能使电容传感器的特性不稳定，严重时甚至使其无法工作。下面对这些因素做简单的介绍。

（1）温度影响

温度变化主要影响传感器的结构尺寸。当温度上升时，具有一定温度系数的电容器极板尺寸增大，使极板的有效面积增大而致使电容增加；极板厚度的增加导致极间距离减小，同样使电容增加。为了减小这种误差，应尽量选择温度系数小且稳定的金属材料做电容器极板，如铁镍合金。此外，应采用差动对称结构，在测量电路中加以补偿。

除了空气介质和云母介质，温度对电容器极板间介质的介电常数也有一定的影响。其中

硅油、煤油等液体介质的介电常数是随温度的升高而近似呈线性减小的，这种变化引入的误差只能在测量电路中加以补偿。

温度还可能影响到电容器极板支承架的电绝缘性能。电容传感器的容抗都很高，特别是当激励频率较低时，极板支承架的绝缘电阻的阻值因温度升高而下降，若该电阻值下降至与容抗相接近时，其漏电流的影响将使电容传感器灵敏度下降，为此极板支承架应选择绝缘性能良好的材料，如陶瓷、石英等高绝缘电阻，低吸湿性材料。也可以适当增加激励源频率以减小容抗，从而降低支承架漏电流的影响。

（2）电场的边缘效应

在电容器极板的周边，极间电场分布并不均匀，这种现象被称为边缘效应。边缘效应使电容传感器测量精度下降，非线性上升。增加极板面积和减小极间距离可减小边缘效应的影响，当检测精度要求很高时，可考虑加装等位环，如图6.23所示，即在极板周边外围的同一平面上加装一个同心圆环，从而使得极板周边极间电场分布均匀，以消除边缘效应的影响。

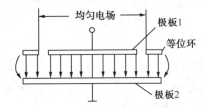

图6.23 极板周边加装同心圆环示意图

（3）寄生电容的影响

电容传感器的电容值通常很小，若测量电路处理不当，其寄生电容有可能大于传感器电容，使电容传感器无法工作。目前，消除或减小寄生电容有以下两种基本方法。

① 减小引线长度。尽量减小电容器极板引出线的长度，且不要平行布线；在可能的情况下，将电容传感器与测量电路集成为一体，这样既可以减小寄生电容，又可以使寄生电容量基本保持不变。

② 屏蔽。电容器极板有可能与周围构件、仪器甚至人体之间产生寄生电容，尤其是裸露的高压侧电极，很容易产生放电现象而引起寄生电容的变化。为了减小这种寄生电容的影响，可对电容器及测量电路实行整体屏蔽法，即将电容器、电路（包括供电电源和传输线）装在同一个屏蔽壳体中，并保持屏蔽体有效接地。

电容传感器的特性不稳定问题曾经长期阻碍了电容传感器的应用和发展。目前，上述问题已逐步得到解决。

4．应用

变间隙式电容传感器的应用非常广泛，可用于测量位移、加速度、压力等多种物理量。

如图6.24所示为电容式差压传感器原理图。将左右对称的不锈钢基座的外侧加工成环状波纹沟槽，并焊上波纹状的测量膜片1和2。基座内侧有玻璃层的绝缘体，基座和玻璃层中央有孔，玻璃层内侧磨成凹球面，球面除边缘部分外镀上金属镀层作为电容的两固定电极1和2，并由导线通往外部。在两个电极板中间焊接一感压膜片（中央可动电极板），用于感受外界的压力。在中央感压膜片左右两室之间填充硅油，无压力时，动膜片位于电极中间，左右两电容值完全相等。当感压膜片分别承受高压 p_H 和低压 p_L 时，硅油的不可压缩性和流动性便能将差压 $\Delta p = p_H - p_L$ 传递到测量膜片的左右面上，于是测量膜片发生变形，也就是动极板向低压侧定极板靠近，同时远离高压侧定极板，使得电容 $C_L > C_H$。这就是差动电容传感器测量压力或差压的过程。

如图 6.25 所示是一种电容式荷重传感器的结构原理图。因为镍铬钼钢浇铸性好，弹性极限高，常被用作这种传感器的材料。在镍铬钼钢块的同一高度上加工出一排尺寸相等且等距离的一些圆孔，在圆孔的内壁上以特殊的黏结剂固定两个截面为 T 形的绝缘体，保持其平行并留有一定间隙，在相对面上粘贴铜箔，从而形成一排平板电容。当钢块端面承受荷重 F 时，圆孔将产生变形，从而使每个电容器的极板间距变小，电容值将增大。在电路上各电容并联，因此，总电容增量将正比于平均荷重 F。这种传感器的主要优点是受接触面的影响小，因此测量精度较高。另外，电容器放置在钢块的圆孔中，提高了抗干扰能力，工作稳定性好。电容式荷重传感器在地球物理、表面状态检测及自动检测和控制系统中也得到了广泛的应用。

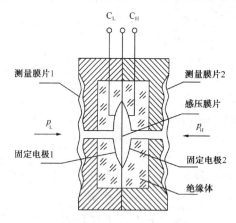

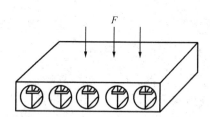

图 6.24　差动电容式压力传感器原理图　　　　图 6.25　电容式荷重传感器原理图

6.2.2　变面积式电容传感器

变面积式电容传感器的两个极板中，一个是固定不动的，称为定极板；另一个是可移动的，称为动极板。根据动极板相对定极板的移动情况，变面积式电容传感器又分为直线位移式和角位移式两种。

1. 直线位移式

变面积式电容传感器的原理图如图 6.26 所示，被测量通过使动极板移动，引起两极板有效覆盖面积 S 改变，从而使电容量发生变化。设动极板相对定极板沿极板长度 a 的方向平移 Δx，则电容为

$$C = \frac{\varepsilon(a - \Delta x)b}{d} = \frac{\varepsilon ab}{d} - \frac{\varepsilon \Delta xb}{d} = C_0 - \Delta C \qquad (6.22)$$

式中，$C_0 = \dfrac{\varepsilon ab}{d}$ 为电容初始值；$\Delta C = \dfrac{\varepsilon b}{d}\Delta x$ 为电容变化量。

电容的相对变化量为

$$\frac{\Delta C}{C_0} = \frac{\Delta x}{a} \qquad (6.23)$$

显然，这种传感器的输出特性呈线性，因而其量程不受范围的限制，适合于测量较大的直线位移。它的灵敏度为

$$K = \frac{\Delta C}{\Delta x} = \frac{\varepsilon b}{d} \qquad (6.24)$$

由式（6.24）可知，变面积式传感器的灵敏度与极板间距成反比，适当减小极板间距，可提高灵敏度。同时，灵敏度还与极板宽度成正比。

为提高测量精度，也常用如图 6.27 所示的结构形式，以减少动极板与定极板之间的相对极距可能变化而引起的测量误差。

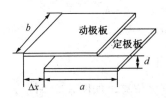
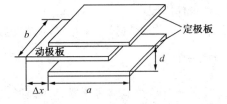

图 6.26　变面积式电容传感器原理图　　图 6.27　中间极板移动的变面积式电容传感器原理图

2．角位移式

角位移式电容传感器的原理图如图 6.28 所示。当被测的变化量使动极板有一角位移 θ 时，两极板间互相覆盖的面积被改变，从而改变两极板间的电容量 C。

当 $\theta = 0$ 时，初始电容量为：$C_0 = \dfrac{\varepsilon S}{d}$。

当 $\theta \neq 0$ 时，电容量就变为：$C = \dfrac{\varepsilon S \dfrac{\pi - \theta}{\pi}}{d} = \dfrac{\varepsilon S}{d}\left(1 - \dfrac{\theta}{\pi}\right)$。

由上式可见，电容量 C 与角位移 θ 呈线性关系。

在实际应用中，常采用差动结构以提高灵敏度。差动角位移式电容传感器的原理图如图 6.29 所示。

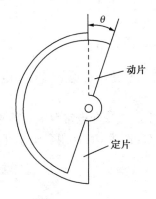
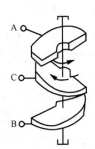

图 6.28　角位移式电容传感器原理图　　图 6.29　差动角位移式电容传感器原理图

A、B、C 均为尺寸相同的半圆形极板。A、B 固定，作为定极板，且角度相差 180°，C 为动极板，置于 A、B 极板中间，且能随着外部输入的角位移转动。当外部输入角度改变时，可改变极板间的有效覆盖面积，从而使传感器电容随之改变。C 的初始位置必须保证其与 A、B 的初始电容值相同。

6.2.3 变介电常数式电容传感器

变介电常数式电容传感器的工作原理是当电容式传感器中的电介质改变时，其介电常数变化，从而引起电容量发生变化。

这种电容传感器有较多的结构形式，可用于测量纸张、绝缘薄膜等的厚度，也可用于测量粮食、纺织品、木材或煤等非导电固体物质的湿度，还可以用于测量物位、液位、位移、物体厚度等多种物理量。

变介电常数式传感器经常采用平面式或圆柱式电容器。

1. 平面式

平面式变介电常数电容传感器有多种形式，可用于测量位移，如图 6.30 所示。

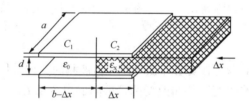

图 6.30 平面式变介电常数电容传感器测位移

假定无位移时，$\Delta x = 0$，电容的初始值为

$$C_0 = \frac{\varepsilon_0 S}{d} = \frac{\varepsilon_0 ab}{d} \tag{6.25}$$

当有位移输入时，介质板向左移动，使部分介质的介电常数改变，则此时等效电容相当于 C_1、C_2 并联，即

$$C = C_1 + C_2 = \frac{\varepsilon_0 a(b - \Delta x)}{d} + \frac{\varepsilon_r \varepsilon_0 a \Delta x}{d} \tag{6.26}$$

$$\Delta C = C - C_0 = \frac{\varepsilon_r \varepsilon_0 a \Delta x}{d} - \frac{\varepsilon_0 a \Delta x}{d} = \frac{\varepsilon_r - 1}{d} \varepsilon_0 a \Delta x \tag{6.27}$$

式（6.26）和式（6.27）中，$\varepsilon_r \varepsilon_0 = \varepsilon_x$，$\varepsilon_r$ 是材料的相对介电常数，ε_0 是空气的介电常数。

由此可见，电容变化量 ΔC 与位移 Δx 呈线性关系。

如图 6.31 所示为一种电容式测厚仪的原理图，它是平面式变介电常数电容传感器的另一种形式，可用于测量被测介质的厚度或介电常数。两电极间距为 d，被测介质厚度为 x，介电常数为 ε，另一种介质的介电常数为 ε_x。

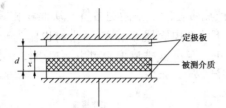

图 6.31 电容式测厚仪原理图

该电容器的总电容 C 等于由两种介质分别组成的两个电容 C_1 与 C_2 的串联，即

$$C = \frac{C_1 C_2}{C_1 + C_2} = \frac{\dfrac{\varepsilon S}{d-x} \times \dfrac{\varepsilon_x S}{x}}{\dfrac{\varepsilon S}{d-x} + \dfrac{\varepsilon_x S}{x}} = \frac{\varepsilon \varepsilon_x S}{\varepsilon x + \varepsilon_x d - \varepsilon_x x} = \frac{\varepsilon \varepsilon_x S}{\varepsilon_x d + (\varepsilon - \varepsilon_x) x} \tag{6.28}$$

由式（6.28）可知，若被测介质的介电常数 ε_x 已知，测出输出电容 C 的值，可求出待测材料的厚度 x。若厚度 x 已知，测出输出电容 C 的值，也可求出待测材料的介电常数 ε_x。因此，可将此传感器用作介电常数 ε_x 测量仪。

2．圆柱式

电介质电容器大多采用圆柱式，可用于测量液位。其基本结构如图 6.32 所示，内外筒为两个同心圆筒，分别作为电容的两个极。圆柱式电容的计算公式为

$$C = \frac{2\pi\varepsilon h}{\ln\dfrac{R}{r}} \tag{6.29}$$

式中，r 为内筒半径，R 为外筒半径，h 为筒长，ε 为介电常数。

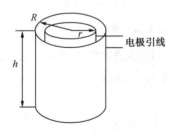

图 6.32 圆柱式电容器的基本结构

任务与实施
REN WU YU SHI SHI

【任务 1】 在板材轧制过程中，需对所轧制金属板材的厚度进行监测，以保证产品质量。现要求选择器件把板材厚度信号转换为电信号并完成信号处理，使最终输出的电信号与板材厚度呈线性关系。

【实施方案】

1．确定测量用传感器

板材厚度信号转换选用电容测厚传感器。在板材轧制过程中由它监测金属板材的厚度变

化情况，如图 6.33 所示。在被测带材的上下两边各置一块面积相等、与带材距离相同的极板，这样极板与带材就形成了上下两个电容器 $C_上$、$C_下$（带材也作为一个极板）。把两块极板用导线连接起来，并用引出线引出，另外从带材上也引出一根引线，即把电容连接成并联形式，则电容测厚仪输出的总电容 $C = C_上 + C_下$。

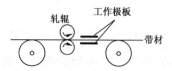

图 6.33　电容测厚仪工作原理

　　金属带材在轧制过程中不断向前送进，如果带材厚度发生变化，将引起带材与上、下两个极板间间距的变化，即引起电容量的变化。

2. 确定测量电路

　　测量电路选用交流单臂桥式电路。如图 6.34 所示为单臂接法交流电桥电路，把电容测厚仪输出的总电容 C 作为交流电桥的一个臂，$C = C_0 + \Delta C$ 为电容传感器的输出电容，C_1、C_2、C_3 为固定电容，将高频电源电压 $\dot U_s$ 加到电桥的一对角上，电桥的另一对角线输出电压 $\dot U_o$。

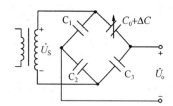

图 6.34　单臂接法交流电桥电路

　　在电容传感器未工作时，先将电桥调到平衡状态，即 $C_0 C_2 = C_1 C_3$，$\dot U_o = 0$。

　　当被测参数变化而引起电容传感器的输出电容变化 ΔC 时，电桥失去平衡，输出电压 $\dot U_o$ 随着 ΔC 的变化而变化。

$$\dot U_o = \frac{\dfrac{1}{\mathrm{j}\omega C_1}}{\dfrac{1}{\mathrm{j}\omega C_1} + \dfrac{1}{\mathrm{j}\omega C_2}}\dot U_s - \frac{\dfrac{1}{\mathrm{j}\omega(C_0 + \Delta C)}}{\dfrac{1}{\mathrm{j}\omega C_3} + \dfrac{1}{\mathrm{j}\omega(C_0 + \Delta C)}}\dot U_s$$

$$= \frac{\mathrm{j}\omega C_2}{\mathrm{j}\omega C_1 + \mathrm{j}\omega C_2}\dot U_s - \frac{\mathrm{j}\omega C_3}{\mathrm{j}\omega C_3 + \mathrm{j}\omega(C_0 + \Delta C)}\dot U_s$$

若 $C_1 = C_2 = C_3 = C_0$，则

$$\dot U_o = \frac{1}{2}\dot U_s - \frac{C_0}{2C_0 + \Delta C}\dot U_s = \frac{1}{2}\dot U_s - \frac{1/2}{1 + \Delta C/2C_0}\dot U_s \tag{6.30}$$

　　由式（6.30）可知，电容的变化 ΔC 引起电桥输出的变化，输出电压 U_o 与被测电容 ΔC 之间呈非线性对应关系。

输出电压 U_o 经过放大、检波、滤波电路，再经过不同厚度钢板对应输出值的标定，最后在仪表上显示出带材的厚度。这种测厚仪的优点是带材的振动不影响测量精度。

【任务2】　飞机燃油油量测控系统是飞机燃油保障系统的一个重要装置，它的测量结果是飞行员决定飞机飞行航程的依据之一。燃油油量测量系统传感器的功能是飞机在水平飞行时，能够准确地测量出每组油箱的剩余油量以维持对飞机发动机的自动供油，使飞机能够正常地飞行。现要选择器件把燃油油量转换为电信号并完成信号处理，使最终输出的电信号与燃油量成一一对应关系。

【实施方案】

1．确定测量用传感器

采用一组同轴安装在一起的铝合金管组成圆柱式电容传感器，并把传感器垂直安装在油箱内，两个内外管相当于电容器的极板，极板间保持一定的间隙，可以通过燃油界面的变化测量剩余油量。

如图 6.35 所示为电容式液面计的原理图。电容器浸入部分和伸出油面部分极板间的介质不同，ε_x 为被测燃油的介电常数，ε 为空气和燃油的混合气体（近似于空气）的介电常数。燃油浸没电极的高度就是被测量 x，内外管总的高度为 h。当不考虑边缘效应时，该电容器的总电容 C 等于上半部分的电容 C_1 与下半部分的电容 C_2 的并联，即 $C = C_1 + C_2$。因为

$$C_1 = \frac{2\pi\varepsilon(h-x)}{\ln\dfrac{R}{r}}$$

$$C_2 = \frac{2\pi\varepsilon_x x}{\ln\dfrac{R}{r}}$$

所以　　　　$C = C_1 + C_2 = \dfrac{2\pi(\varepsilon h - \varepsilon x + \varepsilon_x x)}{\ln\dfrac{R}{r}} = \dfrac{2\pi\varepsilon h}{\ln\dfrac{R}{r}} + \dfrac{2\pi(\varepsilon_x - \varepsilon)}{\ln\dfrac{R}{r}}x = a + bx$ 　　　（6.31）

式中，$a = \dfrac{2\pi\varepsilon h}{\ln\dfrac{R}{r}}$，$b = \dfrac{2\pi(\varepsilon_x - \varepsilon)}{\ln\dfrac{R}{r}}$，均为常数。

当油箱未加油时，以空气为介质；加油后，则以燃油为介质，所以当油箱内燃油油面高度发生变化时，就会使传感器的电容量发生微小的变化，使电容量随着液面高度的变化呈线性变化。

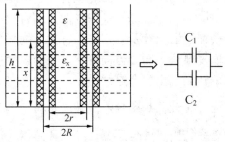

图 6.35　电容式液面计的原理图

测量到电容增量ΔC为

$$\Delta C = \frac{2\pi x(\varepsilon_x - \varepsilon)}{\ln \dfrac{R}{r}} \tag{6.32}$$

式（6.32）说明，适当减小内外筒之间的间隙和增大内外筒的半径可以使得测量的灵敏度增加，但是间隙减小可能降低传感器抗污染能力（如霉变、水蚀等情况），并且承受绝缘电阻减小的危险，相应的装配难度也增大。在设计时应在两个极板间垫有一组高介电常数的薄片（衬块）进行绝缘，以改善绝缘电阻。

2. 确定测量电路

圆柱式电容传感器将被测量油面数据转换为电容的变化后，需要采用一定的信号转换电路将其转换为电压、电流或频率信号输送给不同的指示装置，最终显示出测量的油量。

（1）交流阻容平衡电桥式测量（指针指示器）

选用交流阻容式自动平衡电桥对传感器电容的增量进行测量，并通过随机指示器的指针指示出油箱的储油量，飞机燃油测量系统对燃油测量可采用的基本原理电路如图6.36所示。

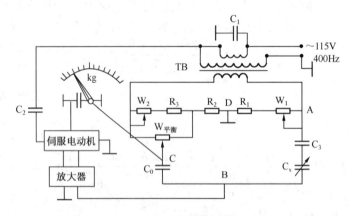

图 6.36　交流阻容平衡电桥式测量系统原理图

电桥的四个桥臂为AB、BC、AD和DC，把燃油传感器输出电容C_x作为电桥的可变臂，电容C_0为电桥的固定臂；另外两个桥臂则由电阻R和电位器W组成。电桥电源经变压器TB的次级线圈供给。设定燃油油量为某正常值时，电桥处于平衡状态，那么电桥对角线BD两点之间没有电位差，指示器的指针指示在某一固定位置。当油箱中燃油储量发生变化而引起传感器上的C_x的电容量变化时，电桥失去平衡，BD两点间有电压信号输出。经过放大器放大后输出至伺服电动机并带动减速器指针及固定在指针轴上的平衡电位器W平衡的电刷移动，使传感器桥臂DC的阻值向恢复电桥平衡的方向变化，致使电桥重新平衡。此时，伺服电动机停止转动，指示器指针的偏转显示出剩余燃油量。

（2）数字式高精度测量电桥（计算机处理和液晶显示指示器）

数字式飞机燃油油量测量系统由燃油传感器、补偿传感器、信号装置、测量计算机、控制器和相关电缆组成，其工作框图如图6.37所示。利用激励源产生的正弦波信号，测试装在油箱中的电容式传感器的电容量和补偿传感器对介质的密度补偿信号，经 C/V 变换电路将传感器电容量转换为交流电压信号，通过 AC/DC 变换电路取出平均电压，将模拟信号送入 A/D 转换器变为数字信号，数字信号经测量计算机（单片机）处理后，求出液面高度。由已知的油箱曲线可求出燃油的容积，从而得出燃油油量。再经过机载液晶指示器显示出来，实现飞机油箱油量的实时测量和指示。

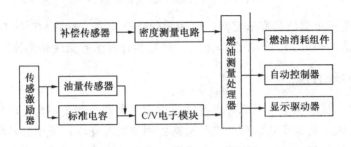

图 6.37 数字式油量测量原理框图

知识拓展
ZHI SHI TUO ZHAN

微波传感器

微波是波长为 1 μm～1 mm 的电磁波，它既具有电磁波的性质，又不同于普通的无线电波和光波。微波相对于波长较长的电磁波具有：空间辐射的装置容易制造；遇到各种障碍物易于反射；绕射能力较差；传输特性良好，传输过程中受烟、灰尘、强光等的影响很小；介质对微波的吸收与介质的介电常数成比例，水对微波的吸收作用最强等特点。

1. 微波传感器

微波振荡器和微波天线是微波传感器的重要组成部分。微波振荡器是产生微波的装置，由于微波很短，频率很高（300 MHz～300 GHz），要求振荡回路有非常小的电感与电容，因此不能用普通晶体管构成微波振荡器。

微波传感器（Microwave sensor）是利用微波特性来检测一些物理量的器件或装置。由微波振荡器产生的振荡信号需要用波导管（波长在 10 cm 以上可用同轴线）传输，并通过天线发射出去。遇到被测物体时将被吸收或反射，使微波功率发生变化。若利用接收天线接收到通过被测物或由被测物反射回来的微波，并将它转换成电信号，再由测量电路处理，就实现了微波检测过程。根据这一原理，微波传感器可分为反射式与遮断式两种。

（1）反射式微波传感器

反射式微波传感器是通过检测被测物反射回来的微波功率或经过时间间隔来表达被测物的位置、厚度等参数。

（2）遮断式微波传感器

遮断式微波传感器是通过检测接收天线接收到的微波功率的大小，来判断发射天线与接收天线间有无被测物或被测物的位置等参数。

与一般传感器不同，微波传感器的敏感元件可认为是一个微波场。它的其他部分可视为一个转换器和接收器，如图 6.38 所示。图中，MS 是微波源，T 是转换器，R 是接收器。

图 6.38　微波传感器的构成示意图

转换器可以是一个微波的有限空间，被测物即处于其中。如果 MS 与 T 合二为一，称之为有源微波传感器；如果 MS 与 R 合二为一，则称其为自振式微波传感器。

2. 微波传感器的特点

① 可以实现非接触测量，因此可进行活体检测，大部分测量不需要取样。
② 检测速度快，灵敏度高，可以进行动态检测与实时处理，便于自动控制。
③ 可以在恶劣的环境条件下检测，如高温、高压、有毒、有放射线等环境条件。
④ 输出信号可以方便地调制在载频信号上进行发射与接收，便于实现遥测与遥控。

微波传感器的主要问题是零点漂移和标定问题，尚未得到很好的解决。其次，使用时外界因素影响较多，如温度、气压、取样位置等。

3. 微波传感器的应用

（1）微波物位计

如图 6.39 所示为微波开关式物位计示意图。当被测物位较低时，发射天线发出的微波束全部由接收天线接收，经检波、放大与定电压比较后，发出物体位置正常信号。当被测物位升高到天线所在的高度时，微波束部分被吸收，部分被反射，接收天线接收到的功率相应减弱，经放大器、比较器就可给出被测物位高出设定物位的信号。

微波的应用十分广泛，目前在物理学、天文学、气象学、化学、医学等领域又开辟了许多新的分支，如微波化学、微波生物学、微波医学等。

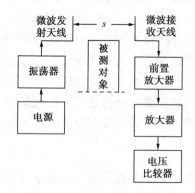

图 6.39　微波开关式物位计示意图

（2）微波测厚仪

微波测厚仪的原理如图 6.40 所示。这种测厚仪是利用微波在传播过程中遇到被测物金属表面被反射，且反射波的波长与速度都不变的特性进行厚度测量的。

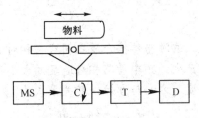

图 6.40　微波测厚仪原理

在被测金属物体上下两表面各安装一个终端器。微波信号源发出的微波，经过环行器 A、上传输波导管传输到上终端器，由上终端器发射到被测物上表面，微波在被测物上表面全反射后又回到上终端器，再经传输导管、环行器 A、下传输波导管传送到下终端器。由下终端器发射到被测物下表面的微波，经全反射后又回到下终端器，再经过传输波导管回到环行器 A，因此被测物的厚度与微波传输过程中的行程长度有密切关系。当被测物厚度增加时，微波传输的行程长度便减小。

一般情况下，微波传输过程的行程长度的变化非常微小，为了精确地测量出这一微小行程的变化，通常采用微波自动平衡电桥法。

（3）微波温度传感器

任何物体当它的温度高于环境温度时，都能够向外辐射热量。当该辐射热到达接收机输入端口时，若仍然高于基准温度（或室温），在接收机的输出端将有信号输出，这就是辐射计或噪声温度接收机的基本原理。

微波频段的辐射计就是一个微波温度传感器。如图 6.41 所示为微波温度传感器的原理框图。其中，T_m 为输入温度（被测温度），T_c 为基准温度，C 为环行器，BPF 为带通滤波器，LNA 为低噪声放大器，IFA 为中频放大器，M 为混频器，LO 为本机振荡。这个传感器的关键部件是低噪声放大器，它决定了传感器的灵敏度。

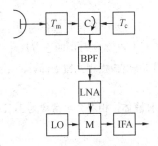

图 6.41　微波温度传感器的原理框图

微波温度传感器最有价值的应用是微波遥测。将微波温度传感器装在航天器上，可以遥测大气对流层状况；进行大地测量与探矿，可以遥测水质污染程度，确定水域范围，判断土地肥沃程度和植物品种等。

近年来，微波温度传感器又有了新的重要应用，用其探测人体癌变组织。癌变组织与周围正常组织之间存在着一个微小的温度差。早期癌变组织比正常组织高 0.1℃，癌瘤组织比正常组织偏高 1℃。如果能精确测量出 0.1℃ 的温差，就可以发现早期癌变，进而可以早日治疗。

（4）微波多普勒传感器

所谓多普勒效应是指当超声波源与传播介质之间存在相对运动时，接收器接收到的频率与发射源发射的频率不同，所产生的频率差与相对速度的大小及方向有关。因此，利用多普勒效应可以探测运动物体的速度、方向与方位。其关系式为

$$f_d = \left(\frac{2\upsilon}{\lambda}\right)\cos\theta \qquad (6.33)$$

式中，υ 为物体的运动速度，单位为 m/s；λ 为微波信号波长，单位为 m；θ 为方位角。在确定 υ、λ、θ 中任意两个参数后，即可测出第三个参数。

微波多普勒传感器的应用非常广泛，例如多普勒测速仪可用于交通管制的车辆测速雷达、水文站用的流速测定仪、海洋气象站用来测定海浪与热带风暴、火车进站速度监控等。

课外作业 6

1. 说明光纤的组成和光纤传感器的分类，并分析其传光原理。

2. 光纤的数值孔径 N_A 的物理意义是什么？N_A 的取值大小有什么作用？

3. 说明光纤传感器的结构特点，试分析和比较 FF 型和 NFF 型光纤传感器。

4. 举例说明光纤传感器的应用。

5. 电容式传感器有哪几种类型？差动结构的电容传感器有什么优点？

6. 电容式传感器有哪几种类型的测量电路？各有什么特点？

7. 一电容测微仪，其传感器的圆形极板半径 $r = 4$ mm，工作初始间隙 $d_0 = 0.3$ mm，介电常数 $\varepsilon_0 = 8.85 \times 10^{-12}$ F/m，试求：

（1）工作中，若传感器与工件的间隙变化量 $\Delta d = 2$ μm，电容变化量是多少？

（2）若测量电路的灵敏度 $S_1 = 100$ mV/PF，读数仪表的灵敏度 $S_2 = 5$ 格/mV，当 $\Delta d = 2$ μm 时，读数仪表的示值变化多少格？

8. 一个用于位移测量的电容式传感器，两个极板是边长为 10 cm 的正方形，间距为 1 mm，气隙中恰好放置一个边长 10 cm、厚度 1 mm、相对介电常数为 4 的正方形介质板，该介质板可在气隙中自由滑动。试计算当输入位移（即介质板向某一方向移出极板相互覆盖部分的距离）分别为 0.0 cm、10.0 cm 时，该传感器的输出电容值各为多少？

9. 如图 6.42 所示，圆筒内装有某种液体，相对介电常数为 3，$D=18$ cm，$d=6$ cm，$H=42$ cm，$h=8$ cm，$\varepsilon_0 = 8.85 \times 10^{-12}$ F/m。

（1）求圆筒的电容值。

（2）当液位高度升高 1 cm 时，电容值变化多少？

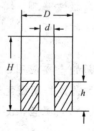

图 6.42 题 9 图

项目 **7**

传感器的信号处理与抗干扰

知识目标

理解传感器电子电路信号的特点
掌握信号的变换方式
理解干扰的来源及耦合方式
掌握传感器常用的抗干扰技术
了解智能传感器的基本知识

技能目标

能对传感器的信号进行简单处理与变换
能根据干扰源及干扰途径采取适当的抗干扰措施

任务 1　传感器的信号处理

知识链接
ZHI SHI LIAN JIE

为了使自动检测装置中传感器和仪表之间、仪表和仪表之间均采用统一的标准信号，或者将电动仪表和气动仪表联合起来使用，就必须进行电量与电信号转换、气—电与电—气信号转换等；同时传感器的输出信号一般需进行信号放大、滤波、线性化等处理才能驱动显示仪表或作为控制信号，这些统称为信号处理（Signal processing）。

7.1.1　传感器用基本电路单元

传感器是将输入量转变成电量或电信号输出的元件。典型的电量或电信号主要有电压、电流、电荷、电阻、电容和电感等。但有时传感器的输出信号可以是压力、光量或位移等。

传感器的输出信号，一般具有以下特点。

① 多数是模拟信号。

② 信号一般较微弱，如电压信号为 μV～mV 级，电流信号为 nA～mA 级。

③ 由于传感器内部噪声（如热噪声、散粒噪声等）的存在，使输出信号与噪声混合在一起。当传感器的信噪比低、输出信号微弱时，信号将被淹没在噪声之中。

④ 大部分传感器的输入与输出特性曲线呈线性或基本呈线性，但仍有少数传感器的输入与输出特性曲线呈非线性或某种函数关系。

⑤ 外界环境会影响传感器的输出特性，主要是温度、电场或磁场的干扰等。

⑥ 传感器的输出特性与电源性能有关，一般需要采用恒压供电或恒流供电。

1. 传感器电子电路的基本组成和要求

传感器电子电路的基本组成包括各种信号放大电路、电桥电路、滤波电路及调制解调电路等。

设计传感器的电子电路时，不仅要依据传感器的输出特性，还要注意到仪器仪表的显示器、打印机、记录仪或调节器、自动控制装置等对信号的要求，并且同时要考虑使用的环境条件及整个系统对它的要求等。传感器电子电路一般应满足下列要求。

① 在传感器连接上，要考虑阻抗匹配问题，必要时加一级电压跟随器，并要考虑长电缆带来的电阻、电容影响及噪声影响。

② 放大器的放大倍数（输出电压的幅值）要满足显示器、A/D 转换器或接口的要求。

③ 电子电路的设计要满足仪器、仪表或自动控制系统的精度要求、动态性能要求及可靠性要求。

④ 电子电路中采用的集成电路和其他元器件要满足仪器、仪表或自动控制装置的使用环境（如湿度、温度等）要求或某种特殊（如防爆）要求。

⑤ 电子电路设计中应考虑外部或内部的温度影响，必要时加温度补偿电路。

⑥ 电子电路设计（包括结构设计）中，应考虑内部或外部的电磁场干扰，要采取相应的措施加以解决，如加屏蔽、光或电隔离等。

⑦ 电子电路的结构、尺寸要与仪器、仪表或自动控制系统整体相协调。

⑧ 电子电路的电源电压、功耗要与总体相协调。

⑨ 电子电路的设计要考虑成本，满足经济性要求，使产品更有竞争力。

2. 电桥电路

电桥电路有直流电桥和交流电桥两种。电桥电路的主要指标是输出特性、非线性误差和桥路灵敏度。具体内容参见项目 3 的相关部分。

3. 信号的放大与隔离

信号放大电路是传感器信号处理最常用的电路。由于运算放大器具有输入阻抗高、增益大、可靠性高、价格低廉、使用方便等优点，所以目前的放大电路几乎都采用运算放大器。常用的放大器有运算放大器、仪表放大器、可编程增益放大器和隔离放大器，具体内容参阅有关书籍。实际应用中，一次测量仪表的安装环境和输出特性千差万别，也很复杂，因此选用哪种类型的放大器应取决于应用场合和系统要求。

7.1.2　信号变换

国际电工委员会（IEC）将 4～20 mA DC 电流信号和 1～5 V DC 电压信号确定为过程控制系统电模拟信号的统一标准。这是因为直流信号比交流信号具有以下优势。

① 在信号传输线中，直流信号不受交流感应的影响，干扰问题易解决。

② 直流信号不受传输线的电感、电容等的影响，不存在相位移问题，使接线简单。

③ 直流信号便于 A/D 转换。

凡能输出标准信号的传感器均称为变送器。有了统一的标准后，无论什么仪表或装置，只要有同样标准的输入电路或接口，就可以从各种变送器中获得被测变量的信号。这样兼容性和互换性大为提高，仪表的配套也极为方便。

输出为非标准信号的传感器，必须和特定的仪表或装置相配套，才能实现检测或调节功能。为了加强通用性和灵活性，某些传感器的输出可以靠相应的转换器把非标准信号转换成标准信号，使之与带有标准信号输入电路或接口的显示仪表配套。不同的标准信号也可借助相应的转换器互相转换。例如 4～20 mA 与 0～10 mA、1～5 V 与 0～10 mA 等的相互转换。常用的信号转换主要有电压与电流转换、电压与频率转换。

1. 电压与电流转换

电压与电流的相互转换实质上是恒压源与恒流源的相互转换，一般来说，恒压源的内阻远小于负载电阻，恒流源的内阻远大于负载电阻。因此原则上讲，将电压转换为电流必须采用输出阻抗高的电流负反馈电路，而将电流转换为电压则必须采用输出阻抗低的电压负反馈电路。

（1）电压转换为电流（V/I 转换器）

随着微电子技术及加工技术的发展，在实现 0～5 V、0～10 V 及 1～5 V 直流电压与 0～10 mA、4～20 mA 电流的转换时，可直接采用集成电压/电流转换电路来实现，如 AD693、AD694、XTR110 和 ZF2B20 等。

AD693 由信号放大器、基准电压源、V/I 变换器及辅助放大器 4 部分组成。10 脚 I_{IN} 是反馈的电流输入端，接远程的电源正端，7 脚 I_{OUT} 是电流输出端。远程传输信号的双绞线既是供给信号变送器电路工作电压的电源线，又是信号输出线，传感器信号电压由 17 和 18 脚输入。当 14、15 和 16 脚互不连接时，输入量程为 0～30 mV；当 15、16 脚短接时，输入量程为 0～60 mV。

若要求 $V_{\text{imax}}<30$ mV，可在 14、15 脚间跨接电阻

$$R_1' = \frac{400}{30/V_{\text{imax}} - 1}\,\Omega \tag{7.1}$$

若要求 30 mV$<V_{\text{imax}}<60$ mV，可在 15、16 脚间跨接电阻

$$R_2' = \frac{400 \times (60 - V_{\text{imax}})}{V_{\text{imax}} - 30}\,\Omega \tag{7.2}$$

AD693 具有 4～20 mA、0～20 mA、12 mA±8 mA 三种输出范围，其零点电流分别为 4 mA、0 mA 和 12 mA，对应的连接方式是把 12 脚（Zero）分别接 13、14 或 11 脚。

无负载时，AD693 可在 12 V 直流电源下工作，其最大电源电压为 36 V，相应的最大允许负载为 1200 Ω。AD693 通常工作在+24 V 直流电源下，R=250 Ω时输出 4～20 mA 直流标准信号。

如图 7.1 所示是计算机皮带秤的信号变送与转换电路图。图中左下角 R_{01}～R_{04} 为由电阻应变式称重传感器连接而成的电桥，电桥电源电压 V_{24} 由基准电压源和辅助放大器提供，V_{24} 为

$$V_{24} = \frac{R_2}{R_2 + R_3} \times 6.2 \tag{7.3}$$

基准电源的 V_{IN} 端（9 脚）与 BOOST（8 脚）相连，因此基准电源的能量取自外部+24 V 直流电源，外接旁路晶体管 VT_1（可选用 3DK3D、3DK10C 和 2N1711 等）用于降低 AD693 的自身热耗，以提高稳定性和可靠性。

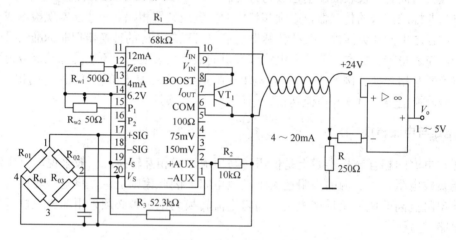

图 7.1 应用 AD693 作皮带秤的信号变送器

图 7.1 中 12 脚与 13 脚相连，输出为 4～20 mA 直流信号。图中 P_1 用于输出范围的零点调整，P_2 用于 AD693 输入量程的调整。当电桥输出电压 V_{13} 为 0～2.1 mV 时，AD693 输出电流为 4～20 mA。图 7.1 中±SIG 端所加电容用于滤除干扰。

（2）电流转换为电压（I/V 转换器）

当变送器的输出信号为电流信号时，经 I/V 转换可将其转换成电压信号。最简单的 I/V 转换可以利用一个 500 Ω 的精密电阻，将 0～10 mA 的电流信号转换为 0～5 V 的电压信号。

对于不存在共模干扰的 0～10 mA DC 信号，如 DDZ-α 型仪表的输出信号等，可用图 7.2 所示的电阻式 I/V 转换，其中 RC 构成低通滤波网络，R_w 用于调整输出电压值。

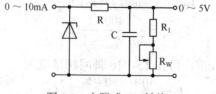

图 7.2 电阻式 I/V 转换

2. 电压与频率转换

一些传感器敏感元件输出的信号为频率信号（如涡轮流量计），有时为了考虑与其他带有标准信号输入电路或接口的显示仪表配套，需要把频率信号转换为电压或电流信号。另外，频率信号抗干扰性好，便于远距离传输，可以调制在射频信号上进行无线传输，也可调制成光脉冲用光纤传送，不受电磁场影响。因此，在一些非快速而又远距离的测量中，如果传感器输出的是电压或电流信号，越来越趋向于使用电压/频率转换器（V/F），把传感器输出的信号转换成频率信号。

目前实现电压/频率转换的方法很多，主要有积分复原型和电荷平衡型。积分复原型 V/F 转换器主要用于精度要求不高的场合；电荷平衡型精度较高，频率输出可较严格地与输入电流成比例，目前大多数的集成 V/F 转换器均采用这种方法。V/F 转换器的常用集成芯片主要有 VFC32 和 LM31 系列，下面以 LM31 系列为例说明集成 V/F 转换器的应用。

由美国国家半导体公司生产的 LM31（LMX31）系列包括 LM131、LM231、LM331，适用于 V/F、F/V、A/D 转换，也可用于长时间积分器、线性频率调制与解调器等功能电路。

LM31 系列用作 V/F 转换时的简化功能框图如图 7.3 所示。当 2 脚接 R_s 后内部电流源产生电流 I_s 为 50～500 μA，I_s 的计算公式为

$$I_s = \frac{1.9}{R_s} \tag{7.4}$$

当输入比较器 $V_+ > V_-$ 即 $V_i > V_c$ 时，启动单脉冲定时器产生脉冲宽度为 t_{os} 的脉冲，t_{os} 由外接 R_t、C_t 决定：$t_{os} = 1.1 R_t C_t$。

在 t_{os} 期间，开关 K 导通，电流 I_s 对 C_L 充电，使 V_c 上升；在 t_{os} 结束时，开关 K 断开，此时 V_c 为

$$V_{c1} = V_i + \Delta V ; \quad \Delta V = \frac{I_s t_{os}}{C_L} \tag{7.5}$$

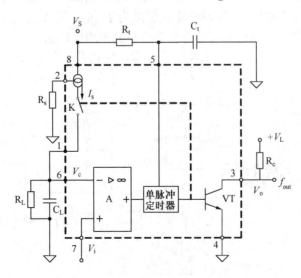

图 7.3　LM31 系列简化功能框图

当开关 K 断开后，C_L 通过 R_L 放电，使 V_c 下降。当放电过程持续 T_1 时间，V_c 下降到小于 V_i 时，输入比较器再次启动单脉冲定时器，又产生一个宽度为 t_{os} 的脉冲，开关 K 再次闭合，C_L 再次充电，如此循环，3 脚输入脉宽为 t_{os}、周期为 T 的方波。频率 f_{out} 的大小为

$$f_{out} = \frac{1}{T} = \frac{R_s V_i}{2.09 \times R_L R_t R_c} \tag{7.6}$$

LM31 系列的 LM331 用作 V/F 转换器，外部接线如图 7.4 所示。同图 7.3 相比，电压 V_i 输入端增加了由 R_1、C_1 组成的低通滤波器，在 R_L、C_L 原接地端增加了偏移调节电路，R_1 为 100 kΩ，也是为了使 7 脚偏流抵消 6 脚偏流的影响。在 2 脚增加了一个可调电阻 R_{w2}，用以调整 LM311 的增益偏差和由 R_L、R_t 和 C_t 引起的偏差。在输出端 3 脚上接有一个电阻，因为该输出端是集电极开路输出端。

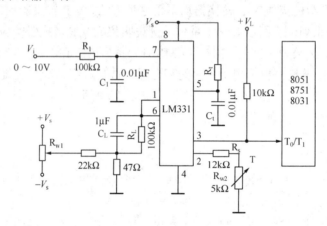

图 7.4　LM331 用作 V/F 转换电路

如图 7.5 所示是由 LM331 构成的 F/V 转换电路，输入频率 f_{IN} 脉冲的每个下降沿引起输入比较器触发单脉冲定时电路，产生一个固定宽度为 t_{os} 的脉冲。在 t_{os} 期间，电流源 I_s 在 R_L 上产生电压，在无 C_L 的情况下，R_L 输出电压幅度为 $I \times R_L$、宽度为 t_{os}、周期为 T 的方波，C_L 滤去此方波的高频分量，保留其直流分量即方波的平均值输送出来，输出电压为

$$V_o = \frac{I_s R_L t_{os}}{T} = f_{IN} \frac{2.09 \times R_L R_t C_t}{R_s} \tag{7.7}$$

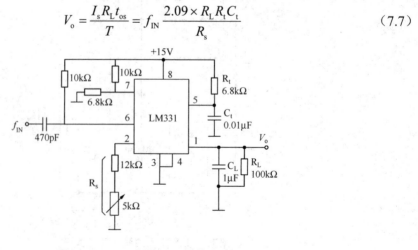

图 7.5　LM331 用作 F/V 转换电路

任务 2 传感器的抗干扰技术

知识链接
ZHISHILIANJIE

目前，电子设备日趋小型化、集成化、微机化，在极小的空间里要处理大量的信号，而从现场采集来的信号往往是微弱的模拟信号，因此受干扰的影响非常大。干扰不但会造成测量误差，甚至会引起系统的瘫痪，引发生产事故。因此在自动检测装置的设计、制造、安装和使用中都必须采用抗干扰技术（Anti-jamming Technology）。

7.2.1 干扰源及防护

在电子测量电路中出现的无用信号称为噪声，又称干扰。当噪声电压影响电路正常工作时，该噪声电压就称为干扰电压。自动检测装置的噪声干扰是一个很棘手的问题，要想有效地抑制干扰，就必须知道干扰的来源及种类，才能找出相应的克服办法。

根据产生干扰的物理原因，干扰可分为以下几种。

1. 机械干扰

机械干扰是指由于机械的振动或冲击，导致仪表或装置中的电气元件发生振动、变形，使系统的电气参数发生变化，从而影响仪表和装置的正常工作。对于机械干扰主要是采取减振措施来克服，例如应用减振弹簧或减振橡皮垫等。声波干扰类似于机械振动，从效果上看，也可列入这一类中。

2. 热干扰

设备和元器件工作时产生的热量所引起的温度波动以及环境温度的变化等都会引起仪表和装置的电气元件参数发生变化，或产生附加的热电势等，从而影响仪表或装置的正常工作。对于热干扰，工程上通常采取下列几种方法进行抑制。

（1）采用热屏蔽

将某些对温度变化敏感的元器件或电路中的关键元器件或组件，用导热性能良好的金属材料做成的屏蔽罩包围起来，使罩内温度场趋于均匀和恒定。

（2）采用恒温措施

例如，将石英振荡晶体和基准稳压管等与精度有密切关系的元器件置于恒温槽中。

（3）采用对称平衡结构

如采用差分放大电路、电桥电路等，使两个与温度有关的元件处于平衡结构两侧的对称位置，因此温度对二者的影响在输出端可相互抵消。

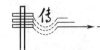
（4）采用温度补偿元件

补偿环境温度变化对仪表和装置的影响。

3. 光干扰

在检测仪表中广泛使用着各种半导体元器件，而半导体材料在光线的作用下会激发出电子—空穴对，使半导体元器件产生电势或引起阻值的变化，从而影响检测仪表的正常工作。对于光的干扰主要是采取屏蔽技术加以克服，将半导体元器件封装在不透光的壳体内。对于具有光敏作用的元件，尤其应该注意光的屏蔽问题。

4. 湿度干扰

湿度增加会使绝缘体的绝缘电阻下降，漏电流增加，高值电阻的阻值下降，电介质的介电常数增加，吸潮的线圈骨架膨胀等，这样必会影响检测仪表的正常工作。对于湿度干扰主要考虑潮湿的防护，尤其是用于南方潮湿地带、船舶及锅炉房等地方的仪表，更应注意密封防潮措施。例如电气元件和印制电路板的浸漆、环氧树脂封灌和硅橡胶封灌等。

5. 化学干扰

化学物品如酸、碱、盐及腐蚀性气体等，一方面会通过化学腐蚀作用损坏仪表元件和部件；另一方面会与金属导体形成化学电势。例如应用检流计时，手指上的脏物（含有酸、碱、盐等）被弄湿后，与导线形成化学电势，使检流计偏转。对于化学干扰主要采取良好的密封措施和注意清洁来有效地克服。

6. 电和磁的干扰

电和磁可以通过电路和磁路对检测仪表产生干扰作用，电场和磁场的变化也会在检测仪表的有关电路中感应出干扰电压，从而影响检测仪表的正常工作。电和磁的干扰是对检测仪表最普遍和影响最严重的干扰。电和磁的干扰及抑制方法，将在后面着重阐述。

7. 射线辐射干扰

射线会使气体电离，半导体激发出电子—空穴对，金属逸出电子等，从而影响检测仪表的正常工作。射线辐射的防护是一门专业技术，主要用于原子能工业、核武器生产等方面。

7.2.2 干扰的途径

干扰必须通过一定的路径才能进入检测装置，因此要想有效地抑制干扰，必须切断它的路径以消除干扰。

干扰的途径有"路"和"场"两种形式。凡噪声源通过电路的形式作用于被干扰对象的都属于"路"的干扰，如通过漏电阻、电源及接地线的公共阻抗等引入的干扰。凡噪声源通过电场、磁场的形式作用于被干扰对象的都属于"场"的干扰，如通过分布电容、分布互感等引入的干扰。

1. 通过"路"的干扰

此种干扰的途径主要有三个方面。

（1）通过漏电阻引起的干扰

它是指元件支架、探头、接线柱、印制电路及电容器绝缘不良，使噪声源得以通过这些漏电阻作用于有关电路而造成的干扰。被干扰点的等效阻抗越高，由泄漏而产生的干扰影响就越大。

如图 7.6 所示是通过漏电阻引起干扰的示意图。图中 U_{Ni} 为噪声电压，R_i 为被干扰电路的输入电阻，R_σ 为漏电阻。作用于 R_i 上的干扰电压 U_{No} 为

$$U_{No} = \frac{R_i}{R_\sigma + R_i} U_{Ni} \tag{7.8}$$

式中，$U_{Ni}=15\,\text{V}$ 为电路中交流电源的有效值，$R_i=10^6\,\Omega$，$R_\sigma=10^{10}\,\Omega$。因此，电路输入端的干扰电压有效值为 1.5 mV。

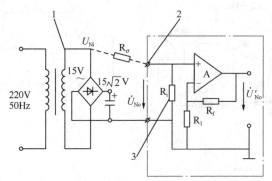

1—干扰源；2—仪器输入端子；3—仪器的输入电阻

图 7.6　通过漏电阻引起的干扰

从电子学的角度看，上述这种干扰属于差模干扰（又称串模干扰、常模干扰）。串模干扰的等效电路如图 7.7（a）所示。从图 7.7（b）可以看出，串模干扰电压 u_{Ni} 叠加在有用信号 u_s 上。

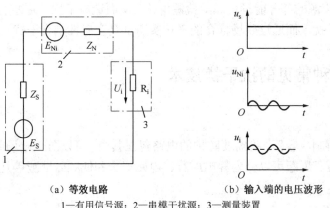

（a）等效电路　　　　（b）输入端的电压波形

1—有用信号源；2—串模干扰源；3—测量装置

图 7.7　差模干扰

（2）通过共阻抗耦合引起的干扰

它是指当两个或两个以上的电路共同享有或使用一段公共的线路，而这段线路又具有一定的阻抗时，这个阻抗就成为这两个电路的共阻抗。第二个电路的电流流过这个共阻抗所产生的压降就成为第一个电路的干扰电压。常见的例子是接地线阻抗的共阻耦合干扰，如图 7.8 所示。图中，一个功率放大器的输入回路的地线与负载的地线有一段共阻抗 r_3，负载电流流过这个共阻抗，在其上产生微小的压降，该电压就成为功率放大器输入端的干扰电压，破坏了电路的稳定性。从图 7.8 可以看出，共阻抗耦合干扰也是差模干扰的一种形式。

（3）由电源配电回路引入的干扰

交流供配电线路在工业现场的分布相当于一个吸收各种干扰的网络，而且十分方便地以电路传导的形式传遍各处，并经检测装置的电源线进入仪器内部造成干扰。最明显的是电压突跳和交流电源波形畸变使工频的高次谐波经电源线进入仪器的前级电路。

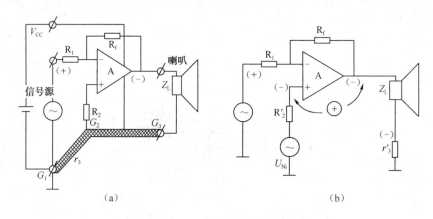

图 7.8　共阻抗耦合干扰

2. 通过“场”的干扰

工业现场各种线路上的电压、电流的变化必然反映在其对应的电场、磁场的变化上，而处在这些“场”内的导体将受到感应而产生感应电动势和感应电流。各种噪声源常通过这种“场”的途径将噪声源的部分能量传递给检测电路，从而造成干扰。通过电场耦合的干扰实质上是电容性耦合干扰，而通过磁场耦合的干扰实质上是互感性耦合干扰。

7.2.3　几种常见的抗干扰技术

1. 屏蔽技术

利用金属材料制成容器，将需要防护的电路包在其中，可以防止电场或磁场的耦合干扰，此种方法称为屏蔽。屏蔽可以分为静电屏蔽、电磁屏蔽和低频磁屏蔽等几种。

（1）静电屏蔽

根据电学原理，静电场中的密闭空心导体内部无电力线，即内部各点等电位。静电屏蔽就是利用这个原理，以铜或铝等导电性良好的金属为材料，制作封闭的金属容器，并与地线连接，把需要屏蔽的电路置于其中，使外部干扰电场的电力线不影响其内部的电路；反过来，内部电路产生的电力线也无法外逸去影响外电路。必须说明，作为静电屏蔽的容器器壁上允许有较小的孔洞（作为引线孔），它对屏蔽的影响不大。在电源变压器的一次侧和二次侧之间插入一个留有缝隙的导体，并将它接地也属于静电屏蔽，可以防止两绕组间的静电耦合。

（2）电磁屏蔽

电磁屏蔽也是采用导电良好的金属材料作为屏蔽罩，利用电涡流原理，使高频干扰电磁场在屏蔽金属内产生电涡流，消耗干扰磁场的能量，并利用涡流磁场抵消高频干扰磁场，从而使电磁屏蔽层内部的电路免受高频电磁场的影响。

若将电磁屏蔽层接地，则同时兼有静电屏蔽作用。通常使用的铜质网状屏蔽电缆就能同时起到电磁屏蔽和静电屏蔽的作用。

（3）低频磁屏蔽

在低频磁场中，电涡流作用不太明显，因此必须采用高导磁材料作为屏蔽层，以便将低频干扰磁力线限制在磁阻很小的磁屏蔽层内部，使低频磁屏蔽层内部的电路免受低频磁场耦合干扰的影响。例如仪器的铁皮外壳就起到低频磁屏蔽的作用。若进一步将其接地，又同时起到静电屏蔽和电磁屏蔽的作用。在干扰严重的地方常使用复合屏蔽电缆，其最外层是低磁导率、高饱和的铁磁材料，内层是高磁导率、低饱和的铁磁材料，最里层是铜质电磁屏蔽层，以便一步步地消耗干扰磁场的能量。在工业中常用的办法是将屏蔽线穿在铁质蛇皮管或普通铁管内，达到双重屏蔽的目的。

2. 接地技术

接地起源于强电技术，它的本意是接大地，主要着眼于安全，这种地线也称为"保安地线"，它的接地电阻值必须小于规定的数值。对于仪器、通信、计算机等来说，"地线"多是指电信号的基准电位，也称为"公共参考端"，它除了作为各级电路的电流通道之外，还是保证电路工作稳定、抑制干扰的重要环节。它可以是接大地的，也可以是与大地隔绝的，如飞机、卫星上的地线。因此通常将仪器设备中的公共参考端称为信号地线。

（1）地线的种类

① 模拟信号地线。它是模拟信号的零信号电位公共线，因为模拟信号有时较弱，易受干扰，所以模拟信号地线的横截面积应尽量大些。

② 数字信号地线。它是数字信号的零电平公共线，由于数字信号处于脉冲工作状态，动态脉冲电流在接地阻抗上产生的压降往往成为微弱模拟信号的干扰源，为了避免数字信号对模拟信号的干扰，两者的地线应分别设置为宜。

③ 信号源地线。传感器可看作是测量装置的信号源，通常传感器安装在生产现场，而测量装置设在离现场一定距离的控制室内，从测量装置的角度看，可认为传感器的地线就是信号源地线，它必须与测量装置进行适当的连接才能提高整个检测系统的抗干扰能力。

④ 负载地线。负载的电流一般都较前级信号电流大得多，负载地线上的电流有可能干扰前级微弱的信号，因此负载地线必须与其他地线分开，有时两者在电气上甚至可以是绝缘

的，信号通过磁耦合器或光耦合器来传输。

（2）一点接地原则

对于上述四种地线一般应分别设置，在电位需要连通时，也必须仔细选择合适的点，在一个地方相连，才能消除各地线之间的干扰。

① 单级电路的一点接地原则。如图7.9（a）所示为单级电路的一点接地原理图，图中有8个线端要接地，如果只从原理图的要求进行接线，则这8个线端可接在接地母线上的任意点上，这几个点可能相距较远，不同点之间的电位差就有可能成为这级电路的干扰信号，因此应采取如图7.9（b）所示的一点接地方式。

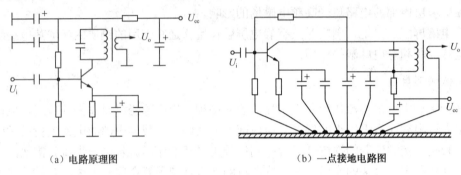

（a）电路原理图　　　　　　　　　　　　　　（b）一点接地电路图

图7.9　单级电路的一点接地

② 多级电路的一点接地原则。多级电路利用了一段公用地线，在这段公用地线上存在着多点不同的对地电位差，有可能产生共阻抗干扰。只有在数字电路或放大倍数不大的模拟电路中，为布线简便起见，才可以采取上述电路，但也应注意以下两个原则：一是公用地线截面积应尽量大些，以减小地线的内阻；二是应把最低电平的电路或电流最大的电路放在距电源接地点最近的地方。

也可采取并联接地方式，这种接法不易产生共阻抗耦合干扰，但需要很多根地线，在高频时反而会引起各地线间的互感耦合干扰，因此只在频率为1 MHz以下时方可采用。当频率较高时，应采取大面积的地线，允许多点接地，这是因为接地面积较大，内阻较低，反而不易产生级与级之间的共阻耦合。

（3）屏蔽浮置技术

若测量装置电路与大地之间没有任何导电性的直流联系，则称为浮置，采用干电池的数字表就是浮置的特例。如图7.10所示是检测系统"屏蔽浮置"的一种接法。它有以下几个特点。

① 传感器两个输出端中的一个与传感器一侧的大地连接。

② 传感器外壳与大地连接。

③ 信号传输采用双芯屏蔽线，测量装置采用双层电磁屏蔽，即在接大地的外壳内加装了一个"保护屏蔽"。所谓"保护屏蔽"就是将测量电路的整个输入部分浮置，外面加一个金属屏蔽保护罩，这个保护罩通过双芯屏蔽线的屏蔽层接到传感器一侧的接大地点上。

④ 电源变压器采用三重静电屏蔽。图7.10中，Z_1、Z_2是由分布电容、漏电阻构成的漏电阻抗。

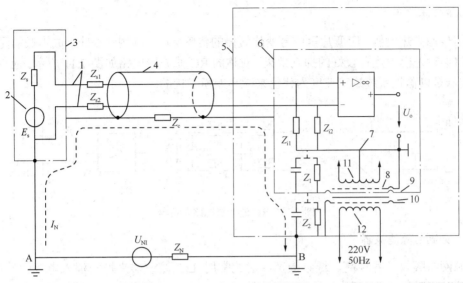

1—信号传输线；2—传感器；3—传感器外壳；4—双芯屏蔽线；5—测量装置外壳；6—保护屏蔽；7—测量装置的零电位；
8—二次侧屏蔽层；9—中间屏蔽层；10—一次侧屏蔽层；11—电源变压器二次侧；12—电源变压器一次侧

图 7.10 带有"屏蔽浮置"的检测系统

分析图 7.10 可知，大地电位差引起的干扰电流 I_N 绝大部分是流经屏蔽线外皮的，其路径是 $A \rightarrow Z_c \rightarrow Z_2 \rightarrow B$，由于 Z_2 的数值较大，所以 I_N 一般较小。而流经 Z_{s1}、Z_{s2} 的电流相对来说就更小了。只要使 Z_{s1}、Z_{s2}、Z_{i1}、Z_{i2} 尽量对称，整个检测系统的共模抑制比就可以得到很大的提高。

电源变压器屏蔽的好坏对检测系统的抗干扰能力影响很大。电源变压器通常是装在仪器的金属外壳内，它将电网带来的干扰电压直接引入仪器金属外壳内，破坏了屏蔽的完整性。为了封闭这一缺口，在要求较高的检测装置中，往往采用带有三层静电屏蔽的电源变压器。

① 一次侧屏蔽层及电源变压器外壳与测量装置的外壳连接并接大地。

② 中间屏蔽层与"保护屏蔽"层连接。

③ 二次侧屏蔽层与测量装置的零电位连接。

采用三重静电屏蔽的目的，一是不让由电网引入的交流干扰电压串入测量装置内；二是使大地电位差产生的干扰电流无法流经信号线。

必须指出，屏蔽浮置是一种十分复杂的技术，在设计、安装检测系统时，必须注意不使屏蔽线外皮与测量装置的外壳短路；应尽量减小各不同类型屏蔽之间的分布电容及漏电；尽量保证电路对地的对称性等，否则"浮置"的结果反而可能会引起意想不到的严重干扰。

3. 滤波技术

滤波器是抑制交流差模干扰的有效手段之一。下面分别介绍检测技术中常用的几种滤波电路。

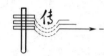

（1）RC 滤波器

当信号源为热电偶、应变片等信号变化缓慢的传感器时，利用体积小、成本低的无源 RC 滤波器将会对差模干扰有较好的抑制效果。对称的 RC 滤波器电路如图 7.11 所示。应该注意，RC 滤波器是以牺牲系统响应速度为代价来减小差模干扰的。

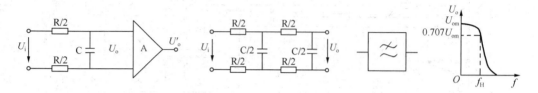

图 7.11　RC 滤波器电路及符号

（2）交流电源滤波器

电源网络吸收了各种高、低频噪声，对此常用 LC 滤波器来抑制混入电源的噪声。交流电源滤波器如图 7.12 所示，100 μH 电感、0.1 μF 电容组成的高频滤波器能吸收中短波段的高频噪声干扰。图中，两只对称的 5 mH 电感是由绕在同一环型铁芯两侧且匝数相等的电感绕组构成的，称为共模电感。由于电源的进线侧至负载侧的往返电流在铁芯中产生的磁通方向相反、互相抵消，因而不起电感作用，阻抗很小。但对于电源相线和中性线同时存在的大小相等、相位相同的共模噪声干扰，能得到一个大的电感，呈高阻抗，所以对共模噪声干扰有良好的抑制作用。图 7.12 中的 10 μF 电容能吸收因电源波形畸变而产生的谐波干扰，压敏电阻能吸收因雷击等引起的浪涌电压干扰。

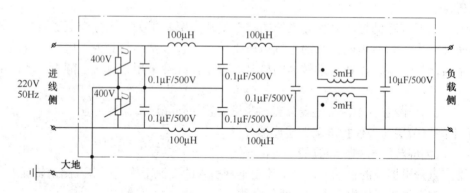

图 7.12　交流电源滤波器

（3）直流电源滤波器

直流电源往往为几个电路所公用，为了避免通过电源内阻造成几个电路间互相干扰，应在每个电路的直流电源上加上 RC 或 LC 退耦滤波器，如图 7.13 所示。图中的电解电容用来滤除低频噪声。由于电解电容采用卷制工艺而含有一定的电感，在高频时阻抗反而增大，所以需要在电解电容旁边并联一个 0.01～0.1 μF 左右的磁介电容或独石电容，用来滤除高频噪声。

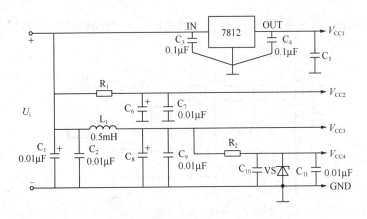

图 7.13 直流电源滤波器

4. 光电耦合技术

目前，检测系统越来越多地采用光电耦合器以提高系统的抗共模干扰能力。光电耦合器是一种电→光→电耦合器件，它的输入量是电流，输出量也是电流，可是两者之间从电气上看却是绝缘的，如图 7.14 所示为光电耦合器的结构示意图。发光二极管一般采用砷化镓红外发光二极管，而光敏元件可以是光敏二极管、光敏三极管，甚至可以是光敏晶闸管、光敏集成电路等，发光二极管与光敏元件的轴线对准并保持一定的间隙。

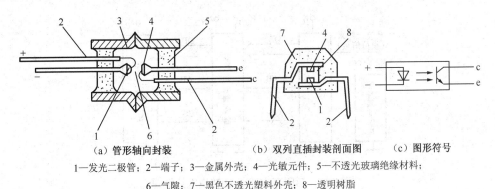

（a）管形轴向封装　　　（b）双列直插封装剖面图　　（c）图形符号

1—发光二极管；2—端子；3—金属外壳；4—光敏元件；5—不透光玻璃绝缘材料；

6—气隙；7—黑色不透光塑料外壳；8—透明树脂

图 7.14 光电耦合器的结构示意图

当有电流流入发光二极管时，它即发射红外光，光敏元件受此光照射后产生相应的光电流，这样就实现了以光为媒介的电信号的传输。

光电耦合器有以下特点。

① 输入、输出回路绝缘电阻高（大于 10^{10} Ω），耐压超过 1 kV。

② 因为光的传输是单向的，所以输入信号不会反馈和影响输入端。

③ 输入、输出回路在电气上是完全隔离的，能很好地解决不同电位、不同逻辑电路之间的隔离和传输的矛盾。

使用光电耦合器能比较彻底地切断大地电位差形成的环路电流。近年来，线性光电耦合器的性能不断提高，误差可以小于千分之几。如图 7.15 所示是采用线性光电耦合器的前置放大器。电源 5 和电源 6 相互间是隔离的，因此回路 1、2、5 与回路 4、6 之间在电气上是绝缘的，采用这种办法就不会形成两点接大地的干扰电流回路，可以使检测系统在高共模噪声干扰环境下工作。

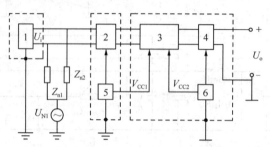

1—信号源；2—预放大电路；3—线性光电耦合器件；4—放大器；5、6—隔离式电源

图 7.15　采用线性光电耦合器的前置放大器

使用光电耦合器的另一种办法是先将前置放大器来的输出电压进行 A/D 转换，然后通过光电耦合器用数字脉冲的形式，把代表模拟量的数字信号耦合到诸如计算机之类的数字处理系统去做数据处理，从而将模拟电路与数据处理电路隔离开来，有效地切断共模干扰的环路，如图 7.16 所示。在这种方式中，必须配置多路光电耦合器（视 A/D 转换器的位数而定），虽然耦合电路对器件的线性要求较低，但由于光电耦合器是工作在数字脉冲状态，所以应采用高速光电耦合器件。

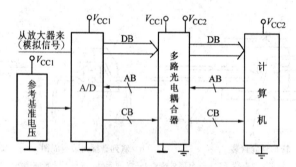

图 7.16　后隔离方式 A/D 转换电路框图

任务与实施

【任务】　某高级过程控制系统实训装置采用半导体压力传感器测量三容水箱液位高度，试分析其测量信号是如何通过典型的信号处理电路变换成国际标准统一信号的。

【实施方案】　FPM-05G 型半导体压力传感器电路图如图 7.17 所示。

1. 半导体压力传感器的工作原理及电路组成

半导体压力传感器的工作原理是压阻效应，其构成是在硅片上制作扩散电阻，并形成隔膜层，以提高灵敏度。扩散电阻构成惠斯顿电桥电路，将压力转变为电信号输出。

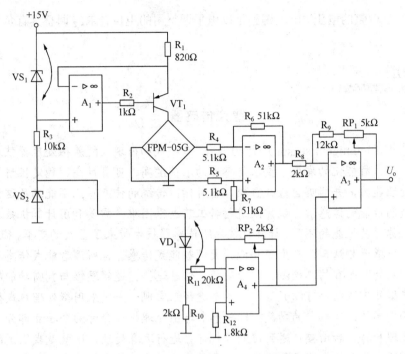

图 7.17　FPM-05G 型半导体压力传感器电路图

FPM-05G 型半导体压力传感器电路由驱动电路、放大电路、温度补偿电路等构成。传感器所测压力为表压力，当压力为一个标准大气压时，输出电压是零，每变换 0.133kPa（1 mmHg 柱），输出变化 10 mV。

2. 驱动电路

传感器采用恒流驱动方式。恒流源电路由 A_1、VD_1、VT_1、R_1 构成，VD_1 的输出电压 U_{VD1} 加在 R_1 上，恒电流 I 由 U_{VD1}/R_1 决定。

3. 放大电路

当传感器加上 1.5 mA 电流时，其输出约为 0.17 mV/0.133 kPa，为了达到规定性能，约需放大 60 倍。最初，用 A_2 将传感器的输出放大 10 倍。这时，若传感器输入电阻 R_4 和 R_5 比仪表的电阻小，则对传感器的温度特性有影响，应使传感器输入电阻达到几十千欧以上。下一级 A_3 除使传感器输出放大外，还要调整电平。

4. 温度补偿电路

传感器的温度特性包括由于温度变化使零位输出移动的零位温度特性，以及压力灵敏度随温度变化的灵敏度温度特性。FPM-05G 的灵敏度随温度变化非常小，故这里仅给出零位温度特性的补偿电路。实验表明，传感器的零位温度特性为 0.25 mV/℃，因为 A_2 放大 10 倍，故 A_3 的输入端变为 -2.5 mV/℃。另外，二极管的温度特性为 -2.0～-2.5 mV/℃，故用二极管正向电压 U_F 补偿传感器的零位温度特性。

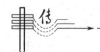

A_4输出经过调整的电压，电压调整是以电平调整用的电位计RP_2调整具有负温度系数的电压。

知识拓展
ZHI SHI TUO ZHAN

智能传感器

智能传感器（Intelligent sensor）于20世纪70年代初出现。随着微处理器技术的发展及测控系统自动化、智能化的发展，要求传感器的准确度高、可靠性高、稳定性好，而且具备一定的数据处理能力，并能够自检、自校、自补偿，传统的传感器已不能满足这样的要求。另外，为制造高性能的传感器，仅靠改进材料工艺也很困难，需要利用计算机技术与传感器技术相结合来弥补其性能的不足。计算机技术给传感器技术带来了巨大的变革，微处理器（或微计算机）和传感器相结合，产生了功能强大的智能式传感器。所谓智能式传感器，就是一种带有微处理机的，兼有信息检测、信号处理、信息记忆、逻辑思维与判断功能的传感器。

传感器与微处理机结合可以通过以下两个途径来实现：一是采用微处理机或微型计算机系统以强化和提高传统传感器的功能，即传感器与微处理机可分为两个独立部分，传感器的输出信号经处理和转化后由接口送到微处理机部分进行运算处理，这就是我们说的一般意义上的智能传感器，又称传感器的智能化。二是借助于半导体技术把传感器部分与信号预处理电路、输入/输出接口 ISI、微处理器等制作在同一块芯片上，即成为大规模集成电路智能传感器，简称集成智能传感器。集成智能传感器具有多功能、一体化、精度高、适宜于大批量生产、体积小和便于使用等优点，它是传感器发展的必然趋势，它的实现将取决于半导体集成化工艺水平的提高与发展。

智能传感器因其在功能、精度、可靠性上较普通传感器有很大提高，已经成为传感器研究开发的热点。近年来，随着传感器技术和微电子技术的发展，智能传感器技术也发展很快。发展高性能的以硅材料为主的各种智能传感器已成为必然。

智能式传感器的特点是：高精度、宽量程、多功能、高可靠性和高稳定性、高分辨率、高信噪比、高性价比、自适应性强、超小型化、微型化以及微功率。

（1）智能式传感器的分类

① 初级形式。最早出现的商品化形式，不包括微处理器单元，只有敏感元件与（智能）信号调理电路，二者被封装在一个外壳里。它只有简单的自动校零、非线性的自动校正、温度自动补偿功能。

② 中级形式。也称为非集成智能式传感器，是指将传感器和微处理器作为两个独立部分，将敏感元件、信号调理电路和微处理器单元封装在一个外壳里形成一个完整的传感器系统，传感器的输出信号经处理和转化后由接口送到微处理器部分进行运算处理。它有强大的软件支撑，具有完善的智能化功能。

③ 高级形式。也称为集成智能式传感器，是指把传感器部分与信号预处理电路、输入/输出接口、微处理器等制作在同一块芯片上，从而形成大规模集成电路智能式传感器，这类传感器不仅具有完善的智能化功能，而且还具有更高级的传感器阵列信息融合等功能，从而使其集成度更高、功能更加强大。

（2）智能式传感器的构成及功能

智能式传感器的构成如图 7.18 所示，其功能包括以下几个方面。

① 逻辑判断、决策和统计处理功能。可对检测数据进行分析、统计和修正，还可进行线性、非线性、温度、噪声、响应时间、交叉感应及缓慢漂移等的误差补偿，可大大提高测量准确度。

② 自诊断、自校正功能。智能式传感器可实现开机自检（在接通电源时进行）和运行自检（在工作中实时进行），以确定哪一组件有故障，从而提高了工作的可靠性。

③ 自适应、自调整功能。内含的特定算法可根据待测物理量的数值大小及变化情况等自动选择检测量程和测量方式，提高了检测的适用性。

④ 组态功能。可实现多传感器、多参数的复合测量，扩大了检测与使用范围。

⑤ 记忆、存储功能。可进行检测数据的随时存取，方便使用和进一步数据处理，加快了信息的处理速度。

⑥ 数据通信功能。智能化传感器具有数据通信接口，具有双向通信、标准化数字输出或符号输出特性，能与计算机直接连接，相互交换信息，提高了信息处理的质量。

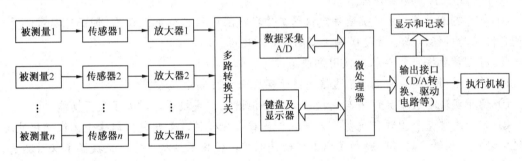

图 7.18　智能式传感器的构成

（3）智能式传感器的应用

① 智能压阻式压力传感器。压阻式压力传感器已经得到了广泛的应用，但是它的测量准确度受非线性和温度的影响很大，难以用于高准确度测量。在对其进行智能处理后，利用单片微型计算机对非线性和温度变化产生的误差进行修正，可以获得非常满意的效果。在工作环境温度变化为 10～60℃ 范围内，压阻式压力传感器的准确度几乎保持不变。

智能压阻式压力传感器的硬件结构如图 7.19 所示。其中，压阻式压力传感器用于压力测量，温度传感器用于测量环境温度，以便进行温度误差修正，两个传感器的输出经前置放大器放大成 0～5 V 的电压信号送至多路转换器，多路转换器将根据单片机发出的命令选择一路信号送到 A/D 转换器，A/D 转换器将输入的模拟信号转换为数字信号送入单片机，单片机将根据一定的程序进行工作。

② 智能式红外测温仪。普通红外测温仪的很多功能，如温度补偿、输出特性线性化、利用同步检波提取交流信号峰值等，全靠硬件电路实现，这样不仅电路非常复杂，而且仪器的稳定性差，难以提高测量准确度。

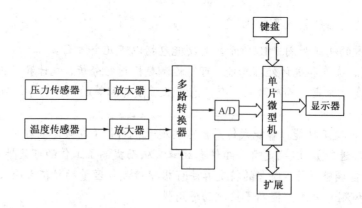

图 7.19　智能压阻式压力传感器的硬件结构

为了克服红外测温仪存在的问题，研究人员研制出了智能式红外测温仪。

智能式红外测温仪与常见的红外测温仪相比，具有以下特点。

① 具有信息处理与计算功能，可对测量数据进行各种处理与复杂运算，如输出特性线性化处理等，减小了非线性误差。

② 具有判断功能，可精确地确定仪器工作环境温度状态与变化情况，因而可以对测量数据进行修正与补偿，减小温度误差，提高测量准确度。

③ 对测量数据可以存取，使用方便。

④ 具有通用接口，可与 PC 通信，便于实现全系统集中监控。

⑤ 便于实现有关常数设置与更换，如报警值设置、更换等，扩大了使用功能。

⑥ 充分发挥与利用软件优势，采用软件代替部分硬件，如软件提取峰值、线性化处理、步进电动机驱动等。这样既精简了仪器的硬件电路，使仪器结构紧凑，又提高了仪器测量的准确度与稳定性。

（4）智能式传感器的发展方向

目前，智能式传感器的发展还处于初级阶段，它仅是由几块相互独立的模块电路与传感器组装在同一壳体内构成智能化传感器。未来的智能式传感器应该是传感器、信号处理电路和微型计算机等集成在同一芯片上，成为超大规模集成化的高级智能式传感器。未来智能式传感器的一种构思是将敏感元件、信号变换、运算、记忆和传输功能部件分别分层次地集成在一块半导体硅片上，构成多功能三维智能式传感器。

由此可见，智能式传感器发展到什么程度，关键是半导体集成技术，即智能式传感器的发展依附于硅集成电路的设计、制造与装配技术。

我国智能式传感器的研究与开发起步较晚，由于半导体集成技术所限，近期也难以实现单片集成化智能式传感器。研究混合集成式智能传感器，采用部分进口芯片、国产芯片和敏感元件，利用现有条件实现传感器智能化，是适合我国国情的；或者在现有的传感器壳内封装上专用的集成电路芯片和单片微型计算机芯片，构成智能式传感器。这样既可以利用我国成熟的传统传感器技术，又能引入先进的微电子技术和计算机技术，从而可以利用智能式传感器特有的功能来改善传统传感器的技术性能。

课外作业 7

1. 常见的噪声干扰有哪几种？如何防护？

2. 屏蔽有哪几种形式？各起什么作用？

3. 接地有几种形式？各起什么作用？

4. 某检测系统由热电偶和放大器、A/D 转换器、数显表等组成，如图 7.20 所示。请指出与接地有关的错误之处并改正。

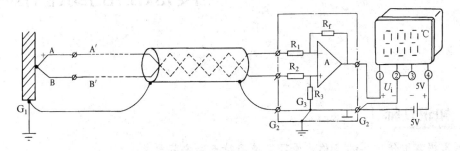

图 7.20　热电偶测温电路接线图改错

5. 如图 7.21 所示为电力助动车充电电压检测电路，电路中的光耦既可以传输充电电压信号，又能将 220 V 有危险性的强电回路与计算机回路隔离开来。请指出与光耦有关的接线错误并改正。

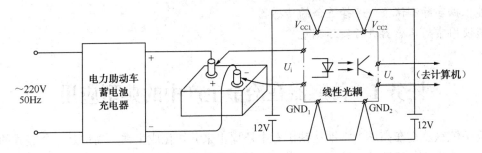

图 7.21　电力助动车充电电压检测电路改错

項目 8

传感器的综合应用

知识目标

熟练掌握常用传感器的名称、原理、使用特点和安装要求

技能目标

能综合分析各种传感器在实际测量中的作用
能根据实际测试条件选择适合的传感器
能使用常用传感器进行实际测量

任务 1　传感器在冶金生产中的典型应用

　　高炉炼铁就是在高炉中将铁从铁矿石中还原出来并熔化成生铁。高炉是一个竖式的圆筒形炉子，其本体包括炉基、炉壳、炉衬、冷却设备和高炉支柱，而高炉内部工作空间又分为炉喉、炉身、炉腰、炉腹和炉缸五段。高炉生产除本体外，还包括上料系统、送风系统、煤气除尘系统、渣铁处理系统和喷吹系统。高炉产品包括各种生铁、炉渣、高炉煤气和炉尘。生铁供炼钢和铸造使用；炉渣可用于制作水泥及绝热、建筑和铺路材料等；高炉煤气除了供热风炉做燃料使用外，还可供炼钢、焦炉、烧结点火用等；炉尘回收后可做烧结厂原料。

　　自动检测和控制系统是高炉自动化生产的重要组成部分，控制系统的功能配置及可靠性直接影响高炉的生产能力、安全运行、高炉寿命等重要经济指标的实现。高炉炼铁生产工艺参数检测与控制系统如图 8.1 所示。图 8.1 和图 8.2 中各主要符号代表的意义分别为：$\frac{p}{B}$ 为压力变送器，$\frac{\Delta p}{B}$ 为差压变送器，$\frac{G}{B}$、$\frac{Q}{B}$ 为流量变送器，$\frac{T}{B}$ 为温度变送器，$\sqrt{\ }$ 为开方器，$\frac{p}{J}$ 为压力记录仪，$\frac{\Delta p}{J}$ 为差压记录仪，$\frac{G}{J}$、$\frac{Q}{J}$ 为流量记录仪，$\frac{T}{J}$ 为温度记录仪，$\frac{f}{J}$ 为湿度记录仪，

$\dfrac{L}{J}$ 为料尺记录仪，DTL 为调节器，C 为磁放大器，DKJ 为电动执行器，F 为操作器。

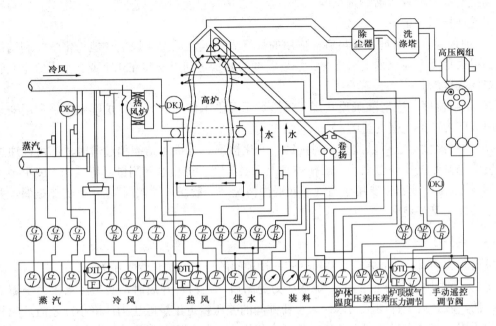

图 8.1　高炉炼铁生产工艺参数检测与控制系统

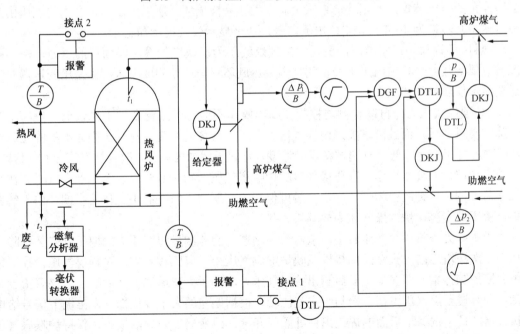

图 8.2　热风炉煤气燃烧自动检测控制系统

1. 高炉本体检测和控制

为了准确、及时地判断高炉炉况和控制整个生产过程的正常运行，必须检测高炉内各部位的温度、压力等参数。

（1）温度

需检测的温度点包括炉顶温度、炉喉温度、炉身温度和炉基温度，并采用多点式自动电子电位差计指示和记录。

① 炉顶温度。它是煤气与料柱作用的最终温度。它反映了煤气热能与化学能利用的情况，在很大程度上能监视下料情况。炉顶温度的测量是利用安装在 4 个或 2 个煤气上升管内的热电偶实现的。

② 炉喉温度。它能准确反映煤气流沿炉子周围工作的均匀性。炉喉温度是利用安装在炉喉耐火砖内的热电偶测量的。

③ 炉身温度。它可以监视炉衬侵蚀和变化情况。当炉衬结瘤和过薄时，都可以通过炉身温度的测量数据反映出来。一般在炉身上下层各装一排热电偶测量，每排 4 点或更多点。

④ 炉基温度。它主要用于监视炉底侵蚀情况。一般在炉基四周装有 4 支热电偶，并在炉底中心装 1 支热电偶。

（2）差压（压力）

需检测大小料钟间的差压、热风环管与炉顶间的差压及炉顶煤气压力。

① 大小料钟间差压的测量。炉喉压力提高后，在料钟开启时，必须注意压力平衡，降大钟之前，应开启大钟均压阀，使大小料钟间的差压接近于炉喉压力；降小钟之前，应开启小钟均压阀，使大小料钟间的差压接近于大气压力。如果压差过大，则料钟及料车的运转应有立即停止的电气装置，否则传动系统负荷太大，易被损坏，所以大小料钟之间的差压由差压变送器将其转换为 4～20 mA DC 电流信号，送至显示仪表指示和记录。

② 热风环管与炉顶间差压的测量。炉顶煤气压力反映煤气逸出料面后的压力，是判断炉况的重要参数之一。国内采用最多的是测量热风环管与炉顶间的差压，由差压变送器测量后送至显示仪表指示和记录。

③ 炉顶煤气压力的自动检测与控制。高压操作不但可以改善高炉工作状况，提高生产率，降低燃料消耗，而且可增加炉内煤气压力和还原气体的浓度，有利于强化矿石的还原过程，同时还可相应地降低煤气通过料层的速度，有利于增加鼓风量，改善煤气流分布。目前，大多数高炉都采取高压操作。高压操作时的炉喉煤气压力约为 0.5～1.5 个标准大气压。在高炉工作前半期，料钟的密闭性较好，一般可保持较高压力；而在高炉工作后半期，由于料钟磨损，密闭性变差，炉顶煤气压力要降低一些。

由于炉喉处煤气中含灰尘较多，取压管易堵塞，因此测量煤气压力的取压管安装在除尘器后面、洗涤塔之前。虽然是间接地反映炉喉煤气压力，但比较可靠。炉顶煤气压力控制采用单回路控制方案，即在除尘器后测出的煤气压力，经压力变送器转换后送显示仪表指示和记录，同时送至煤气压力调节器与给定值比较，根据偏差的大小及极性，发出调节信号给电动执行器，调节洗涤塔后面的煤气出口处阀门开度，改变局部阻力的损失，保持炉喉煤气压力为给定数值。

2. 送风系统检测和控制

送风系统主要考虑鼓风温度和湿度的自动检测与控制，均采用单回路控制方案。

（1）鼓风温度

鼓风温度是影响鼓风质量的一个重要参数，它将影响到高炉顺行、生产率、产品质量和高炉使用寿命。如图 8.1 所示，冷风通过冷风阀进入热风炉被加热，同时冷风还通过混风阀进入混风管，与经过加热的热风在混风管内混合后达到规定温度，再进入环形风管。

用热电偶测定进入环形风管前的温度，经温度变送器转换后送至调节器，调节器按 PID 规律运算后的输出信号驱动电动执行器 DKJ，调节混风阀的开度，控制进入混风管的冷风量，保持规定的鼓风温度，同时鼓风温度送至显示仪表指示和记录。

（2）鼓风湿度

鼓风湿度是影响鼓风质量的另一个重要参数，通常采用干湿温度计测量。其基本原理是用一个干的温度计和一个湿的温度计，当鼓风通过两温度计时，由于湿温度计水分蒸发，温度将低于干温度计的温度。鼓风湿度越大，则蒸发越慢，吸热越少，干、湿温度计的温度就越接近，因此利用干湿温度计的温度差反映鼓风湿度的大小。

在冷风管道上取出冷风，用两支一干一湿的热电阻测温，信号经温度变送器转换后将电流信号送至调节器，调节器的输出信号驱动电动执行器，控制蒸汽阀开度以改变进入鼓风中的蒸汽量，从而控制鼓风湿度保持在给定值上。

3. 热风炉煤气燃烧自动控制

根据炼铁生产工艺的要求，一般希望热风炉能以最快的速度升温，并且要求煤气燃烧过程稳定。如图 8.2 所示是目前较多采用的热风炉煤气燃烧自动检测控制系统。

（1）煤气与空气的比值控制

用差压变送器及开方器分别测量煤气流量与空气流量后，送入调节器 DTL1，实现煤气流量与空气流量的比值控制。调节器 DTL1 的输出信号送到电动执行器，通过调节空气管道上的阀门开度，控制煤气与空气的比例达到规定的数值。

（2）烟道废气含氧量控制

用磁氧分析器和毫伏转换器测量烟道废气中的含氧量并送给氧量调节器，与含氧量的给定值相比较，发出校正信号送入调节器 DTL1 中。如果含氧量大于给定值，校正信号使电动执行器动作，使空气管道阀门朝关小的方向动作，直到含氧量稳定在给定值为止；反之，则开大阀门以增加空气量，直到烟道废气中含氧量增加并稳定在给定值为止。所以，通过控制烟道废气含氧量可以减小或消除因煤气成分波动而造成的影响。

（3）炉顶温度控制

将安装在热风炉炉顶的热电偶所测量的炉顶温度数据，通过报警接点 1（炉顶温度低于规定值时报警接点 1 断开，炉顶温度高于规定值时报警接点 1 接通）输入到氧量调节器中，产生一个校正信号送入调节器 DTL1，使电动执行器动作。开大空气管道阀门开度，增加空气量，炉顶温度便开始降低，当炉顶温度低于规定值时，报警接点 1 断开，校正信号终止。

（4）烟道废气温度控制

安装在烟道上的热电偶和温度变送器测得的烟道废气温度通过报警接点 2（废气温度高于规定值时接通，低于规定值时断开）输入到电动执行器中，使之控制煤气管道阀门开度。若煤气温度过高，则关小煤气阀门，煤气量减少，使废气温度降低直至低于规定值，报警接点 2 断开。在燃烧开始阶段或操作中需要改变煤气量时，可通过电流给定器给出 4～20 mA DC 的电流信号，直接控制电动执行器，实现远距离手动控制。

（5）煤气压力控制

通过安装在煤气管道上的取压管和压力变送器测量后，送入调节器与煤气压力给定值相比较，调节器根据偏差情况给出控制信号，驱动电动执行器，改变煤气管阀门开度，直到煤气压力达到给定值为止。

此外，还有喷吹重油自动控制、吹氧系统自动控制、煤气净化系统自动控制、汽化冷却系统自动控制等。

目前，我国比较先进的大中型高炉炼铁生产过程工艺参数的检测与控制都采用了先进的集散控制系统（DCS），取代了模拟调节器和显示、记录仪，对生产工况进行集中监视和分散控制，无论从使用角度还是从成本考虑都是极有优势的。

任务2　传感器在化工生产中的典型应用

在石油、化工工业中，许多原料、中间产品或粗成品，通常都是由若干组分所组成的混合物，蒸（精）馏塔就是用于将若干组分所组成的混合物（如石油等）通过精馏，将其中的各组分分离和精制，使之达到规定纯度的重要设备之一。如图 8.3 所示为常压蒸馏塔生产过程工艺参数的检测与控制系统图。对蒸馏塔的控制要求通常分为质量指标、产品质量和能量消耗三方面。其中质量指标是蒸馏塔控制中的关键，即应使塔顶产品中的轻组分（或重组分杂质）含量符合技术要求，或使塔底产品中的重组分（或轻组分杂质）符合技术要求。

1. 蒸馏塔参数检测

（1）温度测量

包括原油入口温度、塔顶蒸气温度，可用热电偶测量。

（2）流量测量

需测量燃料（煤气和燃油）流量、原油流量、回流量、各组分及重油流量等，绝大部分流量信号可采用孔板与差压变送器配合测量，对于像重油这样的高黏度液体，不能采用孔板测量，应选用容积式流量计（如椭圆齿轮流量计）进行测量。

（3）液位测量

回流槽液位、水与汽油的相界位、其他组分液位及蒸馏塔底液位等，采用差压式液位传感器或差压变送器测量。

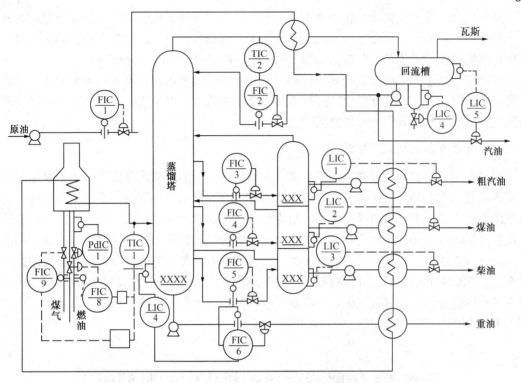

图 8.3 常压蒸馏塔生产过程工艺参数的检测与控制系统图

2. 蒸馏塔自动控制系统

当工艺对一端产品质量有要求（例如，对塔顶产品成分有严格要求，对塔底产品组分只要求保持在一定范围内）时，通常使用塔顶产品流量控制塔顶产品成分，用回流量控制回流槽液位，用塔底产品流量控制塔底液位，蒸气的再沸器进行自身流量的控制；当对塔底产品成分有严格要求时，控制方案为用塔底产品流量控制塔底产品成分，用回流量控制回流槽液位，塔顶产品只进行流量控制，塔底液位用加热蒸气量进行控制。倘若工艺对两端产品质量均有要求，控制方案采用较复杂的解耦控制。

（1）原油温度和流量控制

原料与来自蒸馏塔的半成品在热交换器中交换能量，然后利用管式加热炉将原油加热到一定温度，原油温度的控制是通过温度调节器 TIC/1 与燃料流量组成串级系统实现的。燃料流量调节器的输出信号通过电气转换后，采用带气动阀门定位器的气动薄膜执行机构，其目的是为了防爆，以确保安全。输入常压蒸馏塔的原油流量采用单回路控制，用调节器 FIC/1 控制。

（2）回流控制

这是蒸馏塔控制系统中最重要的部分之一，温度调节器 TIC/2 与回流流量调节器 FIC/2 组成串级控制回路，要加热的原油遇到从塔下部吹入的热蒸气而蒸发，蒸气上升送入较上层的塔盘中与盘中液体接触而凝结，在各层塔盘上都发生沸点高的蒸气凝结和沸点低的液体蒸发的现象，形成了各层间的自然温度分布。

从塔顶排出的蒸气被冷却而积存于回流罐中，其中气体、汽油及水的混合物等将在回流罐中被分离，汽油的一部分作为回流又循环流入蒸馏塔内，另一部分导入后面的生产装置。为保持回流罐中的液位在一定的范围内，以 LIC/5 控制排出的汽油流量。

蒸馏塔的塔顶蒸气经冷凝变成汽油和水而积存在回流罐内，设置 LIC/4 水位调节器是为了维持水和汽油有一定的分界面，又可以从中把下部的水分离出来。一般情况下都采用差压装置变送器和显示器等作为分界液面的变送器。

（3）重油及各组分流量控制

在蒸馏塔底部积存着最难蒸发的重油，为了使重油中的轻质成分蒸发，就需要维持一定的液面高度，吹入蒸气使之再蒸发，由 LIC/4 和 FIC/6 组成的串级控制系统就是为此目的而设置的。由于塔底变送器的导压管很容易受外界气温的影响而使其内部蒸气凝结，需要施行蒸汽管并行跟踪加热才能使用。在蒸馏塔之间部分适当的位置上，分别设有粗汽油、煤油和柴油的出口管线，因为这些流量与蒸馏塔内的温度分布（各种油的成分）有着重要的关系，用 FIC/3、FIC/4、FIC/5 对它们分别进行流量控制和调节。由于这些中间馏分中还含有轻质油，所以与蒸馏塔并列的还设有汽提塔，将蒸气吹入其中，使馏分中的轻质油蒸发排出，液位控制调节器 LIC/1、LIC/2、LIC/3 即为此目的而设置。

任务 3 传感器在数控机床中的典型应用

数字控制机床（Numerically Controlled Machine Tool）简称数控机床。随着电子技术的发展，数控机床采用了计算机数控系统。数控机床一般由数控系统、包含伺服电动机和检测反馈装置的伺服系统、强电控制柜、机床本体和各类辅助装置组成，如图 8.4 所示。

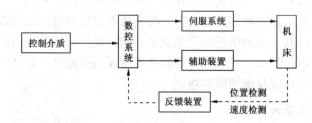

图 8.4 数控机床的系统组成框图

数控机床伺服系统的检测装置是数控机床的重要组成部分。在一定意义上，数控机床的加工精度主要取决于检测装置的精度，精密的检测装置是高精度数控机床的重要保证。不同类型的数控机床对检测装置的精度和速度有不同要求。一般来说，对于大型数控机床以满足速度要求为主，对于中小型和高精度数控机床则以满足精度要求为主。

检测装置由传感器和检测电路两部分组成，分为位移、速度和电流三种类型，而位置检测装置基本上又分为直线型和旋转型两大类。直线型位置检测装置用来检测运动部分的直线位移量；旋转型位置检测装置用来检测回转部分的转动位移量。数控机床上用的位置检测装置通常安装在工作台或丝杠上，不断地将工作台的位移量或丝杠的转角检测出来并反馈给控制系统，从而实现精确的位移、速度控制。常用的位置检测装置如表 8.1 所示。

表 8.1　常用的位置检测装置

	增 量 式	绝 对 式
直线型	直线旋转变压器 计量光栅 磁尺激光干涉仪	三速感应同步器 绝对值式磁尺
旋转型	脉冲编码器 旋转变压器 圆感应同步器 圆光栅、圆磁栅	多速旋转变压器 绝对脉冲编码器 三速圆感应同步器

下面以常用的位置检测装置中的光栅和感应同步器为例加以分析。

1. 光栅

光栅，又称光电脉冲发生器，是利用光的透射、干涉现象制成的光电检测元件，主要由标尺光栅和光栅读数头组成。标尺光栅固定在机床活动部件上（如工作台或丝杠上），光栅读数头装在机床固定部件上（如机床底座），两者随机床工作台的移动而相对移动，图 8.5 为光栅检测装置的安装结构。指示光栅安装在光栅读数头中，当光栅读数头相对于标尺光栅移动时，指示光栅便在标尺光栅上移动。

标尺光栅和指示光栅统称为光栅尺，它们是在真空镀膜的玻璃上或长条形金属镜面上刻出均匀密集的线纹。玻璃尺光栅称为透射光栅，金属尺光栅称为反射光栅。

光栅读数头又称光电转换器，由光源、透镜、指示光栅、光敏元件和驱动线路组成，其作用是把光栅莫尔条纹变成电信号，如图 8.6 所示。

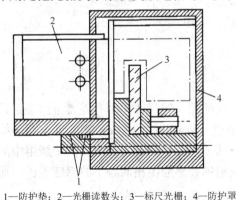

1—防护垫；2—光栅读数头；3—标尺光栅；4—防护罩

图 8.5　光栅检测装置的安装结构

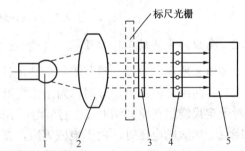

1—光源；2—透镜；3—指示光栅；4—光敏元件；5—驱动线路

图 8.6　光栅读数头

（1）玻璃透射光栅

它是在玻璃表面感光材料的涂层上或在金属镀膜上制成的光栅线纹。特点是光源可以垂直入射，光电元件可直接接收光信号，因此信号幅度大；读数头结构简单；每毫米上的线纹数多，经过电路细分，分辨率高达微米级。

常用的光栅线纹规格有 25 条/mm、50 条/mm、100 条/mm、125 条/mm 和 250 条/mm 几种，可根据光栅线纹的长度和安装情况具体确定。

（2）金属反射光栅

在钢尺或不锈钢带的镜面上用照相腐蚀工艺制作光栅，或用钻刀石直接刻画制作光栅线纹。其特点是标尺光栅安装、调整方便，线膨胀系数很容易做到与机床材料一致，安装面积较小，不易碎，易接长或制成整根的钢带长光栅。

常用的光栅线纹规格有 4 条/mm、10 条/mm、25 条/mm、40 条/mm 和 50 条/mm 几种。此外，还有在玻璃圆盘的外环端面上制成黑白间隔条纹的圆光栅。

2. 感应同步器

感应同步器是一种电磁感应式多级位置传感元件，由旋转变压器演变而来。感应同步器按运动方式分为旋转式（圆形感应同步器）和直线式两种。前者用来传感和测量角度位移信号，后者用来传感和测量直线位移信号。在结构上两者都包括固定的和运动的两大部分，对旋转式的分别称为定子和转子，对直线式的则分别称为定尺和滑尺。

（1）感应同步器的结构

数控机床上一般采用直线式感应同步器，如图 8.7 所示。通常定尺绕组做成连续式单相绕组，滑尺绕组做成分段式的两相正交绕组。

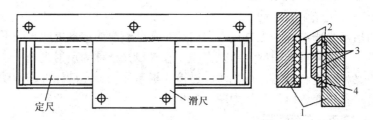

1—基板；2—绝缘层；3—绕组；4—屏蔽层

图 8.7　直线式感应同步器的结构

（2）感应同步器的工作原理

如图 8.8 所示，定尺和滑尺平行安装，且保持一定间隙。定尺表面制有连续平面绕组，滑尺上制有两组分段绕组，分别称为正弦绕组（sin 绕组）和余弦绕组（cos 绕组），这两段绕组相对于定尺绕组在空间错开 1/4 的节距，节距用 2τ 表示。工作时，当在滑尺两个绕组中的任一绕组上加激励电压时，由于电磁感应，在定尺绕组中会感出相同频率的感应电压，通过对感应电压的测量，可以精确地测量出位移量。

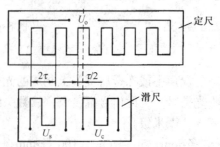

图 8.8　直线感应同步器的定尺和滑尺

如图 8.9 所示为滑尺在不同位置时定尺、滑尺上的感应电压。在 a 点时，定尺与滑尺绕组重合，这时感应电压最大；当滑尺相对于定尺平行移动后，感应电压逐渐减少，在错开 1/4 节距的 b 点时，感应电压为零；再继续移至 1/2 节距的 c 点时，得到的电压值与 a 点相同，但极性相反；在 3/4 节距时达到 d 点，又变为零；再移动一个节距到 e 点，电压幅值与 a 点相同。这样滑尺在移动一个节距的过程中，感应电压变化了一个余弦波形。由此可见，在励磁绕组中加上一定的交变励磁电压，感应绕组中会感应出相同频率的感应电压，其幅值大小随着滑尺移动做余弦规律变化。滑尺移动一个节距，感应电压变化一个周期。感应同步器就是利用感应电压的变化进行位置检测的。

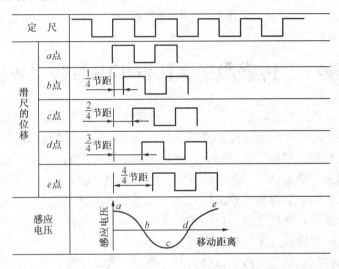

图 8.9　定尺上的感应电压与滑尺的关系

感应同步器具有测量精度高、拼接长度可灵活变化、环境适应性强、使用寿命长等特点，被广泛应用于位置检测中。

在闭环控制的机床中，检测装置的主要作用是检测位移量。

在图 8.10 所示的全闭环控制系统中，位置反馈装置采用直线位移检测元件（目前一般采用光栅尺），安装在机床的床鞍部位，直接检测机床坐标的直线位移量，通过反馈可以消除从电动机到机床床鞍的整个机械传动链中的传动误差，得到很高的机床静态定位精度，可用于数控坐标镗床、数控精密磨床中。在图 8.11 所示的半闭环控制系统中，位置反馈采用转角检测元件，直接安装在伺服电动机或丝杠端部。由于大部分机械传动环节未包括在闭环内，可获得较稳定的控制特性，大部分机床均采用此种形式。

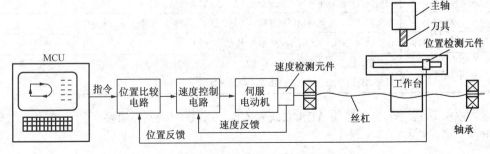

图 8.10　全闭环控制系统

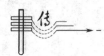
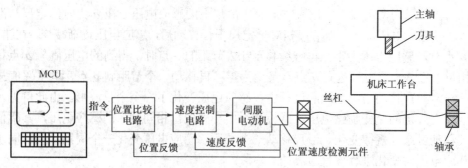

图 8.11　半闭环控制系统

任务 4　传感器在现代汽车中的典型应用

汽车类型繁多，其结构大体都是由发动机、底盘和电气设备三部分组成。当汽车启动后，电动汽油泵将汽油从油箱内吸出，由滤清器过滤杂质后经喷油器喷射到空气进气管中，与适当的空气混合均匀后分配到各汽缸中。火花塞点火后，混合汽油在汽缸内迅速燃烧，推动活塞做功，齿轮机构被曲柄带动，驱动车轮旋转，汽车开始行驶。

汽车的每一部分均安装有许多检测和控制用传感器，能够在汽车工作时为驾驶员或自动检测系统提供车辆运行状况和数据，自动诊断隐形故障和实现自动检测与自动控制，从而提高汽车的动力性、经济性、操作性和安全性。

汽车用传感器按照其功能大致可以分为两大类：一类是使驾驶员了解汽车各个部位状态的传感器；另一类是用于控制汽车运行状态的控制传感器，包括温度、压力、转速、加速度、流量、液位、位移方位、气体浓度传感器等。表 8.2 列出了各种用途的汽车传感器。

表 8.2　汽车用传感器的种类

种　　类	检 测 对 象
温度传感器	冷却水、排出气体（催化剂）、吸入空气、发动机机油、室内外空气
压力传感器	进气管、大气压力、燃烧压、发动机油压、制动压、各种泵压、轮胎压
转速传感器	曲柄转角、曲柄转数、车轮速度
速度、加速度传感器	车速、加速度
流量计	吸入空气流量、燃料流量、排气再循环量、二次空气量、冷媒流量
液量传感器	燃料、冷却水、电解液、洗窗器液、机油、制动液
位移方位传感器	节气门开度、排气再循环阀开量、车高（悬梁、位移）、行驶距离、行驶方位
排出气体浓度传感器	O_2、CO_2、NO_x、HC 化合物、柴油烟度
其他传感器	转矩、爆震、燃料酒精成分、湿度、玻璃结露、鉴别饮酒、催眠状态、蓄电池电压、蓄电池容量、灯泡断线、荷重、冲击物、轮胎失效率

下面以关系到汽车安全性的 ABS 系统和安全气囊系统为例，简要介绍传感器在汽车中的应用。

1. ABS 系统

汽车防抱死制动系统，简称 ABS（Anti-Lock Brake System），已成为当前人们选购汽车的重要依据之一，具有 ABS 系统的车辆安全性能较好。

ABS 是由传感器、电子控制器和执行器三大部分组成，其工作原理如图 8.12 所示，电子控制器又被称为电控单元（Electronic Control Unit，ECU）。传感器主要是车轮转速传感器，其作用是对车轮的运动状态进行检测，获取车轮转速（速度）信号；ECU 的主要作用是接收车轮转速传感器送来的脉冲信号，计算出轮速、参考车速、车轮减速度、滑移率等，并进行判断，输出控制指令给执行器；制动压力调节器是主要的执行器，在接收了 ECU 的指令后，驱动调节器中的电磁阀动作，调节制动器的压力，使之增大、保持或减小，实现制动系统压力的控制功能，使各车轮的制动力满足少量滑动但接近抱死的制动状态，以使车辆在紧急刹车时不致失去方向性和稳定性。制动压力调节循环的频率可达 3～20 Hz，各制动轮缸的制动压力能够被独立调节。

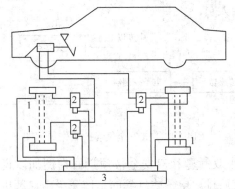

1—车轮转速传感器；2—制动压力调节器；3—电子控制器

图 8.12 ABS 工作原理

如果没有 ABS，紧急刹车时刹车片将抱死车轮，车辆的安全性能将受到威胁；配置 ABS 以后，ABS 通过控制刹车油压的收放从而对车轮进行控制，工作过程是抱死→松开→抱死→松开的循环，使车辆处于临界抱死的间隙滚动状态，确保了制动时方向的稳定性和转向控制能力，缩短了制动距离，减小了轮胎磨损和司机的紧张情绪。

2. 安全气囊

为避免或减小交通事故对人体的伤害，除汽车安全带以外，很多汽车上还安装有安全气囊。这是因为汽车发生事故时，胸部以上受伤的概率高达 75%以上，而且汽车的行驶速度越高，受伤的概率也就越高。所以，为保证车内驾乘人员的安全，减少人体上部的伤害，特别是头、颈部的安全而设计了汽车安全气囊。

汽车安全气囊有机械式和电子式两大类。机械式安全气囊系统的气囊、充气泵、传感器等部件集中装在转向盘内，如图 8.13 所示。撞车瞬间由传感器引出点火销，高速撞击充气泵中的引燃器，引燃固体燃料并释放出大量气体，气囊充气后膨胀，对驾驶员起到保护作用。这种安全气囊主要用于保护驾驶员的头部，同时配合三点式安全带减轻撞车时对驾驶员的面部损伤。

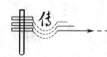

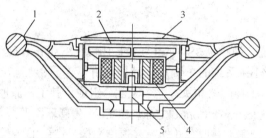

1—转向盘；2—气囊；3—缓冲垫；4—充气泵；5—传感器

图 8.13　机械式安全气囊系统

电子式安全气囊的种类较多，但工作原理基本相同，如图 8.14 所示。当汽车发生碰撞时，由传感器感应碰撞程度，并将感应信号送至 ECU，由 ECU 对碰撞信号进行识别。若是轻度碰撞，气囊不动作；若属于中度至重度碰撞，则 ECU 会发出点火器点火信号，使气囊在极短的时间内充气，以保护驾乘人员。

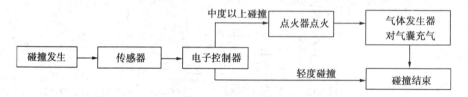

图 8.14　电子式安全气囊的工作原理图

下面以较复杂的双动作双气囊和双安全带预紧器为例加以说明。一般驾驶员位固定放一对，另外一对放在前排或后排。电子式气囊的工作完全由计算机程序控制，按照人们事先设计的工作内容与步骤，逐条执行。整机程序框图如图 8.15 所示，工作过程分 3 个步骤。

① 汽车点火启动，气囊开始工作，CPU 等电子电路复位，做好工作准备。

② 自检。由自检子程序对各传感器、引爆器、RAM、ROM、电源等部件逐个进行检查。如果发现问题，执行故障显示子程序，使故障灯发出报警信号，驾驶员根据故障灯亮的时间长短与个数确定故障码及气囊故障的部位；如果自检气囊无故障，启动传感器采集子程序，对所有的传感器进行巡回检测。若没有达到碰撞速度，则程序又返回到自检子程序。如果一直没有碰撞，则程序一直循环下去。

③ 碰撞发生后，经 CPU 判断碰撞速度，并发出不同的指令。若碰撞速度小于 30 km/h，CPU 发出引爆双安全带预紧器的指令，点燃双安全带预紧器，拉紧安全带保护乘员；若碰撞速度大于 30 km/h，CPU 内所有的引爆器发出引爆指令，使两个安全带拉紧，两个气囊张开，同时 CPU 发出光、电报警指令。

如果碰撞速度较大，则主电源断线，电源监控器自动启动故障备用电源，使整个系统照常工作，并使报警器工作，直至备用电源电能耗尽。

电子技术和控制技术的发展和进步促进了汽车工业的发展，随着汽车电子设备的不断更新，各种用途的传感器已遍布汽车的各个部位，特别是计算机在汽车上的应用，更加确立了传感器在汽车电子设备中的重要地位，传感器的最大用户将是汽车行业。

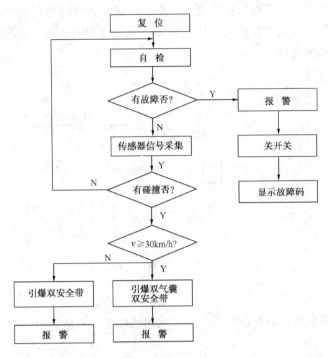

图 8.15   电子式气囊程序框图

任务 5   传感器在环境保护监测中的典型应用

随着工农业及交通运输业的不断发展，这些行业产生的大量有害、有毒物质逸散到空气中，使空气增加了多种新的成分。当达到一定浓度并持续一定时间时，就破坏了空气正常组成的物理化学和生态平衡体系，不仅影响工农业生产，而且还会对人体、生物体以及物品、材料等产生不利影响和危害。

根据污染物产生的原因，空气污染物一般可分为天然空气污染源和人为空气污染源。天然空气污染源是指造成空气污染的自然发生源，如火山爆发排出的火山灰、二氧化硫、硫化氢等；森林火灾、海啸、植物腐烂、天然气、土壤和岩石的风化以及大气圈中空气运动等自然现象所引起的空气污染。人为空气污染源是造成空气污染的人为发生源，如资源和能源的开发、燃料的燃烧以及向大气释放出污染物的各种生产设施等，有工业污染源、农业污染源、交通运输污染源及生活污染源等。

空气中的主要污染物是指对人类生存环境威胁较大的污染物，有总悬浮颗粒物、可吸入颗粒物、二氧化硫、氮氧化物、一氧化碳和光化学氧化剂六种。对于局部地区，也有由特定污染源排放的其他危害较重的污染物，如碳氢化合物、氟化物以及危险的空气污染物（如石棉尘、金属铍、多环芳烃及一些具有强致癌作用的物质等）。

空气污染监测是环境保护工作的重要内容。它可以获得有害物质的来源、分布、数量、动向、转化及消长规律等，为消除危害、改善环境和保护人们健康提供资料。在进行空气污染各项监测时，需要对采样点的布设、采样时间和频度、气象观测、地理特点、工业布局、采样方法、测试方法和仪器等进行综合考虑，在此仅就测试仪器加以说明。

用于空气污染监测的采样仪器主要由收集器、流量计和抽气动力三部分组成。携带式采样器的工作原理图如图 8.16 所示。

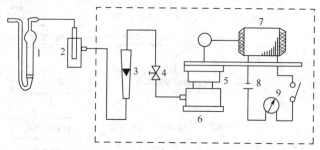

1—吸收管；2—滤水阱；3—流量计；4—流量调节阀；5—抽气泵；

6—稳流器；7—电动机；8—电源；9—定时器

图 8.16　携带式采样器的工作原理图

（1）收集器

收集器用于收集在空气中存在的污染物，常用的收集器有液体吸收管。

（2）流量计

流量计用于计量空气流量，现场使用时常选用轻便、易于携带的孔口流量计和转子流量计。孔口流量计的工作原理与差压式流量计中孔板的节流原理相同，它有隔板式和毛细管式两种。当气体通过隔板或毛细管小孔时，因阻力而产生压力差。气体的流量越大，产生的压力差也就越大，由孔口流量计下部的 U 形管两侧的液柱差可直接读出气体的流量。孔口流量计中的液体可用水、酒精、硫酸、汞等，由于各种液体相对密度不同，在同一流量时，孔口流量计上所示液柱差也不一样，相对密度小的液体液柱差最大，通常所用的液体是水。为了读数方便，可向液体中加几滴红墨水。

在使用转子流量计时，当空气中湿度较大时，需要在转子流量计进气口前连接一支干燥管，否则转子吸收水分后质量增加和管壁湿润都会影响流量的准确测量。

（3）抽气动力

抽气动力是一个真空抽气系统，通常有电动真空泵、刮板泵、薄膜泵和电磁泵等。

任务 6　传感器在智能楼宇中的典型应用

智能建筑的概念是在 20 世纪由美国最早提出的，我国的智能建筑起步于 20 世纪 90 年代。20 多年来，随着人们对生活环境需求的不断提高，智能建筑已经成为新建或改建办公建筑、生活建筑计划中的重要内容，发展节能建筑已成为城市文明和可持续发展的象征。如何使智能建筑中智能系统的应用更经济、更有效，也是普遍受到关注的问题之一。

火灾探测系统及其对应的安全系统是智能建筑中的重要组成部分。新型传感器将使火灾探测更为及时有效；无线系统的使用消除了对大量电缆线的需要，并为消防员在到达火灾现场前制定出灭火策略提供更多的机会；集成建筑系统减少了火灾误报警的可能，加快建筑内的应急疏散并有助于灭火行动。

1. 多功能化学气体探测器

多功能化学气体探测器可以同时探测火灾和监视室内空气的质量。它的输入信号可以是多种不同的化学或物理的过程参量，具有误报警频率低、探测速度快的优点，不仅可以降低系统的费用，而且可以提高消防安全。

化学传感技术可以探测出物质燃烧前和燃烧中释放的几乎所有稳定的气体微粒。在 $1in^2$（6.4516cm^2）内可安装几百只单独的传感器，排列成一个矩阵，通过覆盖不同的半导体物质，可以产生数百个不同的气体特性数据，可同时监控环境和探测火灾及烟。嗅觉传感器矩阵系统可以探测到 CO（一氧化碳）、CO$_2$（二氧化碳）和烟雾等环境条件的变化。

当把智能建筑内的消防、暖通和环境监视的单独传感器集成在一起后，对火灾的灵敏度和对误报的区分度将大幅提高。这些传感器被安装在建筑物中的不同地点，一旦发生火情，系统会接收大量火警信号，同时，空间关系和相邻探测器的状态会在做决定时被考虑。这些传感器探测到的火灾敏感性信息将被传输到终端控制机，控制机 CPU 可以通过复杂的计算和先进的信息处理技术确定是否发布火灾报警。根据传感器传出的信息、火势增长的模式和建筑物中烟的传播去区别火灾与非火灾的威胁，识别建筑物中火灾的准确地点，提供连续的火势增长和烟的传播信息，使楼宇使用者和消防员对建筑物内火势关系做出更准确的评估，对建筑物中的火势进行控制并指挥疏散人群。

2. 计算机视频系统

计算机视频系统主要应用于楼宇保安，在感应和监控火情方面也有强大的优势。视频火灾探测系统结合了摄像机、计算机和人工智能技术，实时处理许多图像影像，在很短的时间内，可靠地探测到远距离外很小的火情，并能识别出火灾的地点、跟踪火势增长并监视灭火行动。在一些应用场合，视频火灾探测系统与红外线传感器相结合可以提高探测能力，还可以和 CCD 摄像机相结合，自动评估与火灾辐射有关的明亮区域的图像信息，增加系统的可靠性。

3. 无线传感器

无线火灾探测器是智能建筑中另外一种重要技术。在大型建筑中，无线传感器通过无线网络与其他楼宇系统通信。例如，当有烟雾或温度剧变时，报警信号通过无线电、红外线、紫外线或微波形式传送到控制机，无线传感器不但可以方便地安装于室内的任意位置，而且可以被安装在外部或者有线安装无法实现的场所（如一些古老的建筑中），并且与控制系统不需要硬件连接。

4. 远地监控技术

远地火灾监测系统可以给楼宇管理人员提供足够的火灾信息以减少反应时间、提高反应效率，及时启动消防灭火系统。先进的火灾报警控制机内置了用于远距离控制的调制解调器，随着互联网实时控制的应用，当有火灾发生时，详细和全面的本地火灾信息能被直接传送到相关的消防部门，消防员也能够从互联网上获得信息，以确定潜在的危险。全集成化的远距离监控系统，可实现在通往火场的路上就制订出灭火方案，而不是在大楼的消防控制机上制订方案。远距离监控系统将为财产和生命的保护赢得宝贵的时间。目前，通过互联网进行实时控制还处在初始阶段，基于互联网的监测系统的全面实施，需要数据集成方面的强有力的支持和对电脑黑客的有效防范。

任务7　传感器在日常生活中的应用

1. 传感器在全自动洗衣机中的应用

自动检测技术除了在生产过程中发挥着重要作用外，它与人们的日常生活也是息息相关。社会的发展和进步加快了人们生活的节奏，许多方便快捷、省时省力、功能齐全的电器成了人们生活中必不可少的伙伴。在这些电器中，传感器技术和微电脑技术的应用越来越广泛，涉及的电器有洗衣机、彩电、冰箱、摄录像机、复印机、空调、录音机、电饭煲、电风扇、煤气用具等，使用最多的传感器有温度传感器，其次是湿度、气体、光、烟雾、声敏等传感器。下面以全自动洗衣机为例加以分析。

全自动洗衣机采用了模糊控制系统，这是一种模仿人类控制经验和知识的智能控制系统。其基本设计思想是模拟人脑的思维方法，通过对被洗衣物的数量（重量）、布料质地（粗糙、软硬程度）以及污染的程度和性质进行识别，在经过综合分析和判断之后，以最佳的洗涤方案自动地完成"进水""洗涤""排水""脱水"等全过程，使洗衣机省水、省电、省洗涤剂，减少对衣物的磨损，给使用者带来了极大的方便。

全自动洗衣机是在模仿人的思维过程的基础上，借助于传感器和微电脑来完成洗涤任务的。如图8.17所示，洗衣机用微电脑控制洗涤程序，同时设置有水位传感器、布量传感器和光电传感器等，使洗衣机能够实现自动进水，控制洗涤进度和脱水时间。

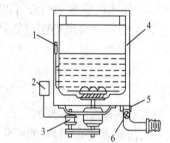

1—水位传感器；2—布量传感器；3—电动机；
4—脱水缸；5—光电传感器；6—排水阀

图8.17　全自动洗衣机结构示意图

（1）水位传感器

水位传感器主要用于检测水位，由3个发光元件和1个光敏元件组成。利用依次点亮的3个发光元件使光敏元件感光就可以检测到水位高低。

（2）布量、布质判断传感器

它是根据电动机的负荷电流变化来检测洗涤物的质量的。由于不同的布量和布质所产生的"布阻抗"大小、性质都不相同，微电脑根据预先输入的经验公式进行判断，从而决定搅拌和洗涤的方式。

（3）光电传感器

它用于检测水的浑浊度，从而判断洗净度、排水、漂净度及脱水情况。光电传感器由发光二极管和光敏三极管组成，安装在排水阀上方。工作时，首先在红外二极管中通一恒定电流，所发出的红外光透过排水管中的水柱到达红外三极管，透过的光强大小反映了水的浑浊程度。判断洗净度时，光电传感器每隔一定时间检测一次，由于洗涤液的浑浊引起光透射率的变化，待其变化为恒定时，则认为洗涤物已洗净，从而结束洗涤，打开排水阀；漂洗时，同样通过测定光的透射率来判断漂净度；脱水时，脱水缸高速旋转，排水口混杂了大量紊流气泡，使光线散射，这时光电传感器每隔一定时间检测一次光透射率的变化，当光的透射率变化恒定时，则认为脱水过程完成，于是微电脑结束全部洗涤过程。

2. IC 卡智能水表的应用

水是宝贵的环境资源，也是可持续发展战略实现的物质基础，因此，节约和保护水资源非常重要。IC 卡智能水表的使用对节水的科学管理有一定促进作用。

（1）测量原理

一体化 IC 卡智能水表是在传统水表的基础上，重新设计控制盒并使之与水阀组装在一起，由流量测量机构、隔膜阀控制机构、防窃水结构、IC 卡和单片机、电源及表壳等几部分构成，如图 8.18 所示。

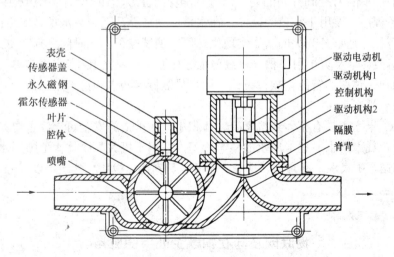

图 8.18　一体化 IC 卡智能水表结构原理图

IC 卡智能水表的工作原理与涡轮流量计类似。流量测量机构采用叶轮流量计，水流通过进口过滤网以后，从双喷嘴喷出，形成侧射流，正向冲击叶轮上的叶片，水流在叶片上均匀地向四周扩散，推动叶轮克服水流的黏性阻力、机械摩擦阻力、电磁阻力做匀速旋转运动。

理论分析证明，通过叶轮的水流量与叶轮的旋转速度成正比，只要准确测量出叶轮的旋转速度，就可以确定水流量的大小。

叶轮叶片用导磁的不锈钢材料制作，叶轮轴和叶轮腔体用不导磁的不锈钢材料制作，在腔体的上方放置永久磁钢，在永久磁钢下方放置霍尔传感器。当叶轮叶片旋转至永久磁钢正下方位置时，磁场强度最大；转过该位置时，其磁场强度减小。随着叶轮的旋转，永久磁钢下方的磁场强度做周期性的变化，霍尔传感器检测周期性变化的磁场，并转换成同频率变化的霍尔电压信号输出。通过测量霍尔传感器输出的电压信号的频率，就可以知道水的流量。

一体化IC卡水表的启闭控制机构采用脊背式隔膜阀机构。当隔膜紧贴脊背时关闭，当隔膜离开脊背时开启，隔膜阀的启闭用直流电动机和驱动机构控制。当向直流电动机输入正向直流电时，直流电动机正转，关闭隔膜阀停止供水；当向直流电动机输入反向直流电时，直流电动机反转，开启隔膜阀开始供水。隔膜阀的启闭行程由安装在驱动机构上的启闭行程开关控制。

（2）硬件与软件

① 硬件。一体化IC卡水表采用内含EPROM的87C51组成单片机系统。非易失性 E^2PROM 芯片AT24C02存储用户密码、时间、购水量、累计用水量、剩余用水量、窃水记录等重要数据，并采用SLE4442逻辑加密卡保护存储器和加密存储器，保证IC卡的安全。水流量测量选用CS837霍尔传感器。

使用一系列开关实现生产厂家调试校正当地时间、判断IC卡是否插入IC卡卡座、切换显示及防止用户私开表盖窃水等功能。通过电源检测控制备用电源的开启，以保证水表在电网停电的情况下运行的可靠性。采用程控驱动及微动行程开关控制隔膜阀的动作，保证隔膜阀安全可靠地运行。

② 软件。一体化IC卡水表的软件主要由主程序和INT0、INT1中断服务程序组成。主程序通过判断使用条件，控制开阀的动作，并通过电源监控来保证IC卡水表安全可靠地运行。INT0中断服务程序主要用于水量的监控，在水量达到临界及无剩余水量时均给出声光报警。INT1中断服务程序通过各开关的状态实现生产厂家调试校正当地时间、判断IC卡是否插入IC卡卡座、切换显示及防止用户私开表盖窃水等功能。一体化IC卡水表的单片机系统软件设计采用了用户不透明的智能化软件设计，用户只需持卡购水和持卡用水，无须其他操作，使用方便，安全性很高。

一体化IC卡水表具有整体结构紧凑、体积小、防护措施安全可靠、水电完全隔离等特点，实现了用户凭卡购水、凭卡用水的科学管理，适用于机关、团体大范围用水管理及特殊行业，如游泳馆、矿泉水、桑拿浴、锅炉、服务业、宾馆、饭店、建筑，以及农、林等行业。

知识拓展
ZHI SHI TUO ZHAN

物联网及其在钢铁企业中的应用

目前，铁路、交通、电力、治安、石化、卫生医疗、城市管理等各个领域都开始应用物联网技术，并提出"车联网""数字城市""智能电网""智能交通"等多种概念，物联网技术的应用实现了智能交通管理、智能物流、智能医疗等。

1. 物联网知识

物联网（The Internet of things）的概念于 1999 年由美国麻省理工学院的 Auto-ID 首次提出，目前还没有统一定义。较常见的表述为"物联网就是给物品置入电子标签（RFID）、GPS、传感器等感知装置，按约定的通信协议与互联网连接，实现智能化识别、定位、跟踪、监控和管理，达到人与物、物与物全面信息共享和互联的网络"。

从技术架构上物联网可分为三层，即感知层、网络层和应用层。

① 感知层。主要功能是识别物体、采集信息、完成物联网应用的数据获取和设备控制。它由传感器和传感器网关构成，包括各种传感器、二维码标签、RFID 标签、读写器、摄像头和 GPS 等感知终端。

② 网络层。主要负责传递和处理感知层获取的信息。由各种私有网络、互联网、有线和无线通信网、网络管理系统和云计算平台等组成。

③ 应用层。是物联网和用户（包括人、组织和其他系统）的接口，它与行业需求结合，实现物联网的智能应用。

物联网涉及多种技术领域，在其三层架构中包括了智能感知与识别、网络与通信、数据处理、智能技术、安全机制等关键技术，这些技术是物联网实现及应用的保障。

2. 物联网的关键技术

（1）无线射频识别技术（RFID）

RFID 标签中存储着具有交互性的信息，通过数据通信网络把信息自动采集到中央信息系统，并对其进行识别，经过开放性的计算机网络实现信息交换和共享，最终实现对物品的管理。国外的零售业很早就以 RFID 取代了传统商品标签。

（2）传感器技术

在物联网中，传感器用来进行各种数据信息的采集和简单的加工处理，并通过固有协议，将数据信息传送给物联网终端处理。例如通过 RFID 进行标签号码的读取、通过 GPS 得到物体位置信息、通过图像感知器得到图片或图像、通过环境传感器取得环境温湿度等参数。

传感器作为物联网最基本的一层，具有十分重要的作用。因此，传感器的精度是应用中重点考虑的一个实际参数。

（3）高速数据传输网络技术

物联网中物品与人的无障碍交流显然离不开高速、大批量数据传输的无线网络。无线网络既包括允许用户建立远距离无线连接的全球语音和数据网络，也包括为近距离无线连接进行优化的红外线技术及射频技术。

（4）人工智能技术

人工智能技术是研究使计算机模拟人的某些思维过程和智能行为的学科，在物联网中人工智能技术主要负责将物品"讲话"的内容进行分析，从而实现计算机自动处理。

3. 物联网在钢铁企业中的应用

（1）生产过程管理

在企业资源计划（Enterprise resource planning，ERP）、制造执行管理系统（Manufacturing Execution System，MES）等应用系统基础上构建物联网平台，可在各业务作业中使用 RFID 标签、传感器等装置，实现对生产过程中的产品指标、过程信息、材料消耗等进行动态监测，提前掌控生产状态，加强工序间协作，合理调度，提高生产过程的智能化水平。

高炉生产运用物联网对铁水包实现"一包到底"工艺，铁水经必要处理后，使用特制的 RFID 标签进行跟踪，由铁水包直接兑入转炉冶炼，省去了倒罐作业，消除了烟尘污染，能够降低热量损失、加快生产节奏，解决了铁水包实时、实体、实速、实位控制的技术难题。

在焦化厂的推焦车、拦焦车和加煤车的联锁控制中引入 RFID 技术，在机车轨道的关键位置部署写有炉号的电子标签，在 3 个机车上装置标签阅读器，结合其他设备，对各机车实现精确定位、自动操作，避免了人为操作的失误。

利用物联网终端设备，对生产过程中的信息实时采集，例如加工产品的长宽、温度、氧气流量、钢水黏稠度、原料消耗等。对于方坯、钢筋等产品，可粘贴钢制品电子标签，在流水线每一道工序进行跟踪。最后，所有监测监控信息传输到控制中心，除实现生产监控外，结合相应演算模型和辅助决策系统，可对生产工艺流程进行优化。

（2）智能物流

采用 RFID 电子标签，对厚板的仓储和运输追踪管理，甚至实现跨行业的供应链系统，在任一属地通过解码，均可获得所需厚板属性信息，满足现场校核和生产需求，有利于对库存和配送过程的动态优化，提高物流管理效率。

基于物联网技术构建车号自动识别系统，利用 RFID 电子标签对列车进行自动跟踪，准确掌握车辆状态，对车号、车次、车型等信息全面采集，实现以车找货、机车自动定位，保证了车辆调度、进出站顺序、装卸作业等的合理安排，提高了运输服务质量。

可利用 RFID 技术设计智能库存管理系统，对产品的入库、出库、拣货、退库等业务进行实时跟踪和准确记录，并能够实现精确的垛位和库位管理，提供灵活的配货等，大大提升了库存管理和运营的效率。

（3）设备监测管理

使用物联网技术可对设备状态在线监测，采集设备关键参数，提供物料的产线追踪，实现设备的故障报警、在线诊断、维修指导等，也可依据采集信息分析产品质量缺陷的原因。另外，利用 RFID 标签设计设备管理系统，能够实现从采购、运行、检修、备件供应到报废的全过程管理，以及在各环节进行定位、跟踪，信息精确记录，对设备的管理、维护和作业调度带来了极大好处。

如德国一家钢铁铸造厂，采用超宽频有源 RFID 追踪叉车，无源超高频 RFID 标签追踪金属周转箱及其装载产品，系统能够判断叉车位置和运动方向，更快定位物品，提高了生产可视性。

（4）智能计量

利用 RFID、红外、视频监控等技术实现无人值守智能称重系统。根据 RFID 标签对进入厂区的车辆进行身份识别，自动控制车辆出入，并与其他自动采集的称重数据相匹配，生成相应的称重报表，实现了物资和产品的高效、快捷、准确的称重，防止人工的误操作和作弊。

（5）能源管理系统

钢铁企业可通过 RFID 和无线传感器网络，结合其他信息技术，构建新型能源管理系统，实现能源生产、输配和消耗的动态监控和管理，进行有效的能源分配和调度，降低能耗，节约成本，改善环境。

课外作业8

1．请结合某一生产过程，具体说明所安装的传感器的名称及作用。

2．你是如何理解"传感器的最大用户是汽车行业"的？结合你所了解的某一品牌汽车，列出其所安装的传感器。

3．结合你在生活中使用的电器，谈谈传感器在其中所起的作用。

4．请查阅有关资料，设计一个超市的防盗系统。

5．上网查阅有关物联网的知识，谈谈物联网在超市食品、医疗信息、小区治安等方面的具体应用。

传感器综合实训

知识目标

掌握 THSRZ—1 型传感器系统综合实训装置的使用

掌握实训项目中传感器的测试原理

技能目标

能熟练使用相关的实训设备

能利用实训设备完成规定的实训项目

能按照实训步骤准确测量数据

能对实训测量数据进行分析整理

能按实训报告的书写要点完成实训报告

任务 1 实 训 准 备

9.1.1 THSRZ—1 型传感器系统综合实训装置介绍

THSRZ—1 型传感器系统综合实训装置适应不同类别、不同层次的专业教学实训、培训、考核的需求，主要用于"传感器技术""工业自动化控制""非电测量技术与应用""工程检测技术与应用"等课程的教学实训配套。

该实训装置主要由实训台部分、三源板部分、处理（模块）电路部分和数据采集通信部分组成。

1. 实训台部分

设有 1～10 kHz 音频信号发生器、1～30 Hz 低频信号发生器、4 组直流稳压电源（±15 V、+5 V、±2～±10 V、2～24 V 可调）、数字式电压表、频率/转速表、定时器以及高精度温度调节仪。

2. 三源板部分

① 热源：0～220 V 交流电源加热，温度可控制在室温至 120℃，控制精度为±1℃。
② 转动源：2～24 V 直流电源驱动，转速可调在 0～4500 rpm。
③ 振动源：振动频率为 1～30 Hz（可调）。

3. 处理（模块）电路部分

包括电桥、电压放大器、差动放大器、电荷放大器、电容放大器、低通滤波器、涡流变换器、相敏检波器、移相器、温度检测与调理、压力检测与调理共 11 个模块。

4. 数据采集通信部分

为了加深对自动检测系统的认识，实训台设置了 USB 数据采集卡及微处理机组成的计算机数据采集系统（含计算机数据采集系统软件），14 位 A/D 转换，采样速度达 300kHz。利用该系统软件，可实现对现场数据采集、对数据进行动态或静态处理和分析，并在屏幕上生成十字坐标曲线和表格数据，对数据进行求平均值、列表、作曲线图以及对数据进行分析、存盘、打印等处理。注重考虑根据不同数据设定采集的速率、单步采样的时间间隔，测量连接线用定制的接触电阻极小的选插式联机插头连接。

9.1.2 实训报告书写要点

实训报告是在某项科研活动或专业学习中，实训者把实训的目的、方法、步骤、结果等，用简洁的语言写成书面报告。

实训报告必须在科学实训的基础上进行。成功的或失败的实训结果的记载，有利于不断积累研究资料，总结研究成果，提高实训者的观察能力、分析问题和解决问题的能力，培养理论联系实际的学风和实事求是的科学态度。

1. 实训报告要求

实训报告的书写使用统一的实训报告纸。实训报告要简明扼要、字迹整洁、条理清晰。主要内容包括以下几项。

（1）实训名称

实训名称要用最简练的语言反映实训的内容。

（2）实训目的

实训目的要明确，抓住重点，可以从理论和实践两个方面考虑。在理论上，验证定理、定律，并使实训者获得深刻和系统的理解；在实践上，掌握仪器或器材的使用技能和技巧。

（3）实训原理

实训原理要写明依据何种原理、定律或操作方法进行实训。

（4）仪器和材料

选择主要的仪器和材料填写。如能画出实训装置的结构示意图，再配以相应的文字说明更好。

（5）操作步骤

要写明经过哪几个具体实训操作步骤，也可用流程图说明；一般左边写步骤，右边写实训现象。

（6）实训结果

从实训中测到的数据计算结果，或从图像中观察到的实训结果。

（7）分析与讨论

根据实训过程中所见到的现象或测得的数据，做出结论。

讨论可写实训成功或失败的原因、实训中的异常现象、实训（设计）后的心得体会、改进建议等。

2．报告撰写时的注意事项

写实训报告是一件非常严肃、认真的工作，要讲究科学性、准确性、求实性。在撰写过程中，常见的错误有以下几种。

① 观察不细致，没有及时、准确、如实记录。

在实训时，由于观察不细致、不认真，没有及时记录，或结果不能准确地写出所发生的各种现象，不能恰如其分、实事求是地分析各种现象发生的原因。所以一定要将看到的现象如实记录下来，不能弄虚作假。为了印证一些实训现象而修改数据、假造实训现象等做法都是不允许的。

② 说明不准确或层次不清晰。

③ 不采用专用术语来说明事物。

任务 2　实 训 操 作

实训 1　金属箔式应变片——测量电桥性能实训

1．实训目的

① 了解金属箔式应变片的应变效应、单臂电桥的工作原理和性能。
② 比较半桥与单臂电桥的不同性能，了解其特点。
③ 了解全桥测量电路的优点。

2．实训仪器

应变传感器实训模块、托盘、砝码、数显电压表、±15 V 电源、±4 V 电源、万用表（自备）。

3. 实训原理

如图 9.1 所示，4 个金属箔式应变片分别贴在弹性体的上下两侧，弹性体受到压力发生形变，应变片随弹性体形变被拉伸或被压缩。

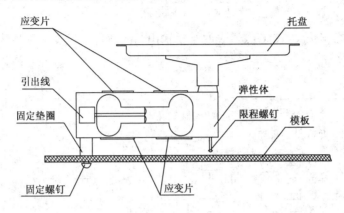

图 9.1 实训原理

通过应变片的转换和电桥的作用完成电阻到电压的比例变换，常用的电桥有以下三种。

（1）单臂电桥

如图 9.2 所示，R_5、R_6、R_7 为固定电阻，与应变片一起构成一个单臂电桥，其输出电压

$$U_o = \frac{E}{4} \cdot \frac{\Delta R / R}{1 + \frac{1}{2} \cdot \frac{\Delta R}{R}} \tag{9.1}$$

式中，E 为电桥电源电压，R 为固定电阻值，式（9.1）表明单臂电桥的输出为非线性，非线性误差为 $L = -\frac{1}{2} \cdot \frac{\Delta R}{R} \cdot 100\%$。

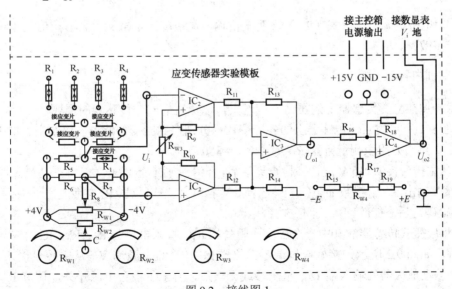

图 9.2 接线图 1

（2）半桥

不同受力方向的两只应变片接入电桥作为邻边，如图9.3所示。电桥输出灵敏度提高，非线性得到改善，当两只应变片的阻值相同，应变也相同时，半桥的输出电压为

$$U_o = \frac{EK\varepsilon}{2} = \frac{E}{2} \cdot \frac{\Delta R}{R} \qquad (9.2)$$

式中，E 为电桥电源电压，式（9.2）表明半桥输出与应变片阻值变化率呈线性关系。

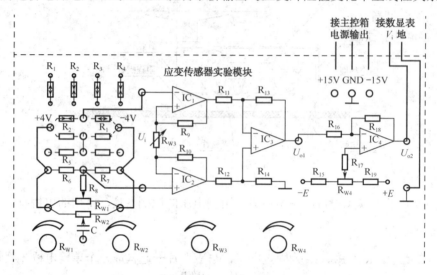

图9.3　接线图2

（3）全桥

全桥测量电路中，将受力性质相同的两只应变片接到电桥的对边，不同的接入邻边，如图9.4所示，当应变片初始值相等、变化量也相等时，其桥路输出电压为

$$U_o = KE\varepsilon \qquad (9.3)$$

式中，E 为电桥电源电压，式（9.3）表明全桥输出灵敏度比半桥又提高了一倍，非线性误差得到进一步改善。

4．实训内容与步骤

注意：加在应变传感器上的压力不应过大，以免造成应变传感器的损坏。

① 图9.1所示的应变传感器上的各应变片已分别接到应变传感器模块左上方的 R_1、R_2、R_3、R_4 上，可用万用表测量判别 $R_1=R_2=R_3=R_4=350\ \Omega$。

② 从主控台接入±15 V电源，检查无误后，合上主控台电源开关，将差动放大器的输入端 U_i 短接，输出端 U_{o2} 接数显电压表（选择2 V挡），调节电位器 R_{w4}，使电压表显示为0 V。R_{w4} 的位置确定后不能改动。关闭主控台电源。

③ 将应变式传感器的其中一个应变电阻（如 R_1）接入电桥与 R_5、R_6、R_7 构成一个单臂直流电桥，如图9.2所示，接好电桥调零电位器 R_{w1}，直流电源±4 V（从主控台接入），电桥输出接到差动放大器的输入端 U_i，检查接线无误后，合上主控台电源开关，调节 R_{w1}，使电压表显示为零。

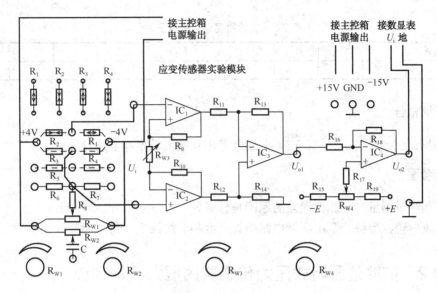

图 9.4　接线图 3

④ 在应变传感器托盘上放置一只砝码，调节 R_{w3}，改变差动放大器的增益，使数显电压表显示 2 mV，读取数显表数值，保持 R_{w3} 不变，依次增加砝码并读取相应的数显表值，直到 200 g 砝码加完，记录实训结果，填入表 9.1 中，关闭电源。

表 9.1　实验数据记录表（一）

重量（g）										
电压（mV）										

⑤ 按图 9.3 接线，将受力相反（一只受拉，一只受压）的两只应变片接入电桥的邻边，接入电桥调零电位器 R_{w1}，直流电源±4 V（从主控台接入），电桥输出接到差动放大器的输入端 U_i，检查接线无误后，合上主控台电源开关，调节 R_{w1} 使电压表显示为零。

⑥ 在应变传感器托盘上放置一只砝码，调节 R_{w3}，改变差动放大器的增益，使数显电压表显示 10 mV 左右，读取数显表数值，保持 R_{w3} 不变，依次增加砝码和读取相应的数显表值，直到 200 g 砝码加完，记录实训结果，填入表 9.2，关闭电源。

表 9.2　实验数据记录表（二）

重量（g）										
电压（mV）										

⑦ 按图 9.4 接线，将受力相反（一只受拉，一只受压）的两只应变片接入电桥的邻边，接入电桥调零电位器 R_{w1}，直流电源±4 V（从主控台接入），电桥输出接到差动放大器的输入端 U_i，检查接线无误后，合上主控台电源开关，调节 R_{w1}，使电压表显示为零。

⑧ 在应变传感器托盘上放置一只砝码，调节 R_{w3}，改变差动放大器的增益，使数显电压表显示 0.020 V 左右，读取数显表数值，保持 R_{w3} 不变，依次增加砝码和读取相应的数显表值，直到 200g 砝码加完，记录实训结果，填入表 9.3，关闭电源。

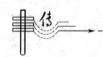

表 9.3　实验数据记录表（三）

重量（g）									
电压（mV）									

5. 实训报告

根据记录表 9.1、表 9.2、表 9.3，分别计算出系统灵敏度和非线性误差。

6. 思考题

① 引起半桥测量时非线性误差的原因是什么？
② 比较单臂、半桥、全桥测量电路的灵敏度和非线性度，得出相应的结论。

实训 2　扩散硅压阻式压力传感器的压力测量实训

1. 实训目的

了解扩散硅压阻式压力传感器测量压力的原理与方法。

2. 实训仪器

压力传感器模块、温度传感器模块、数显单元、直流稳压源+5 V 和±15 V。

3. 实训原理

在具有压阻效应的半导体材料上用扩散或离子注入法，形成 4 个阻值相等的电阻条，并将它们连接成惠斯通电桥，电桥电源端和输出端引出，用制造集成电路的方法封装起来，制成扩散硅压阻式压力传感器。平时敏感芯片没有外加压力作用，内部电桥处于平衡状态，当传感器受压后芯片电阻发生变化，电桥将失去平衡，给电桥加一个恒定电压源，电桥将输出与压力对应的电压信号，这样传感器的电阻变化通过电桥转换成压力信号输出。

4. 实训内容与步骤

① 扩散硅压力传感器 MPX10 已安装在压力传感器模块上，将气室 1、2 的活塞退到 20 ml 处，并按图 9.5 接好气路系统。其中 P_1 端为正压力输入、P_2 端为负压力输入，PX10 有 4 个引出脚，1 脚接地，2 脚为 U_{o+}，3 脚接+5 V 电源，4 脚为 U_{o-}；当 $P_1 > P_2$ 时，输出为正；当 $P_1 < P_2$ 时，输出为负。

② 检查气路系统，分别推进气室 1、2 的两个活塞，对应的气压计显示压力值并能保持不动。

③ 接入+5 V、±15 V 直流稳压电源，模块输出端 U_{o2} 接控制台上数显直流电压表，选择 20 V 挡，打开实训台总电源。

④ 调节 R_{w2} 到适当位置并保持不动，用导线将差动放大器的输入端 U_i 短路，然后调节 R_{w3} 使直流电压表 200 mV 挡显示为零，取下短路导线。

⑤ 退回气室 1、2 的两个活塞，使两个气压计均指在"零"刻度处，将 MPX10 的输出接到差动放大器的输入端 U_i，调节 R_{w1} 使直流电压表 200 mV 挡显示为零。

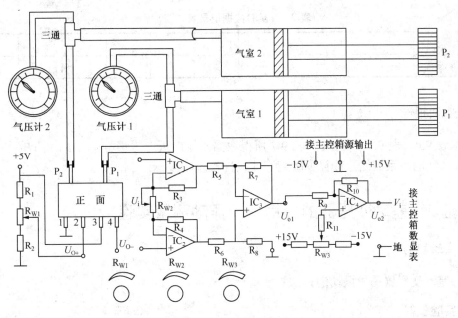

图 9.5 接线图

⑥ 保持负压力输入端 P_2 压力为零不变，增大正压力输入端 P_1 的压力，每隔 0.005 MPa 记下模块输出 U_{o2} 的电压值，直到 P_1 端的压力达到 0.095 MPa，填入表 9.4。

表 9.4 实验数据记录表（一）

P (kPa)									
U_{o2} (V)									

⑦ 保持正压力输入端 P_1 压力 0.095 MPa 不变，增大负压力输入端 P_2 的压力，每隔 0.005 MPa 记下模块输出 U_{o2} 的电压值，直到 P_2 端的压力达到 0.095 MPa，填入表 9.5。

表 9.5 实验数据记录表（二）

P (kPa)									
U_{o2} (V)									

⑧ 保持负压力输入端 P_2 压力 0.095 MPa 不变，减小正压力输入端 P_1 的压力，每隔 0.005 MPa 记下模块输出 U_{o2} 的电压值，直到 P_1 端的压力达到 0.0 MPa，填入表 9.6。

表 9.6 实验数据记录表（三）

P (kPa)									
U_{o2} (V)									

⑨ 保持负压力输入端 P_1 压力 0 MPa 不变，减小正压力输入端 P_2 的压力，每隔 0.005 MPa 记下模块输出 U_{o2} 的电压值，直到 P_2 端的压力达到 0.0 MPa，填入表 9.7。

表 9.7 实验数据记录表（四）

P（kPa）									
U_{o2}（V）									

5. 实训报告

根据表 9.4、表 9.5、表 9.6、表 9.7 所得数据，绘出压力传感器输入 P，即 $(P_1 - P_2)$，与输出 U_{o2} 之间的关系曲线，计算灵敏度和非线性误差。

实验 3　差动变压器的应用——振动测量实验

1. 实验目的

了解差动变压器测量振动的方法。

2. 实验仪器

振荡器、差动变压器模块、相敏检波模块、频率/转速表、振动源、直流稳压电源以及通信接口（含上位机软件）。

3. 实验原理

差动变压器测量动态参数的原理与测量位移的原理相同，不同的是其输出为调制信号，要经过检波才能观测到所测动态参数。

4. 实验步骤

① 将差动变压器按照图 9.6 所示安装在三源板的振动源单元上。
② 将差动变压器的输入/输出线连接到差动变压器模块上，并按图 9.7 接线。

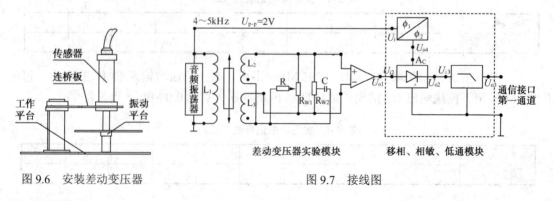

图 9.6　安装差动变压器　　　　　　　　　图 9.7　接线图

③ 检查接线无误后，合上主控台电源开关，用上位机观察音频振荡器输出端信号的峰—峰值，调整音频振荡器幅度旋钮使 $U_{p-p}=2\ V$。

④ 用上位机观察相敏检波器输出，调整传感器连接支架的高度，使上位机显示的波形幅值为最小。

⑤ 仔细调节 R_{w1} 和 R_{w2}，使相敏检波器输出波形幅值更小，基本为零。用手按住振动平台（让传感器产生一个大位移），仔细调节移相器和相敏检波器的旋钮，使上位机显示的波形为一个接近全波整流波形，然后松手，整流波形则消失变为一条接近零点的线；否则，再调节 R_{w1} 和 R_{w2}。

⑥ 振动源"低频输入"端接振荡器"低频输出"端，调节低频输出幅度旋钮和频率旋钮，使振动平台振荡较为明显。分别用上位机软件观察放大器输出的 U_{o1}、相敏检波器输出的 U_{o2} 及低通滤波器输出的 U_{o3} 的波形。

⑦ 保持低频振荡器的幅度不变，改变振荡频率，用上位机软件观察低通滤波器的输出，读出峰—峰电压值，记下实验数据，填入表 9.8 中。

表 9.8　实验数据记录表

f（Hz）									
U_{p-p}（V）									

5. 实验报告

① 根据实验结果做出振幅—频率特性曲线，估计自振频率值，并与使用应变片测出的结果进行比较。

② 保持低频振荡器频率不变，改变振荡幅度，同样可得到振幅与电压峰-峰值 U_{p-p} 的曲线（定性）。

注意事项：低频激振电压幅值不要过大，以免梁在共振频率附近振幅太大。

实训 4　电容式传感器的位移特性实训

1. 实验目的

了解电容式传感器的结构及特点。

2. 实验仪器

电容传感器、电容传感器模块、测微头、数显直流电压表、直流稳压电源。

3. 实验原理

电容传感器可以分为改变极间距离的变间隙式、改变极板面积的变面积式和改变介电常数的变介电常数式 3 种类型。本实验采用变面积式，如图 9.8 所示，两只平板电容器共享一个下极板，当下极板随被测物体移动时，两只电容器上下极板的有效面积一只增大，另一只减小，将 3 个极板用导线引出，就形成差动电容输出。

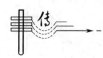

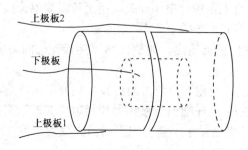

图 9.8　变面积式电容传感器

4. 实验步骤

① 按图 9.9 所示将电容传感器安装在电容传感器模块上，将传感器引线插入实验模块插座中。

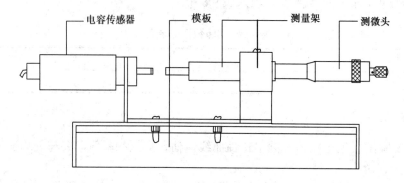

图 9.9　安装电容传感器

② 将电容传感器模块的输出 U_o 接到数显直流电压表上。

③ 接入 ±15 V 电源，合上主控台电源开关，将电容传感器调至中间位置，调节 R_w 使得数显直流电压表显示为零。

④ 旋动测微头，推进电容传感器的共享极板（下极板），每隔 0.2 mm 记下位移量 X 与输出电压值 U 的变化，填入表 9.9 中。

表 9.9　实验数据记录表

X（mm）										
U（mV）										

5. 实验报告分析与提示

根据表 9.9 的数据，计算电容传感器的系统灵敏度和非线性误差。

实训5 霍尔传感器的位移特性实训

1. 实训目的

了解霍尔传感器的原理与应用。

2. 实训仪器

霍尔传感器模块、霍尔传感器、测微头、直流电源、数显电压表。

3. 实训原理

霍尔效应中产生的霍尔电势 $U_H = K_H I B$，其中 K_H 为灵敏度系数，由霍尔材料的物理性质决定，当通过霍尔组件的电流 I 一定时，霍尔组件在一个梯度磁场中运动时，就可以用来进行位移测量。

4. 实训内容与步骤

① 将霍尔传感器安装好，传感器引线接到霍尔传感器模块9芯航空插座，按图9.10接线。

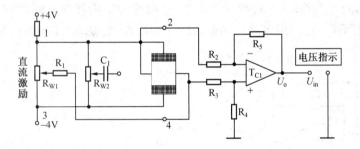

图 9.10 接线图

② 开启电源，直流数显电压表选择"2 V"挡，将测微头的起始位置调到"1 cm"处，手动调节测微头的位置，先使霍尔片大概在磁钢的中间位置（数显表大致为零），固定测微头，再调节 R_{w1} 使数显表显示为零。

③ 分别向左、右不同方向旋动测微头，每隔0.2 mm记下一个读数，直到读数近似不变，将读数填入表9.10中。

表 9.10 实验数据记录表

X (mm)									
U (mV)									

5. 实训报告

作出 $U—X$ 曲线，计算不同线性范围时的灵敏度和非线性误差。

实训 6　压电式传感器振动实训

1. 实训目的

了解压电式传感器测量振动的原理和方法。

2. 实训仪器

振动源、低频振荡器、直流稳压电源、压电传感器模块、移相检波低通模块。

3. 实训原理

压电式传感器由惯性质量块和压电陶瓷片等组成，工作时传感器感受与试件相同频率的振动，质量块便有正比于加速度的交变力作用在压电陶瓷片上，由于压电效应，压电陶瓷产生正比于运动加速度的表面电荷。

4. 实训内容与步骤

① 压电传感器已安装在振动梁的圆盘上。

② 将振荡器的"低频输出"接到三源板的"低频输入"，并按图 9.11 接线，合上主控台电源开关，调节低频调幅到最大位置、低频调频到适当位置，使振动梁的振幅最大（达到共振）。

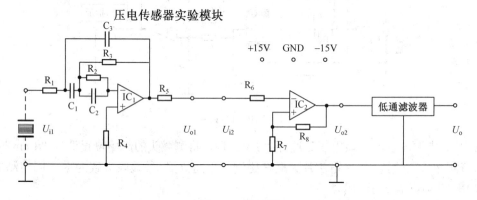

图 9.11　接线图

③ 将压电传感器的输出端接到压电传感器模块的输入端 U_{i1}，用上位机观察压电传感器的输出波形 U_o。

5. 实训报告

改变低频输出信号的频率，记录振动源不同振幅下压电传感器输出波形的频率和幅值。

实训 7　电涡流传感器的位移特性实训

1. 实训目的

了解电涡流传感器测量位移的工作原理和特性。

2. 实训仪器

电涡流传感器、铁圆盘、电涡流传感器模块、测微头、直流稳压电源、数显直流电压表。

3. 实训原理

通过高频电流的线圈产生磁场，当有导电体接近时，因导电体涡流效应产生涡流损耗，而涡流损耗与导电体与线圈之间的距离有关，因此可以进行位移测量。

4. 实训内容与步骤

① 按图 9.12 所示安装电涡流传感器。

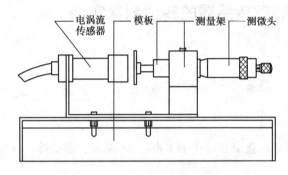

图 9.12 安装电涡流传感器

② 在测微头端部装上铁质金属圆盘，作为电涡流传感器的被测体。调节测微头，使铁质金属圆盘的平面贴到电涡流传感器的探测端，固定测微头。

③ 传感器按图 9.13 连接，将电涡流传感器连接线接到模块上标有"〜"的两端，实训输出端 U_o 与数显单元输入端 U_i 相接。数显表量程切换开关选择电压 20 V，模块电源用连接导线从主控台接入+15 V 电源。

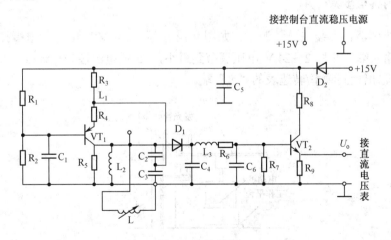

图 9.13 接线图

④ 合上主控台电源开关，记录数显表读数，然后每隔 0.2 mm 读一个数，直到输出几乎不变为止，将结果列入表 9.11 中。

表 9.11　实验数据记录表

X（mm）									
U_o（V）									

5. 实训报告

① 根据表 9.11 中的数据，画出 $U—X$ 曲线，根据曲线找出线性区域及进行正、负位移测量时的最佳工作点。

② 分别计算量程为 1 mm、3 mm 及 5 mm 时的灵敏度和线性度。

实训 8　光电转速传感器的转速测量实训

1. 实训目的

了解光电转速传感器测量转速的原理及方法。

2. 实训仪器

转动源、光电传感器、直流稳压电源、频率/转速表、通信接口（含上位机软件）。

3. 实训原理

光电式传感器有反射型和透射型两种，本实验装置采用的是透射型，传感器端部有发光管和光电池，发光管发出的光通过转盘上的孔透射到光电管上，并转换成电信号，由于转盘上有等间距的 6 个透射孔，转动时将获得与转速及透射孔数有关的脉冲，将电脉冲经计数处理即可得到转速值。

4. 实训内容与步骤

① 光电传感器已安装在转动源上，如图 9.14 所示。2～24 V 电压输出端接到三源板的"转动电源"输入端，并将 2～24 V 电压调节到最小，+5 V 电源接到三源板"光电"输出的电源端，光电输出接到频率/转速表的"f_{in}"端。

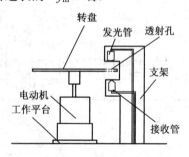

图 9.14　安装光电传感器

② 合上主控制台电源开关，逐渐增大 2～24 V 输出电压，使转动源转速加快，观测频率/转速表的显示，同时可通过通信接口 CH1 用上位机软件观察光电传感器的输出波形。将

实验结果填入表 9.12 中。

表 9.12　实验数据记录表

传感器波形	传感器频率	实 际 转 速	可分辨角度

5. 实训报告

画出波形并计算传感器输出信号的频率。与实际转速比较，该传感器可分辨的旋转角度是多少？

实训 9　K 型热电偶测温实训

1. 实训目的

了解 K 型热电偶的特性与应用。

2. 实训仪器

智能调节仪、PT100、K 型热电偶、温度源、温度传感器实训模块。

3. 实训原理

参考项目 2 温度测量中的热电效应部分。

4. 实训内容与步骤

① 将温度源的温度控制在 50℃，在另一个温度传感器插孔中插入 K 型热电偶。

② 将±15 V 直流稳压电源接入温度传感器实训模块中。温度传感器实训模块的输出 U_{o2} 接主控台直流电压表。

③ 将温度传感器模块上差动放大器的输入端 U_i 短接，调节 R_{w3} 到最大位置，再调节电位器 R_{w4} 使直流电压表显示为零。

④ 拿掉短路线，按图 9.15 接线，并将 K 型热电偶的两根引线的热端（红色）接 a，冷端（绿色）接 b；记下模块输出 U_{o2} 的电压值。

⑤ 改变温度源的温度，每隔 5℃记下 U_{o2} 的输出值，直到温度升至 120℃。将实训结果填入表 9.13 中。

表 9.13　实验数据记录表

T（℃）											
U_{o2}（V）											

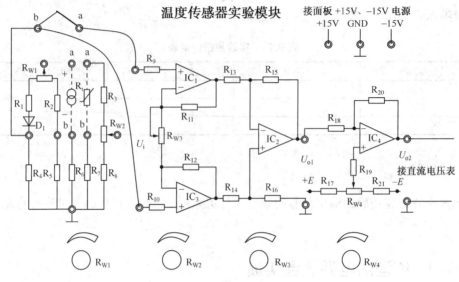

图 9.15　接线图

5. 实训报告

① 根据表 9.13 中的实训数据，画出 $U—T$ 曲线，分析 K 型热电偶的温度特性曲线，计算其非线性误差。

② 根据中间温度定律和 E 型热电偶分度表，用平均值计算出差动放大器的放大倍数 A。

实训 10　热电偶冷端温度补偿实训

1. 实训目的

了解热电偶冷端温度补偿的原理和方法。

2. 实训仪器

智能调节仪、PT100、K 型热电偶、E 型热电偶、温度源、温度传感器实训模块。

3. 实训原理

热电偶冷端温度补偿的方法有冰浴法、恒温槽法和电桥自动补偿法等。电桥自动补偿法是在热电偶和测温仪表之间接入一个直流电桥，称冷端温度补偿器，如图 9.16 所示，补偿器电桥在 0℃时达到平衡（也有 20℃平衡）。当热电偶自由端温度升高时（>0℃），热电偶回路电势 U_{ab} 下降，由于补偿器中，PN 呈负温度系数，其正向压降随温度的升高而下降，促使 U_{ab} 上升，其值正好补偿热电偶因自由端温度升高而降低的电势，达到温度补偿的目的。

4. 实训内容与步骤

① 选择智能调节仪的控制对象为温度，将温度传感器 PT100 接入"PT100 输入"（同色的两根接线端接蓝色插座，另一根接黑色插座），打开实训台总电源，并记下此时的实训室温度 T_2。

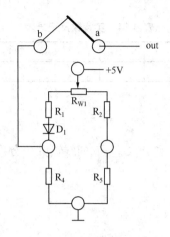

图 9.16　热电偶冷端温度补偿实训原理

② 将温度源温度控制在 50℃，在另一个温度传感器插孔中插入 K 型热电偶。

③ 将±15 V 直流稳压电源接入温度传感器实训模块中。温度传感器实训模块的输出 U_{o2} 接主控台直流电压表。将温度传感器模块上差动放大器的输入端 U_i 短接，调节 R_{w3} 到最大位置，再调节电位器 R_{w4} 使直流电压表显示为零。

④ 拿掉短路导线，按图 9.17 接线，并将 K 型热电偶的两个引线分别接入模块 b、a 两端（红色接 a，蓝色接 b）；调节 R_{w1} 使温度传感器输出 U_{o2} 电压值为 AE_2（A 为差动放大器的放大倍数，E_2 为 K 型热电偶 50℃时对应输出的电势）。

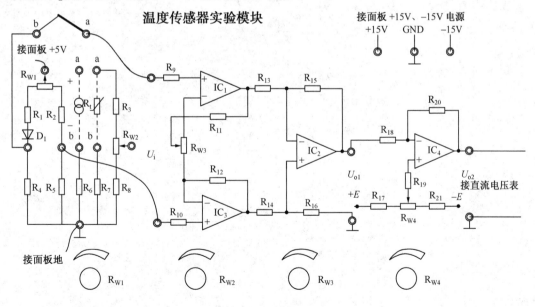

图 9.17　接线图

⑤ 改变温度源的温度，每隔 5℃记下 U_{o2} 的输出值，直到温度升至 120℃。将实训结果填入表 9.14 中。

表9.14　实验数据记录表

T（℃）										
U_{o2}（V）										

5. 实训报告

根据表9.14中的实训数据，画出U_{o2}—T曲线，并与分度表进行比较，分析电桥自动补偿法的补偿效果。

课外作业9

1. 实训报告一般包括哪几项主要内容？撰写时的注意事项有哪些？
2. 试总结每次实训时出现的问题。你是如何处理这些问题的？

项目 10

自动检测系统设计

知识目标

了解微机化自动检测系统的基本构成和功能
了解微机化自动检测系统设计的一般原则

技能目标

能运用所学知识对简单的微机化自动检测系统进行设计
能按教学要求进行课程设计并完成设计报告

任务 1　自动检测系统设计

▌ 知识链接
ZHISHILIANJIE

　　随着社会生产和科学技术的发展，各种自动检测系统的组成越来越复杂，对许多参数检测精度的要求愈来愈高。第一，要求检测系统具有更高的检测速度和自动化水平，以便尽量减少人力和提高工作效率；第二，要求检测系统具有更大的灵活性和适应性，并向多功能方向发展；第三，尽可能缩短研制周期和降低成本，提高系统可靠性。

10.1.1　系统的基本构成与功能

1. 系统的基本构成

微机化自动检测系统的原理框图如图 10.1 所示，一般包括以下几个组成部分。

（1）传感器

传感器的功能是把各种非电物理量变换成电信号，以便进行数据采集，传感器输出与

235 | PAGE

输入的关系要求尽可能是线性的。传感器是检测系统的关键部分，其精确度决定了系统的精确度。

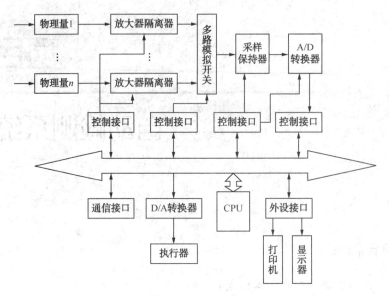

图 10.1　微机化自动检测系统原理框图

（2）放大器

传感器的输出信号通常比较微弱，且包含了一定的干扰信号。通过放大器可将弱电信号进行放大，同时对传感器的输出信号进行滤波，减小干扰和进行阻抗变换等。

（3）多路模拟开关

数据采集系统中通常要对多个不同的物理量进行检测，为减少检测通道的设备，可采用巡回检测的方法使用公共 A/D 转换器，即各通道的物理量经传感器变换后，由多路模拟开关按时间顺序巡回接通 A/D 转换器，以便进行转换。

（4）采样保持器

采样就是在控制信号的作用下，将时间上连续变化的模拟量转换为时间上断续的模拟量。由于 A/D 电路对模拟量进行量化的过程需要一定时间，在这个转换时间内应保持取样点的函数值不变才能保证转换的精度。这种暂时保持模拟信号取样值不变的电路，叫作采样保持器。

（5）A/D 转换器

A/D 转换器的作用是将模拟信号转换成数字信号。转换器的位数决定了信号转换的精确度，其转换速度也决定了检测系统的采样速度。

（6）外设接口

通过外设接口，微处理器将数据向系统外输出，以实现显示、打印记录和绘图等工作。

（7）D/A 转换器

与 A/D 转换器的作用相反，D/A 转换器的作用是实现数字量到模拟量的转换，即把微处理器处理后的数字量转换成模拟量，去控制执行机构或其他模拟设备的动作。

（8）通信接口

当需要接收上位计算机系统的控制信息或向上位计算机系统发送数据，以及系统与系统之间进行信息交换时，必须通过特定接口来完成，即通信接口。

（9）微机总线

为实现系统标准化、系列化及与其他标准微机设备配套使用，需要使用规范化的总线标准。

（10）微处理器（CPU）

微处理器是微机系统的核心，可实现对整个系统的管理，包括输入通道、输出通道、信息通信等的管理，进行采样数据的运算和处理，提供各种智能化、自动化操作功能等。

2. 系统的基本功能

微机化自动检测系统包括硬件和软件两个部分，系统的功能不仅由硬件体现出来，而且许多功能是靠系统软件实现的。系统软件设计的好坏很大程度上决定了整个系统功能的优劣。系统软件是 CPU 进行运算、数据处理、逻辑判断及各种自动操作的依据。

（1）数据处理功能

在自动检测系统中，传感器常常存在非线性特性，而且由于环境温度等因素的影响会使检测结果产生一定的系统误差。为了提高检测系统的精确度，微机化系统应该具有非线性误差修正和温度变化补偿功能；同时为了减小系统的干扰，还应该设有数字滤波程序。此外，数据处理还要实现标度变换、自动调零、自动平衡、量程调整等软件功能，在运算中，还应具有定点运算、浮点运算、数制转换、微积分运算及各种函数运算等功能。

（2）系统的智能化与自动化功能

系统智能化的主要标志之一是自诊断功能，包括对系统自身的工作状态的诊断和监控以及对外部设备的诊断和控制。无论系统的哪一部分出现故障都能及时报警或给出指示，并根据故障类型采取相应的措施，如掉电保护、自动停机等。

系统的自动化主要是指检测过程和操作的自动化，包括量程的自动切换、增益的自动控制、系统动态特性的自动校正、检测结果的自动判断、自动分类及自动显示等。

（3）系统的输出与人机对话功能

在微机化的检测系统中，系统输出是采用数字显示或在屏幕上进行图形显示，或用打印机和绘图仪记录。操作人员可以根据系统输出显示的各种提示进行有效的操作，通过人机对话减少操作和读数的错误，并为及时修改错误提供方便。

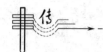

10.1.2　微处理机系统及其性能的确定

1．主机的选择要点

在检测系统总体方案确定后，用户可根据需要选择合适的微机。一般情况下，如果检测系统要求图形显示、数据存储及要求汉字库支持系统，可选用现成的微机系统组成检测系统的主机。如果检测系统没有这种要求，可选用单片机或用微处理器芯片组成专用系统。智能化仪表中越来越多地选用现成的单片机，其特点是体积小、价格低、功能全、可靠性高和研制周期短；选用微处理机芯片组成的专用系统可以使系统更加灵活和紧凑，硬件资源浪费少。

2．主机的字长选择

主机字长越长，意味着主机的运算和控制能力越强，但成本越高。微处理器的字长有 4 位、8 位、16 位和 32 位。4 位微处理器适用于小规模简单的检测监控系统；8 位微处理器可用于数据处理或要求较高的检测监控系统，应用较为广泛。

3．处理速度的确定

处理速度是指主机执行应用程序时的速度，取决于微处理器的时钟周期、执行一条指令所需的周期数和指令系统的结构。一般情况下，时钟周期越短，执行的速度越快。要特别注意指令系统具备哪一些寻址方式，例如当应用于监控时，要注意输入输出指令；应用于数据处理的微处理器，要注意数据操作指令，如运算、移位、补码指令及逻辑操作指令等。

4．中断系统的选择

中断是指微处理器具有在应用过程中，为了处理某些紧急工作，需要暂停执行当前微处理器的主程序，而转向执行某个子程序的功能。一个微处理器中断方式的种类多少是决定该系统能否进行灵活控制的关键，例如当同时有几个中断源要求处理时，应具备中断优先判断电路，按照中断级别的高低进行先后顺序处理。

5．负载驱动能力的确定

在构成一个完整的系统时，要考虑微处理器输出端的电平和驱动电流的大小，这些参数决定了系统需要多少缓冲电路芯片。

6．系统功耗考虑

对系统功耗有要求的场合，要选择不同的微处理器，一般 TTL 微处理器功耗较大，NMOS 电路功耗居中，CMOS 功耗最小。此外，系统字长越长、时钟频率越高，系统的功耗越大。

10.1.3 微机化系统设计的一般原则

如图 10.2 所示，微机化系统的设计从初始方案的选择到最终方案的确定，是一个需要经过反复比较和论证的过程，其中选择微型机是系统设计的关键，主要从硬件和软件两方面考虑。

1．硬件设计方面的考虑

微型机硬件选择时需要考虑的因素如图 10.3 所示。硬件设计的主要任务是 I/O 设备的选择，包括并行接口、串行接口、定时器、A/D 与 D/A 转换接口及总线标准等方面。除了通用的 I/O 设备选择外，还有对自行设计接口电路中的逻辑部件的选择，包括各类锁存器、译码器、逻辑门电路、驱动器及各种逻辑控制电路等。

此外，键盘和操作显示面板是人机对话的纽带，它的主要任务是打印和显示结果，根据工艺要求修改监测点或控制点参数，设置越限或故障报警，选择工作方式，实现手动/自动无扰切换等。所以必须设置一些按键或开关并通过接口与主机相连接。

2．软件设计方面的考虑

软件设计时，首先要考虑微机的指令系统和软件功能，如图 10.4 所示。其次，在微机化系统设计中，软件的开发是一项非常重要的任务，必须根据系统要求与硬件统筹考虑，软件开发步骤如图 10.5 所示。

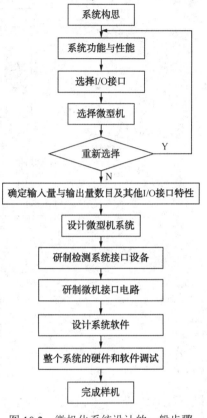

图 10.2　微机化系统设计的一般步骤

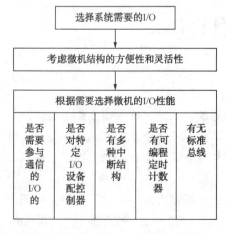

图 10.3　微机硬件选择需考虑的因素

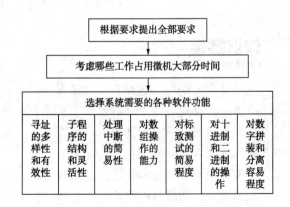

图 10.4　微机软件选择需考虑的因素

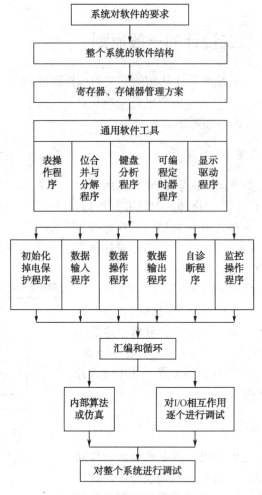

图 10.5　微机系统软件开发步骤

任务2　电子皮带秤设计

知识链接
ZHISHI LIANJIE

电子皮带秤是一种连续称量的装置，一方面能传输煤炭、水泥、矿石和粮食等固体散装物料，另一方面还可以进行瞬时称重和累计称重。电子皮带秤可分为单托辊、多托辊、悬臂式和整机式四种。带有微处理器的智能化电子皮带秤，具有系统精度高、稳定性好、体积小和重量轻等优点。

带有微处理器的智能化电子皮带秤备有 4～20mA 的电流输出接口，便于集中控制和进行远距离传送；动态累积误差小于 0.5%，皮带传送速度为 0.5～2.5m/s，皮带宽度为 500mm、600mm、800mm、1000mm、1200mm，有效称重托辊组数为 2、4、6 三组。

1．基本工作原理

皮带秤在运行中的瞬时输送量 $w(t)$ 等于单位皮带长度上的物料重量 $q(t)$ 与皮带速度 $v(t)$ 的乘积。即

$$W(t)= q(t)v(t) \tag{10.1}$$

皮带的总输送量为

$$W = C\int_0^t w(t)\mathrm{d}t \tag{10.2}$$

式中，C 为比例系数。

多托辊电子皮带秤就是根据这一原理设计的，如图 10.6 所示。

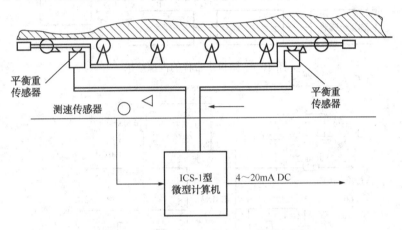

图 10.6 多托辊电子皮带秤工作原理图

从图 10.6 可知，装在皮带上的物料重量作用于称架上，使称架上传感器的弹性元件发生形变，从而使传感器输出的毫伏电压信号 $u_q(t)$ 正比于物料重量 $q(t)$，经过放大和电压/频率（V/F）变换后，$u_q(t)$ 又被转换成脉冲频率 $f_q(t)$，其大小与 $u_q(t)$ 成正比；安装在皮带上的红外光电脉冲速度传感器连续输出正比于皮带速度的脉冲频率 $f_v(t)$。这两种信号分别输入微机系统，由微处理器采集 $f_v(t)$ 和 $f_q(t)$ 并进行运算和累计，从而得到皮带秤的总输入量 W。

2．系统硬件设计

微机皮带秤的内部结构如图 10.7 所示，其硬件采用模块化结构，主要部分由主机板、显示板、键盘板和打印机组成。

（1）信号的放大及变换

称量传感器的毫伏输出信号经两级放大后变成 0～10V 电压，送入 V/F 变换器，从而把模拟信号转换成脉冲频率信号，电路原理图如图 10.8 所示。

（2）微机系统

采用微机化原理设计该系统，它包括 8031CPU、4k EPROM、8k RAM、键盘接口、通信接口和打印机接口等。

用光电耦合器将称重脉冲信号输入 CPU，从测速传感器来的脉冲信号经过整形以后进入

CPU，并分别由两个通道计数器进行计数，然后进行运算处理，将结果经数据总线送到显示器进行显示，并通过I/O控制打印机和进行通信。

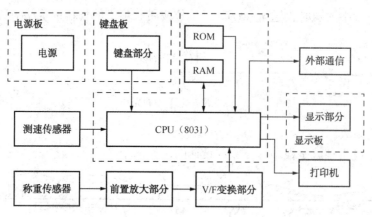

图10.7 微机皮带秤的内部结构

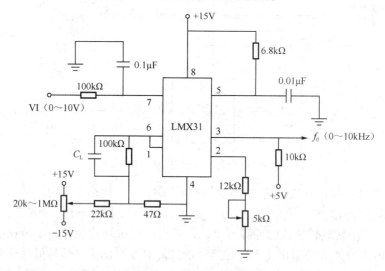

图10.8 V/F 变换电路原理图

3. 系统软件设计

软件设计采用模块化结构，各功能模块分别由一个功能键进行控制。当系统需要完成某一功能时，只需要按下相应的功能键，然后由键处理程序即可转到该功能入口程序的地址。系统软件框图如图10.9所示。

（1）皮带秤的实际运算公式

当测速传感器和重量传感器的输出已知后，皮带秤一次称量值和累计值计算式为

$$W_i = K \cdot (F - m) \cdot v \tag{10.3}$$

$$W = \sum_{i=1}^{n} W_i \tag{10.4}$$

式中，W_i 表示第 i 次称量值；v 表示皮带速度；F 表示重量传感器输出信号；m 表示皮重；K

表示比例系数；W 表示一定时间内的累计值。

由式（10.3）可知，比例系数 K 为

$$K = \frac{W_i}{(F-m)v} \tag{10.5}$$

K 值由挂码标定或实物标定处理得来，K 值求出后即可投入自动称重，此时由式（10.3）、式（10.4），便可求出一次称重值和累计值。

为了提高称量精度，在式（10.5）中先使分母为一段时间内的累加值，然后再取平均值，而 W 为单位时间内的实际物料值，所以 $K=$ 实际重量值/实际累加值。

（2）挂码校正功能模块

由于电子皮带秤自身有重量，在运行过程中也难免在皮带上残留一些物料，从而影响测量精度，因此电子皮带秤在使用前或使用中必须进行校正，校正方法有挂码校正和实物校正两种。

实物校正就是在现场用实际物料来校正称重比例系数 K；挂码校正就是根据量程的大小在称架上挂一定重量的砝码，然后用键盘输入对应的重量数值，再按下挂码键，此时挂码指示灯亮，经过设定的时间，在 4 位显示器上显示出标定系数 K 的大小。

（3）自动称重功能模块

该模块是按式（10.3）、式（10.4）计算一次称重值和累计值，并把结果送去显示。

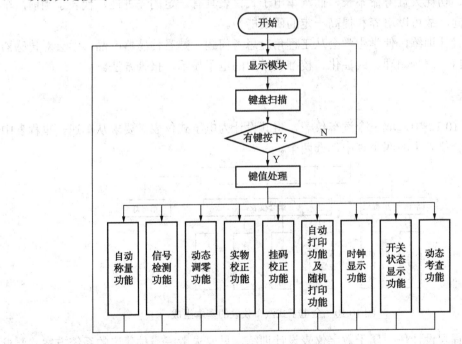

图 10.9 系统软件框图

任务3　电子汽车传感器设计

知识链接
ZHI SHI LIAN JIE

车用传感器是汽车计算机系统的输入装置，它把汽车运行中各种工况信息（如车速、各种介质的温度、发动机运转工况等）转换成电信号传输给计算机。驾驶员通过各项参数和警示，可以准确地判断车辆的运行状态，以便正确地驾驶、维护、保养好车辆，使汽车处于最佳工作状态。

车用传感器对车辆的安全、经济、可靠运行，起着至关重要的作用。用传感器组成的汽车仪表包括燃油油量表、车速表、里程表、机油压力表、冷却液温度表、气压表、发动机转速表，以及驻车制动指示、断气制动警示、排气制动警示、机油压力警示、冷却液液位报警仪等。

1. 课程设计目的

通过课程设计，一方面检测具有代表性、综合性的温度、压力、液位、速度、大电流等工业测控中的常用参数，培养实际工作能力；另一方面，由于传统汽车仪表属于机电热力式仪表，体积大、功耗大且寿命不长，而汽车电子式仪表具有一定的先进性，代表了当前汽车仪表的发展方向，故可以培养和提高一定的研发能力。

通过课程设计训练，使学生学会从工程角度思考问题，熟悉传感器产品，学会对传感器产品的正确接口、信号调理、线性化、校准及常用的电子显示、报警方法。

2. 设计任务

要求从图 10.10 中选取三个汽车仪表，将其设计为电子式仪表。要求从车速—里程表中选择一个，组合仪表中的四个表中任选两个。

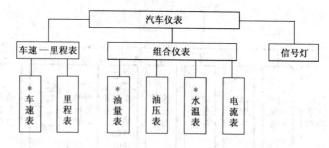

图 10.10　全电子式汽车仪表的基本组成

车速—里程表设计任务属于数字仪表设计训练，只要求考虑一种建议的系统方案，要求通过查找 IC 手册，把完整详细的电路图画出来，讲清工作原理并进行必要的计算。不仿真、不制作，只做理论设计。

组合仪表设计任务属于模拟仪表设计训练，这是传感器接口技术中最重要的基本功，故要求任选两只表进行详细的线路仿真设计和实际制作（可以以小组为单位进行共同制作），记录调试数据，进行测量误差分析。每只表必须讨论两种以上的设计方案，但只选择一种性价比最高的方案进行设计、仿真和制作。

要特别注意传感器的选择。作为产品设计方案应优选当前市售商品，但本设计允许选用简易元件（如 PN 结二极管、普通热敏电阻等，具体见"6. 设计提示"部分），以便实验室仿真和制作。若对产品设计饶有兴趣，可在"系统方案讨论"中讨论，最后的"发挥题"仅供思考，可与教师讨论，但不写入报告。

3. 设计要求

基本题：

① 车速表。用 20 只 LED 线状显示汽车的即时行驶速度。测速范围：0～100 km/h；每只 LED 显示：5 km/h；轮胎直径：900 mm。

② 里程表。用数码显示所行驶的不可复位累计总路程，以及可复位单次小计路程。计程范围：不可复位累计总路程 0～99999.9 km，可复位小计路程 0～999.9 km；分度：以 100 m 计数一次，即 1 次/0.1 km；轮胎直径：900 mm。

③ 油量表。用 3 只 LED 条状显示燃油箱中的燃油油量。测量范围：0～1/3，1/3～2/3，2/3～1，每只 LED 约显示 1/3。

④ 油压表。产品用 10 只 LED 条状显示发动机润滑油压力。测量范围：0.5～5 bar（制作时可降低标准为 7 只 LED，范围：0.5～3 bar）；每只 LED 显示：0.5 bar。

⑤ 水温表。用 6 只 LED 条状显示发动机冷却水温度，并以最高 3 只红 LED 做超温报警。测量范围：50～100℃；每只 LED 显示：10℃左右（注意线性化显示）。

⑥ 电流表。分别用 5 只绿色 LED 和 5 只红色 LED 点状显示蓄电池充、放电流。测量范围：−50～0 A，0～+50 A；每只 LED 显示：10A（注意避免导线及接触电阻的影响）。

发挥题：

① 车内外气温表。用两只二极管作自制的温度传感器和一只转换开关，以数码形式切换显示车内外气温（−20～+50℃，±1℃）。

② 无接触（免软轴连接）式车速里程传感器及其配套表设计。软轴加工要求高且易损坏，若改用霍尔 IC 片、接近开关或干簧管自制车速里程传感器，则寿命和可靠性可大为提高。

③ 自行设计一种高精度车速里程表传感器（精度不低于 10 cm）。注意克服负载对轮胎外径的影响。

④ 倒车防撞报警仪。用超声波压电陶瓷传感器测量物体距车尾小于 1.5 m 时发出声光报警，或物体距车两侧小于 0.4 m 时发出声光报警。

4. 设计报告

设计报告的文字务求精练，一般为 6 页左右，必须在有限的篇幅内，选择关键的、能体现设计水平的内容。

每只表的设计报告，一般应包括：

① 系统方案讨论。每只表应提供两种方案，加以分析、选择。

② 传感器及单元电路（IC）原理简述。应尽量简明扼要，过多或关键点不清晰均要扣分。

③ 详细电路图。所有电阻、电容要有阻（容）值；集成电路要有型号，其所连引脚要

标引脚编号（最好还要标功能符号，以便阅读），标有编号的引脚可以任意排列在其边框四周，以方便画线；未使用的引脚不必画出。

④ 必要的计算。如脉冲当量、恒流源电流、量程灵敏度、线性误差计算等。

⑤ 设计报告最后附上"参考文献"书名。

5．参考进度

① 查阅并自学常用汽车传感器资料 1 天。至少要查到转速、油量、油压、温度传感器各两种类型以上，并记录其原理、特点及典型应用方法。

② 查阅、自学 IC 资料和大电流检测方法并初拟各表的实现方案 1 天。至少要查到 LM2917 频率—电压转换器、LM3914 点/条状 LED 显示驱动器、LM324 单电源四运放、CD4040 12 位二进制串行计数器、ICM7225 4 位半 LED 数码管的脉冲计数/译码/驱动器、7805 三端稳压器、7660 负电压产生器、大电流检测的四端点电阻采样法和霍尔效应法。

③ 三只表的详细电路图设计 3 天。

④ 计算机仿真 2 天。

⑤ 制作、调试 3 天。

⑥ 撰写设计报告 4 天。平时要注意收集、记录资料，这是设计、计算、实测数据不可缺少的。

6．设计提示

准备工作：按任务书要求查阅传感器资料；重点学习一种汽车专用 IC（也可广泛用于家电等）——LM3914 的内部结构原理，考虑如何用普通运放 LM324 模拟和用 EWB 仿真。

（1）车速表

汽车的车速表和里程表用于指示汽车的行驶速度和行驶的里程数。随着汽车技术和电子技术的发展，越来越多的汽车开始使用数字仪表。数字车速用传感器有霍尔型非接触式传感器、磁电式传感器、光电式传感器等，其工作原理都是在车辆行驶的过程中连续地向外发送脉冲信号来传递相关的信息。光电式传感器的测速原理和结构如图 10.11 所示。

图 10.11　光电式传感器的测速原理和结构

例如用 89C51 单片机作核心处理器，配以外围电器驱动电路，实现了车速里程表的信号采集、处理、转化、输出显示的功能。

设计时可选用 SZMB—5 型磁电式转速传感器，配合高为 900 mm 的轮胎时，其特性为每转输出 60 个正弦波（幅度>300 mV，但不稳定），故车速 0～100 km/h 时，对应输出 0～589.2 Hz 近似正弦波。车速表的原理图如图 10.12 所示。

（2）里程表

车速表和里程表应共用一个 SZMB—5 型磁电式转速传感器，以降低成本。里程表的原理图如图 10.13 所示。

注意：为防止掉电而丢失里程数据，须选用有记忆功能的机械计数器。计算提示：先求轮胎周长 C，再求脉冲当量和每 100 m 应计数，由此推得对应于 **CD4040** 的脚名和脚号，进行连线。

图 10.12　车速表的原理图

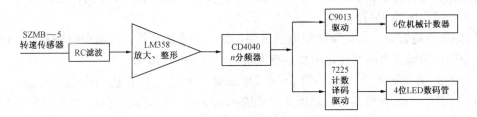

图 10.13　里程表的原理图

（3）油量表

油量表可用电阻式传感器，它有正向变化式和反向变化式两种。典型正向变化式的特性为：油量：$0 \sim 1/2$，$1/2 \sim 1$；对应输出电阻：$0 \sim 30 \Omega$，$30 \sim 60 \Omega$；反向变化式油量：$0 \sim 1/2$，$1/2 \sim 1$；对应输出电阻：$110 \sim 32.5 \Omega$，$32.5 \sim 0 \Omega$。

油量显示可采用电阻分压取样和恒流源电阻取压采样等。电阻分压取样方法简单，但当传感器电阻值较小时，非线性大，效果差。恒流源电阻取压采样法线性及抗干扰性均好，可作为电阻性传感器的取样电路之一。电阻分压取样如图 10.14 所示，恒流源电阻取压采样如图 10.15 所示。

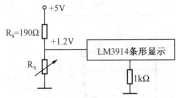

图 10.14　电阻分压取样图

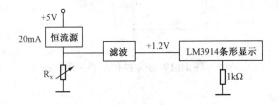

10.15　恒流源电阻取压采样

考虑到燃油箱中的燃油油量用 3 只 **LED** 条状显示，故可以用 **LM324** 实现 **LM3914** 功能。

（4）油压表

常用油压表也是电阻式的，故也可以用油量表的两种方案，由于油压传感器电阻较高（185 Ω），应用直接电阻分压取样方法时非线性不大，故可采用。

发动机润滑油压力用 10 只 LED 条状显示，测量范围：0.5～5 bar（制作时可降低标准为7 只 LED，范围：0.5～3 bar），每只 LED 显示：0.5 bar。实验制作时指标可降低到 7 挡显示，故可以用两块 LM324 实现 LM3914 功能。

（5）水温表

常用的温度传感器种类很多，如热电偶、热电阻、热敏电阻、PN 结、AD590 等。这里可考虑用热敏电阻或 PN 结。

① 热敏电阻方案。为克服热敏电阻低端电阻不为零的特性，宜采用电桥检测电路（注意热敏电阻的负温度电阻特性，应将热敏电阻放在电桥的合适部位）。

为克服热敏电阻的严重非线性影响，可在其上并联一只合适的电阻 $R=R_m(B-2T_m)/(B+2T_m)$，其中，R_m 为量程中点温度处的热敏电阻阻值；B 为热敏电阻的材料常数；T_m 为量程中点处的绝对温度。热敏电阻传感器参考电路如图 10.16 所示。

② PN 结实验方案。PN 结传感器参考电路如图 10.17 所示。

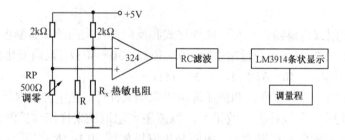

图 10.16　热敏电阻传感器参考电路

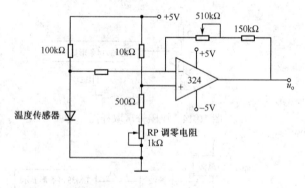

图 10.17　PN 结传感器参考电路

（6）电流表

常用的直流大电流检测主要有两种方法：四端电阻法和霍尔效应法。由于四端电阻法可以用简单的结构实现，从而避免了不稳定的接触电阻影响，成本低，工作可靠，故可选用。四端电阻法原理如图 10.18 所示。

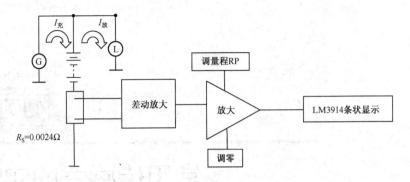

图 10.18　四端电阻法原理

大电流传感器原理如图 10.19 所示。r_1、r_2 上的压降并不输入到测量放大器中，而 r_3、r_4 相对测量放大器的高输入阻抗可以忽略，保证了测量精度。

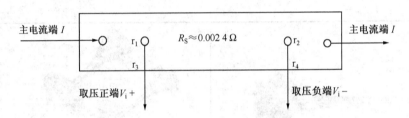

图 10.19　大电流传感器原理

课外作业 10

1. 微机化自动检测系统包括哪几个部分？
2. 用单片机 8031 设计一个电炉的温度控制系统。
3. 用单片机 8031 设计一个应力检测系统，用数码管显示数值大小。

常用传感器的实物图

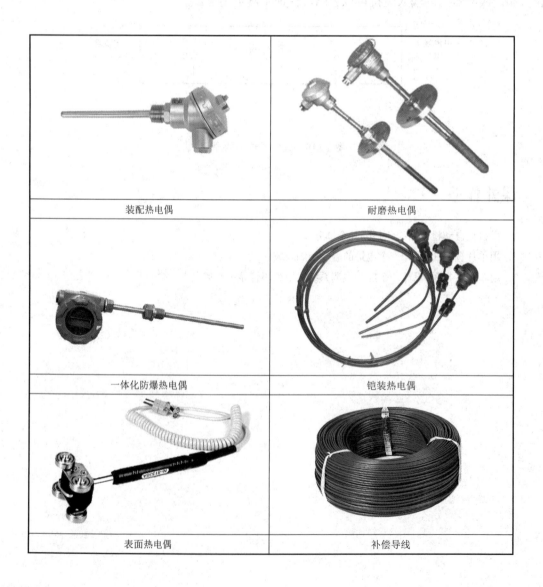

装配热电偶	耐磨热电偶
一体化防爆热电偶	铠装热电偶
表面热电偶	补偿导线

续表

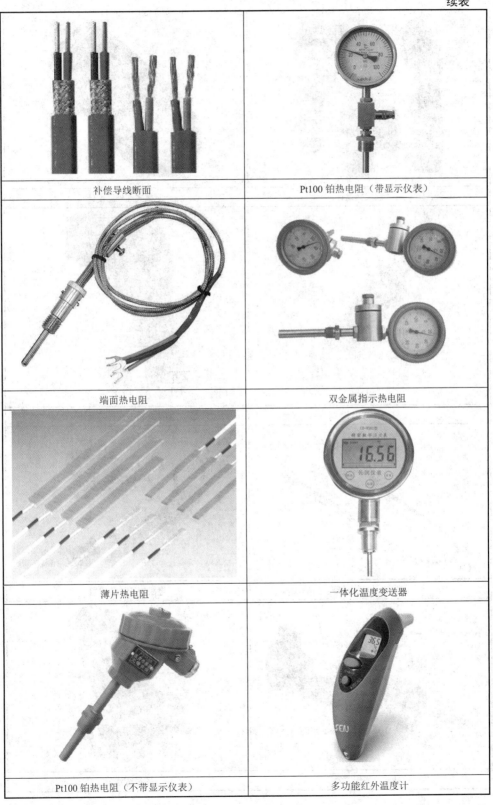

补偿导线断面	Pt100 铂热电阻（带显示仪表）
端面热电阻	双金属指示热电阻
薄片热电阻	一体化温度变送器
Pt100 铂热电阻（不带显示仪表）	多功能红外温度计

续表

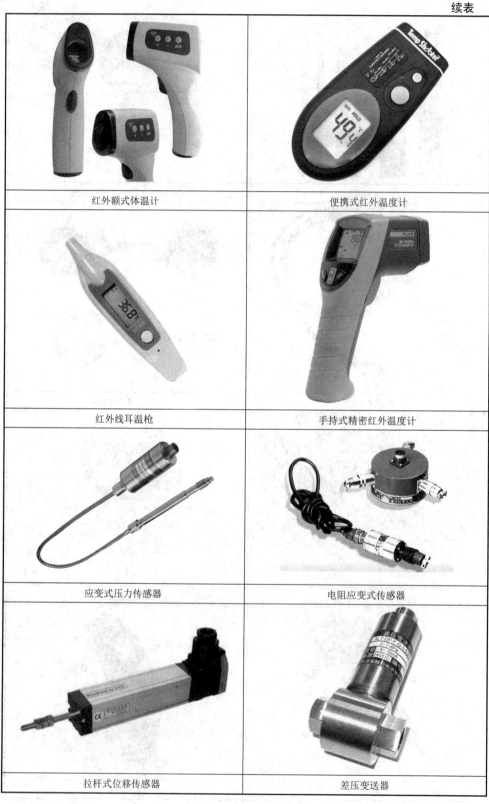

红外额式体温计	便携式红外温度计
红外线耳温枪	手持式精密红外温度计
应变式压力传感器	电阻应变式传感器
拉杆式位移传感器	差压变送器

电感传感器	电感式液位变送器
压电式压力传感器	压电式加速度传感器
标准孔板	节流装置组成
节流式流量计	差压变送器

椭圆齿轮流量计	腰轮流量计
刮板式流量计	电磁流量计
电磁流量计	涡轮流量计
超声波流量计	涡街流量计

续表

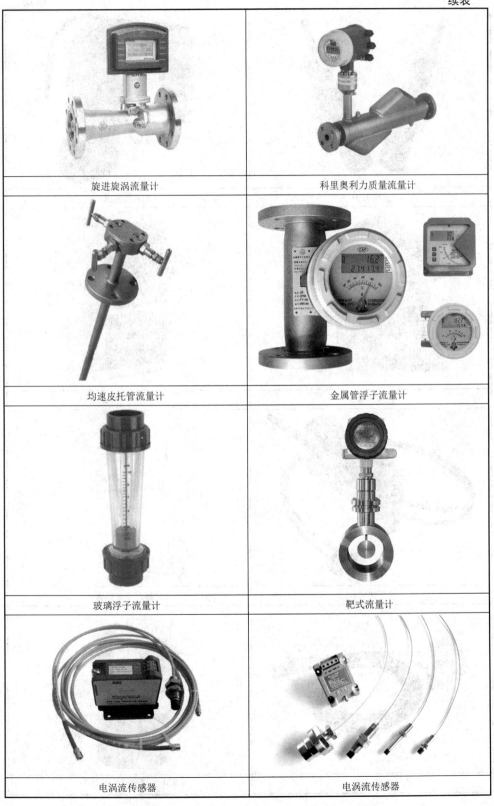

旋进旋涡流量计	科里奥利力质量流量计
均速皮托管流量计	金属管浮子流量计
玻璃浮子流量计	靶式流量计
电涡流传感器	电涡流传感器

续表

光电开关	光电传感器
霍尔传感器	视觉传感器
光纤传感器	光纤温度传感器
电容液位式传感器	电容式差压传感器

续表

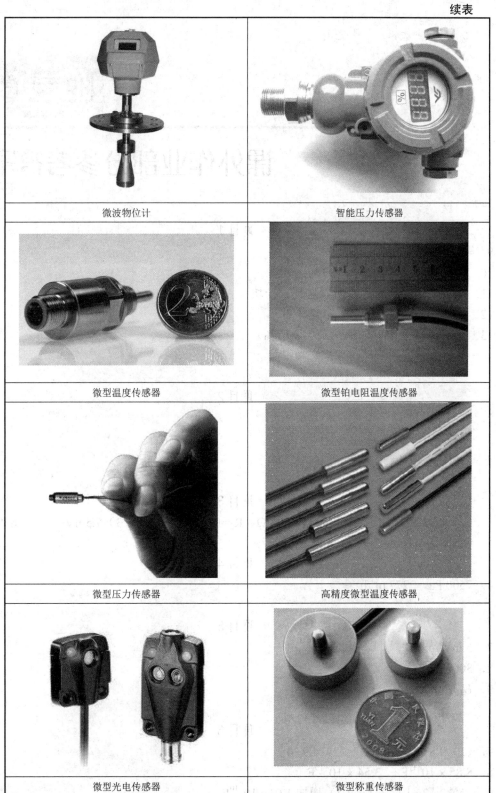

微波物位计	智能压力传感器
微型温度传感器	微型铂电阻温度传感器
微型压力传感器	高精度微型温度传感器
微型光电传感器	微型称重传感器

课外作业部分参考答案

项目1

9. -0.18 V -3.3% -3.2%

10. （1）1℃   （2）5% 1%

11. 因为 $1.875\% < 2.5\%$，所以选择第一块

12. 0.04%

13. $x = 1.099 \pm 0.018$（MPa）（$p = 99.7\%$）

项目2

2. 1192℃

3. 321℃

4. 270℃

项目3

5. （2）$\varepsilon = 1.52 \times 10^{-4}$ $R_1 = R_4 = 120.04$ Ω $R_2 = R_3 = 119.96$ Ω   （3）7.5mV   （4）658N

项目4

4. 7500 Pa 277 m³/h

项目5

7. 5 mV/mA·T

8. 3000 r/min

9. $U_H / K_H K_B I_C$

项目6

7. （1）9.87×10^{-15}F   （2）4.9 格

8. 8.85×10^{-11}F 3.54×10^{-10}F

9. （1）2.12×10^{-11}F   （2）增加 1.01×10^{-10}F

参 考 文 献

[1] 苏家健. 自动检测与转换技术. 北京：电子工业出版社，2006

[2] 牟爱霞. 工业检测与转换技术. 北京：化学工业出版社，2005

[3] 赵巧娥. 自动检测与传感器技术. 北京：中国电力出版社，2005

[4] 刘二雄等. 热工仪表及自动装置技术问答. 北京：中国电力出版社，2005

[5] 王元庆. 新型传感器原理及应用. 北京：机械工业出版社，2002

[6] 李科杰. 新编传感器技术手册. 北京：国防工业出版社，2002

[7] 陈裕泉，葛文勋[美]. 现代传感器原理及应用. 北京：科学出版社，2007

[8] 栾桂冬，张金铎，金欢阳. 传感器及其应用. 西安：西安电子科技大学出版社，2002

[9] 陈平，罗晶编. 现代检测技术. 北京：电子工业出版社，2005

[10] 张超英. 数控车床. 北京：化学工业出版社，2003

[11] 官营. 数控车床. 辽宁：辽宁科学技术出版社，2005

[12] 康宜华. 工程测试技术. 北京：机械工业出版社，2005

[13] 卜云峰. 检测技术. 北京：机械工业出版社，2005

[14] 张靖，刘少强. 检测技术与系统设计. 北京：中国电力出版社，2002

[15] 樊尚春，乔少杰. 检测技术与系统. 北京：北京航空航天大学出版社，2005

[16] 丁轲轲. 自动测量技术. 北京：中国电力出版社，2004

[17] 武昌俊. 自动检测技术及应用. 北京：机械工业出版社，2005

[18] 梁森，王侃夫. 自动检测与转换技术. 北京：机械工业出版社，2005

[19] 郑华耀. 检测技术. 北京：机械工业出版社，2004

[20] 宋文绪，杨帆. 自动检测技术. 北京：高等教育出版社，2001

[21] 郭爱民. 冶金过程检测与控制. 北京：冶金工业出版社，2004

[22] 侯志林. 过程控制与自动化仪表. 北京：机械工业出版社，2001

[23] 黄贤武，郑筱霞. 传感器原理与应用. 成都：电子科技大学出版社，2000

[24] 何希才. 传感器及其应用电路. 北京：电子工业出版社，2001

[25] 张惠荣. 热工仪表及其维护. 北京：冶金工业出版社，2005

[26] 范茂军，王平等. 中国传感器技术及其产业的中长期发展趋势. 电气时代，2004

[27] 周春晖. 过程控制工程手册. 北京：化学工业出版社，1993

[28] 袁希光. 传感器技术手册. 北京：国防工业出版社，1986

[29] 张洪润，张亚凡. 传感技术与应用教程. 北京：清华大学出版社，2005

[30] 周继明，江世明. 传感技术与应用. 长沙：中南大学出版社，2005

[31] 郁有文，常健. 传感器原理及工程应用. 西安：西安电子科技大学出版社，2000

[32] 徐甲强，张全法，范福玲. 传感器技术. 哈尔滨：哈尔滨工业大学出版社，2004

[33] 刘俊，张斌珍. 微弱信号检测技术. 北京：电子工业出版社，2005

[34] 高晓蓉. 传感器技术. 成都：西南交通大学出版社，2003

[35] 金发庆. 传感器技术与应用. 北京：机械工业出版社，2002

[36] 陈杰，黄鸿. 传感器与检测技术. 北京：高等教育出版社，2002

[37] 沈聿农. 传感器及应用技术. 北京：化学工业出版社，2002

[38] 常健生. 检测与转换技术（第三版）. 北京：机械工业出版社，2005

[39] 张洪润，张亚凡. 传感技术与实验——传感器件外形、标定与实验. 北京：清华大学出版社，2005

[40] THSRZ—1 型传感器系统综合实验装置实验指导书. 杭州：浙江天煌科技实业有限公司

[41] 马西秦，许振中. 自动检测技术. 北京：机械工业出版社，2005

[42] 柳桂国. 检测技术及应用. 北京：电子工业出版社，2003

[43] 赵庆海. 测试技术与工程应用. 北京：化学工业出版社，2005

[44] 张宏建，蒙建波. 自动检测技术与装置. 北京：化学工业出版社，2004

[45] 谢森，李振华. 全电子式汽车仪表总成设计指导书. 上海：上海电视大学，2005

[46] 聂海涛，刘云昌. 电容式传感器在飞机燃油测量系统中的应用. 沈阳航空工业学院学报，2007，24（5）

[47] 栗志坚，李淑利. 智能楼宇中火灾探测系统的发展. 消防技术与产品信息，2008，6

[48] 魏叶华，陈洪龙. 物联网及其在钢铁企业的应用. 企业技术开发，2011，30（17）

[49] 马佳. 物联网技术应用及发展. 无线互联科技，2011，7